高等学校机电工程类系列教材

快速成型技术及应用

主　编　王玉鹏　徐海璐

副主编　房剑飞　戎新萍

参　编　吴金文　韩　雪

西安电子科技大学出版社

内 容 简 介

本书主要介绍快速成型技术的原理、种类及实际应用。全书共 6 章，详细介绍了熔融沉积成型技术、立体光固化成型技术、选择性激光烧结成型技术、三维印刷成型技术、分层实体制造技术和其他快速成型技术的概念、成型原理、工艺过程、优缺点以及成型影响因素，并介绍了快速成型的材料及设备、3D 建模及数据处理、快速成型技术的应用及发展趋势，以及快速成型技术的应用案例。

本书可作为高等院校机械类或自动化类专业的教材和参考书，同时也可作为相关工程技术人员的参考用书。

图书在版编目(CIP)数据

快速成型技术及应用/王玉鹏，徐海璐主编. —西安：西安电子科技大学出版社，2020.11
(2023.8 重印)
ISBN 978-7-5606-5896-4

Ⅰ. ①快… Ⅱ. ①王… ②徐… Ⅲ. ①快速成型技术—高等学校—教材 Ⅳ. ①TB4

中国版本图书馆 CIP 数据核字(2020)第 190397 号

策　　划　高樱
责任编辑　王瑛
出版发行　西安电子科技大学出版社(西安市太白南路 2 号)
电　　话　(029)88202421　88201467　　邮　　编　710071
网　　址　www.xduph.com　　电子邮箱　xdupfxb001@163.com
经　　销　新华书店
印刷单位　陕西天意印务有限责任公司
版　　次　2020 年 11 月第 1 版　　2023 年 8 月第 4 次印刷
开　　本　787 毫米 × 1092 毫米　1/16　印　张　11
字　　数　256 千字
印　　数　3001～6000 册
定　　价　29.00 元
ISBN 978-7-5606-5896-4 / TB

XDUP 6198001-4

前　言

快速成型技术又称快速原型制造技术，诞生于20世纪80年代后期，被认为是近20年来制造领域的一项重大成果。它集机械工程、CAD、逆向工程技术、分层制造技术、数控技术、材料科学、激光技术于一身，可以自动、直接、快速、精确地将设计思想转变为具有一定功能的原型或直接制造零件，从而为零件原型制作、新设计思想的校验等提供了一种高效率、低成本的实现手段。

本书共6章。第1章简要介绍快速成型技术的成型过程、技术体系、工艺方法分类、特点、优越性、应用以及发展趋势。第2章详细介绍了几种典型的快速成型技术，包括熔融沉积成型(FDM)技术、立体光固化成型(SLA)技术、选择性激光烧结成型(SLS)技术、三维印刷成型(3DP)技术、分层实体制造(LOM)技术及其他快速成型技术，主要介绍了这几种技术的概念、成型原理、工艺过程、优缺点以及成型影响因素。第3章详细介绍了典型的快速成型材料及设备，包括熔融沉积成型材料及设备、立体光固化成型材料及设备、选择性激光烧结成型材料及设备、三维印刷成型材料及设备、分层实体制造成型材料及设备以及其他快速成型技术的材料及设备。第4章主要介绍了3D建模及数据处理，主要包括3D建模软件的种类、3D建模软件的选用原则、快速成型中的数据处理，该章后半部分结合具体软件进行举例，主要包括三维软件UG建模实例、三维软件Pro/Engineer建模实例、CURA软件切片处理实例。第5章介绍了快速成型技术的应用及发展趋势。第6章介绍了快速成型技术应用案例。

本书具有以下特色：

- 本书按照“以生产工艺为主线，以理论与实践相结合为原则，以技能培养为重点”的思路进行编写，注重培养学生的创新意识，提高学生的工程实践能力和职业素养。
- 本书将理论、实践、实训内容融为一体，是“教、学、做”一体化的教材，有利于学生“学中看，看中学，学中干，干中学”。
- 本书提供大量的3D打印制作实例，通过实操训练，可培养学生3D打印技术方面的实践操作技能。

南京工业大学浦江学院王玉鹏、徐海璐担任本书主编，南京工业大学浦江学院房剑飞、戎新萍担任副主编，吴金文、韩雪参与了编写。具体分工为：第1章、第2章由王玉鹏编写，第3章由徐海璐编写，第4章由房剑飞、王玉鹏、韩雪编写，第5章由戎新萍、吴金文编写，第6章由徐海璐、房剑飞编写。全书由王玉鹏负责统稿。

在编写本书的过程中，得到了江苏薄荷新材料科技有限公司、安徽薄荷三维科技有限公司的大力支持和友情帮助，汤兵总经理和唐明亮博士参与了部分章节的编写，在此一并表示感谢。

由于编者水平、经验有限，书中难免存在不妥之处，敬请读者提出宝贵意见，以便及时修正。

编　者

2020年6月

目　　录

第 1 章　概论 1
1.1　快速成型技术的成型过程 2
1.2　快速成型技术的技术体系 2
1.3　快速成型技术工艺方法分类 4
1.4　快速成型技术的特点 4
1.5　快速成型技术的优越性 5
1.6　快速成型技术的应用 6
1.7　快速成型技术的发展趋势 7
思考与练习 9
第 2 章　典型的快速成型技术 10
2.1　熔融沉积成型(FDM)技术 10
2.1.1　熔融沉积成型技术的概念 10
2.1.2　熔融沉积成型技术的原理 11
2.1.3　熔融沉积成型技术的工艺过程 12
2.1.4　熔融沉积成型技术的优缺点 15
2.1.5　熔融沉积成型的影响因素 16
2.2　立体光固化成型(SLA)技术 18
2.2.1　立体光固化成型技术的概念 18
2.2.2　立体光固化成型技术的原理 18
2.2.3　立体光固化成型技术的工艺过程 19
2.2.4　立体光固化成型技术的优缺点 24
2.2.5　立体光固化成型的影响因素 25
2.3 选择性激光烧结成型(SLS)技术 29
2.3.1　选择性激光烧结成型技术的概念 29
2.3.2　选择性激光烧结成型技术的原理 30
2.3.3　选择性激光烧结成型技术的工艺过程 31
2.3.4　选择性激光烧结成型技术的优缺点 34
2.3.5　选择性激光烧结成型的影响因素及提高制作精度的措施 35
2.4　三维印刷成型(3DP)技术 37
2.4.1　三维印刷成型技术的概念 37
2.4.2　三维印刷成型技术的原理 38
2.4.3　三维印刷成型技术的工艺过程 39
2.4.4　三维印刷成型技术的优缺点 39
2.4.5　三维印刷成型的影响因素 40
2.5　分层实体制造(LOM)技术 41

2.5.1 分层实体制造技术的概念 41
2.5.2 分层实体制造技术的原理 42
2.5.3 分层实体制造技术的工艺过程 43
2.5.4 分层实体制造技术的优缺点 44
2.5.5 分层实体制造成型的影响因素 44
2.6 其他快速成型技术 48
2.6.1 弹道微粒制造技术 48
2.6.2 数码累积成型技术 48
2.6.3 无模铸型制造技术 49
2.6.4 激光净成技术 50
2.6.5 金属板料渐进快速成型技术 50
2.6.6 多种材料组织的熔积成型技术 50
2.6.7 直接光成型技术 51
2.6.8 三维焊接成型技术 51
2.6.9 气相沉积成型技术 51
2.6.10 减式快速成型技术 52
思考与练习 52
第 3 章 快速成型材料及设备 54
3.1 熔融沉积成型(FDM)材料及设备 55
3.1.1 熔融沉积成型(FDM)材料 55
3.1.2 熔融沉积成型(FDM)设备 60
3.2 立体光固化成型(SLA)材料及设备 64
3.2.1 立体光固化成型(SLA)材料 64
3.2.2 立体光固化成型(SLA)设备 68
3.3 选择性激光烧结成型(SLS)材料及设备 71
3.3.1 选择性激光烧结成型(SLS)材料 72
3.3.2 选择性激光烧结成型(SLS)设备 76
3.4 三维印刷成型(3DP)材料及设备 79
3.4.1 三维印刷成型(3DP)材料 80
3.4.2 三维印刷成型(3DP)设备 84
3.5 分层实体制造成型(LOM)材料及设备 89
3.5.1 分层实体制造成型(LOM)材料 89
3.5.2 分层实体制造成型(LOM)设备 91
3.6 其他快速成型技术的材料及设备 94
3.6.1 金属材料快速成型技术 95
3.6.2 生物材料快速成型技术 108
思考与练习 113
第 4 章 3D 建模及数据处理 114
4.1 3D 建模软件的种类 114

4.2　3D 建模软件的选用原则 120
4.3　快速成型中的数据处理 122
4.3.1　STL 数据文件及处理 123
4.3.2　三维模型的切片处理 126
4.4　三维软件 UG 建模实例 128
4.5　三维软件 Pro/Engineer 建模实例 134
4.6　CURA 软件切片处理实例 139
思考与练习 141
第 5 章　快速成型技术的应用及发展趋势 142
5.1　快速成型技术的主要应用 143
5.1.1　快速模具制造 143
5.1.2　设计和功能验证 145
5.1.3　在快速铸造中的应用 146
5.1.4　在医学上的应用 147
5.1.5　在艺术领域的应用 148
5.1.6　在航空航天领域的应用 148
5.2　快速成型技术的发展趋势 150
5.2.1　快速成型技术的新进展 150
5.2.2　快速成型技术的创新需求分析 153
5.2.3　快速成型技术的发展原则和发展目标 155
5.2.4　快速成型技术的发展趋势 156
思考与练习 159
第 6 章　快速成型技术应用案例 160
6.1　熔融沉积成型(FDM)技术应用案例 160
6.1.1　教学型 3D 打印机 160
6.1.2　3D 打印实例 160
6.2　立体光固化成型(SLA)技术应用案例 164
6.2.1　工业级 3D 打印机 164
6.2.2　3D 打印实例 165
思考与练习 168
参考文献 168

第1章 概 论

快速成型(Rapid Prototyping，RP)是20世纪80年代末期开始商品化的一种高新制造技术。1979年，东京大学的中川威雄教授利用分层技术制造了金属冲裁模、成型模和注塑模。20世纪70年代末到80年代初，美国3M公司的Alan J. Hebert(1978年)、日本的小玉秀男(1980年)、美国UVP公司的Charles W. Hull(1982年)和日本的丸谷洋二(1983年)，各自独立地提出了RP的概念，即利用连续层的选区固化制作三维实体的新思想。Charles W. Hull在UVP公司的资助下，完成了第一个RP系统Stereo Lithography Apparatus(SLA)，并于1986年获得专利，这是RP发展的一个里程碑。随后许多快速成型的概念、技术及相应的成型机相继出现。

快速成型是集CAD/CAM技术、激光加工技术、数控技术和新材料等技术领域的最新成果于一体的零件原型制造技术。快速成型不同于传统的用去除材料的方式制造零件的方法，它针对零件的三维CAD实体模型，生成STL文件，按照一定的厚度进行分层切片处理，生成二维的截面信息，然后根据每一层的截面信息，利用不同的方法生成截面的形状，借助计算机控制的成型机完成材料的形体制造。这一过程反复进行，各截面层层叠加，最终形成三维实体。分层的厚度可以相等，也可以不等。分层越薄，生成的零件精度越高。

由于RP技术不像传统的零件制造方法，不需要制作木模、塑料模和陶瓷模等，因此可以把零件原型的制造时间减少为几天、几小时，大大缩短了产品的开发周期，降低了开发成本。随着计算机技术的快速发展和三维CAD软件应用的不断推广，越来越多的产品基于三维CAD设计开发，使得快速成型技术的广泛应用成为可能。目前快速成型技术已广泛应用于航天、航空、汽车、通信、医疗、电子、家电、玩具、军事装备、工业造型(雕刻)、建筑模型、机械行业等领域。

不同种类的快速成型系统因所用成型材料不同，成型原理和系统特点也各有不同。但是，其基本原理都是一样的，那就是“分层制造，逐层叠加”，类似于数学上的积分过程。形象地讲，快速成型系统就像一台“立体打印机”。传统加工与快速成型的比较如图1-1所示。

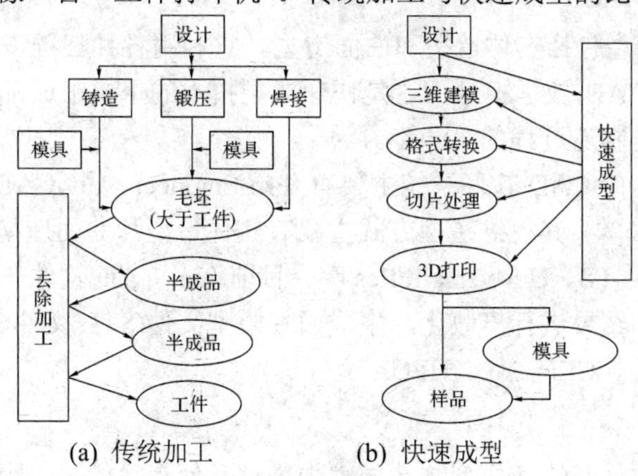

(a) 传统加工　　(b) 快速成型

图1-1 传统加工与快速成型的比较

1.1　快速成型技术的成型过程

快速成型(RP)的基本过程如图 1-2 所示。首先建立目标件的三维计算机辅助设计(CAD 3D)模型；然后对该实体模型在计算机内进行模拟切片分层，沿同一方向(比如 *Z* 轴)将 CAD 实体模型离散为一片片很薄的平行平面；再把这些薄平面的数据信息传输给快速成型系统中的工作执行部件，将控制成型系统所用的成型原材料有规律地一层层复现原来的薄平面，并层层堆积形成实际的三维实体；最后经过处理成为实际零件。

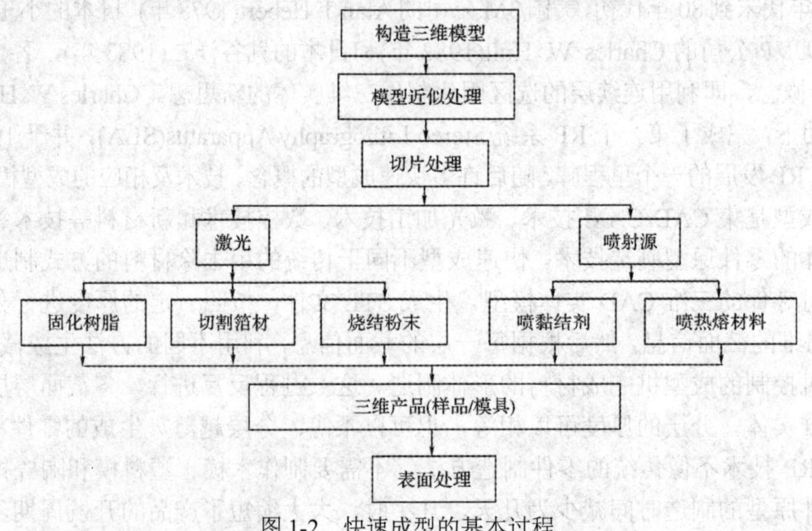

图 1-2　快速成型的基本过程

1.2　快速成型技术的技术体系

比较完整的快速成型技术的技术体系包含三维 CAD 造型、反求工程、数据处理与转换、原型制造以及物性转换等基本环节。

1. 三维 CAD 造型

三维 CAD 造型包括实体造型和曲面造型。它利用各种三维 CAD 软件进行几何造型，得到零件的三维 CAD 数学模型，这是快速成型技术的重要组成部分，是获得初始信息的最常用方法，也是制造过程的第一步。

目前比较著名的 CAD 软件系统主要有 Pro/Engineer、AutoCAD、I-DEAS、Unigraphics、CATIA、CADKEY 等，其三维造型方式主要有实体造型和曲面造型，三维数据格式主要有 IGES、DXF、VDA-FS、Uni-versallFiles 等。目前许多 CAD 软件在系统中加入了一些专用模块，将三维造型结果进行离散化，生成面片模型文件(STL 文件、CFL 文件等)或层片模型文件(LEAF 文件、CLI 文件、HPGL 文件等)。

2. 反求工程

物理形态的零件是快速成型制造技术中零件几何信息的另一个重要来源。这里既包括天然形成的各种几何形体，也包括利用各种技术手段，如锻造、冲压、焊接、车、铣、刨、磨等传统工艺加工而成的几何实体。几何实体包含了零件的几何信息，但这些信息必须经过反求工程将三维物理实体的几何信息数字化，将获得的数据进行必要的处理后，才能实现三维重构，从而得到CAD三维模型。

反求工程是将三维的物理实体几何信息数字化的一系列技术手段的总称，它完成实物信息化的功能。反求工程的整个过程主要由两个部分组成：① 零件表面数字化，即提取零件的表面三维数据，主要的技术手段有三坐标测量仪、三维激光数字化仪、工业CT和磁共振成像(MRI)以及自动断层扫描仪等；② 三维重构，因为通过三维数字化设备得到的数据往往是一些散乱的无序点或线的集合，所以还必须对其进行三维重构得到三维CAD模型或者层片模型等。

3. 数据处理与转换

快速成型系统比绘图仪、打印机要复杂得多，同时设备工艺也具有更大的多样性，因此利用快速成型系统制造零件并不像使用打印机、绘图仪那样简单，只需将CAD系统的文件发送过去就行了。三维CAD造型或反求工程得到的数据必须进行大量处理，才能用于控制RP设备制造零件。

数据处理的主要过程包括表面离散化并生成STL、CFL等面片文件，分层处理并生成SLC、CLI、HPGL等层片文件，然后根据工艺要求进行填充处理，对数据进行检验和修正并转换为数控代码。

表面离散化是在CAD系统上对三维的立体模型或曲面模型内外表面进行网络化处理，即用离散化的小三角形平面片来代替原来的曲面或平面，经网络化处理后的模型即为STL文件。该文件记录每个三角形平面片的顶点坐标和法向矢量；然后用一系列平行于X-Y平面的截面(可以是等间距或不等间距)对基于STL文件表示的三维多面体模型用分层切片算法进行分层切片，之后对分层切片信息进行数控后处理，生成控制成型机运动的数控代码。

目前已经有许多比较成熟的RP专用数据处理软件面市，如Bridgeworks and SolidView、Brockware、StlView、Velocity、Rapid Tools、Rapid Prototyping Module、Rapid Tools，以及清华大学激光快速成型中心开发的Lark'98等。

4. 原型制造

原型制造即利用快速成型设备将原材料堆积成为三维物理实体。材料、设备、工艺是快速原型制造中密切相关的三个基本方面。不同的工艺要求不同的材料、不同的设备来实现。这里材料是基本的问题。目前许多制造商可以提供多种快速原型制造设备，而且新的工艺设备也在不断出现。常见的设备有3D Systems的SLA-250，Helisys的LOM-2030，Stratasys的FDM1650、FDM2000、FDM8000，国内清华大学激光快速成型中心的MRPMS-Ⅱ等。各种设备具有不同的特点和局限性，有着不同的应用范围。

5. 物性转换

通过快速原型系统制造的零件的力学、物理性质往往不能直接满足要求，需要进一步的处理，即对其物理性质进行转换。物性转换是快速成型和制造实际应用的一个重要环节，包含精密铸造、金属喷涂制模、硅胶模铸造、快速EDM电极、陶瓷型精密铸造等多项配套制造技术，这些技术与 RP 技术相结合，形成快速铸造、快速模具制造等新技术。在目前 RP 制造技术尚不能直接制造出满足工业要求的结构和功能零件的情况下，物性转换是 RP 技术走向工业应用的重要桥梁。

1.3 快速成型技术工艺方法分类

快速成型技术的工艺方法目前已有十余种。根据所使用的材料和建造技术的不同，目前应用比较广泛的方法有：采用光敏树脂材料通过激光照射逐层固化的立体光固化成型(Stereo Lithography Apparatus，SLA)法、采用纸材等薄层材料通过逐层黏结和激光切割的分层实体制造(Laminated Object Manufacturing，LOM)法、采用粉状材料通过激光选择性烧结逐层固化的选择性激光烧结(Selective Laser Sintering，SLS)法和熔融材料加热熔化挤压喷射冷却成型的熔融沉积制造(Fused Deposition Manufacturing，FDM)法等。

各种快速成型制造工艺的基本原理都是基于离散的增长方式成型。快速成型技术从广义上讲可以分成两类：材料累积和材料去除，但是目前人们谈及的快速成型制造方法通常指的是累积式的成型方法(材料累积)，而累积式的快速成型制造方法通常是依据原型使用的材料及其构建技术进行分类的，如图 1-3 所示。

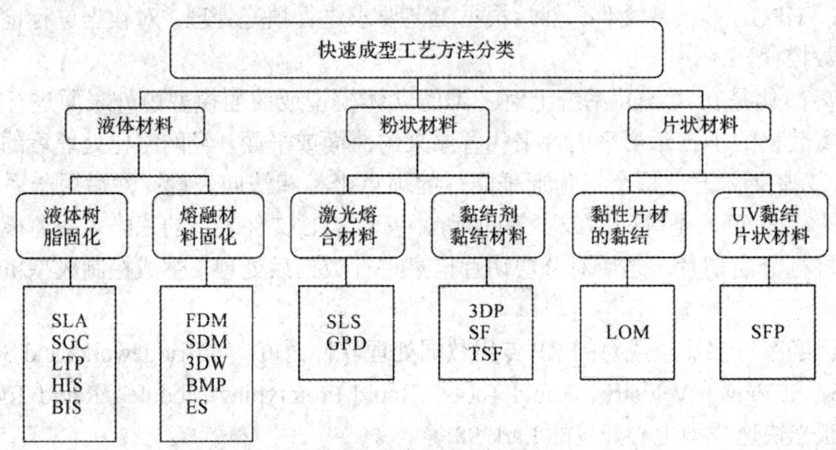

图 1-3　快速成型工艺方法分类

1.4 快速成型技术的特点

快速成型技术的出现，开辟了不用刀具、模具而制作原型和各类零部件的新途径，改变了传统的机械加工去除式的加工方式，而采用逐层累积式的加工方式，带来了制造方式的变革。从理论上讲，添加式成型方式可以制造任意复杂形状的零部件，材料利用率可达 100%。

和其他先进制造技术相比，快速成型技术具有如下特点。

1. 自由成型制造

自由成型制造也是快速成型技术的另外一个用语。作为快速成型技术的特点之一，自由成型制造的含义有两个方面：一是指无需使用工具、模具而制作原型或零件，由此可以大大缩短新产品的试制周期并节省工具、模具费用；二是指不受形状复杂程度的限制，能够制作任意复杂形状与结构、不同材料复合的原型或零件。

2. 制造过程快速

从 CAD 数模或实体反求获得的数据到制成原型，一般仅需要数小时或十几小时，速度比传统成型加工方法快得多。该项技术在新产品开发中改善了设计过程的人机交流，缩短了产品设计与开发周期。以快速成型为母模的快速模具技术，能够在几天内制作出所需材料的实际产品；而通过传统的钢制模具制作产品至少需要几个月的时间。快速成型技术的应用，大大降低了新产品的开发成本和企业研制新产品的风险。

随着互联网的发展，快速成型技术也更加便于远程制造服务，能使有限的资源得到充分的利用，用户的需求也可以得到最快的响应。

3. 添加式和数字化驱动成型方式

无论哪种快速成型制造工艺，其材料都是通过逐点、逐层添加的方式累积成型的。无论哪种快速成型制造工艺，也都是通过 CAD 数字模型直接或者间接地驱动快速成型设备系统进行原型制造的。这种通过材料添加来制造原型的加工方式，是快速成型技术区别于传统的机械加工方式的显著特征。这种由 CAD 数字模型直接或者间接地驱动快速成型设备系统的原型制作过程，也决定了快速成型制造快速和自由成型的特征。

4. 技术高度集成

当落后的计算机辅助工艺规划(Computer Aided Process Planning，CAPP)一直无法实现 CAD 与 CAM 一体化的时候，快速成型技术的出现较好地填补了 CAD 与 CAM 之间的缝隙。新材料、激光应用技术、精密伺服驱动技术、计算机技术以及数控技术等的高度集成，共同支撑了快速成型技术的实现。

5. 突出的经济效益

采用快速成型技术制造原型或零件，无需工具、模具，也与原型或零件的复杂程度无关，与传统的机械加工方法相比，其原型或零件本身制作过程的成本显著降低。此外，快速成型的设计可视化、外观评估、装配及功能检验以及快速模具母模的功用，显著缩短了产品的开发与试制周期，带来了明显的时间效益。正是因为快速成型技术具有突出的经济效益，才使该项技术得到了制造业的高度重视，获得了迅速而广泛的应用。

6. 广泛的应用领域

除了制造原型外，快速成型技术也特别适合于新产品的开发、单件及小批量零件制造、不规则或复杂形状零件制造、模具设计与制造、产品设计的外观评估和装配检验、快速反求与复制，以及难加工材料的制造等。这项技术不仅在制造业具有广泛的应用，而且在材料科学与工程、医学、文化艺术及建筑工程等领域也有广阔的应用前景。

1.5 快速成型技术的优越性

在产品设计和制造领域应用快速成型技术能显著地缩短产品投放市场的周期，降低成本，提高质量，增强企业的竞争能力。一般而言，产品投放市场的周期由设计(初步设计和详细设计)、试制、试验、征求用户意见、修改定型、正式生产和市场推销等环节所需的时间组成。由于采用快速成型技术之后，从产品设计的最初阶段开始，设计者、制造者、推销者和用户都能拿到实实在在的样品(甚至小批量试制的产品)，因而可以及早地、充分地进行评价、测试及反复修改，并且能对制造工艺过程及其所需的工具、模具和夹具的设计进行校核，甚至用相应的快速模具制造方法做出模具，因此可以大大减少失误和不必要的返工，从而能以最快的速度、最低的成本和最好的品质将产品投入市场。具体而言，以下几方面都能受益。

1. 设计者受益

采用快速成型技术之后，设计者在设计的最初阶段就能拿到实在的产品样品，在单个零件和装配部件的级别上，对产品设计进行校验和优化，并可在不同阶段快速地修改、重做样品，甚至做出试制用工具、模具及少量的产品。这将给设计者创造一个优良的设计环境，提供一个快捷、有力的物理模拟手段，无需多次反复思考、修改，即可尽快得到优化结果，从而能显著地缩短设计周期和降低成本。

2. 制造者受益

制造者在产品设计的最初阶段也能拿到实在的产品样品，甚至试制用的工具、模具及少量产品，这使得他们能及早地对产品设计提出意见，做好原材料、标准件、外协加工件、加工工艺和批量生产用工具、模具等的准备工作，最大限度地减度少失误和返工，大大节省工时、降低成本和提高产品质量。

3. 推销者受益

推销者在产品设计的最初阶段也能拿到实在的产品样品，甚至少量产品，这使他们能据此及早、实在地向用户宣传和征求意见，以及进行比较准确的市场需求预测，而不是仅凭抽象的产品描述或图样、样本来推销。所以快速成型技术的应用可以显著地降低新产品的销售风险和成本，大大缩短其投放市场的时间，提高竞争能力。

4. 用户受益

用户在产品设计的最初阶段，也能见到产品样品甚至少量产品，这使得用户能及早、深刻地认识产品，进行必要的测试，并及时提出意见，从而可以在尽可能短的时间内，以最合理的价格得到性能最符合要求的产品。

1.6　快速成型技术的应用

1. 工业产品开发及样件试制

作为一种可视化的设计验证工具，RP 具有独特的优势。

(1) 在国外，快速原型即首版的制作，已成为供应商争取订单的有力工具。美国 Detroit 的一家制造商，利用 2 台不同型号的快速成型机以及快速精铸技术，在接到 Nord 公司标书后的 4 个工作日内生产出了第一个功能样件，从而拿到了 Ford 公司年生产总值 300 万美元的发动机缸盖精铸件的合同。

(2) 在RP系统中，一些使用特殊材料制作的原型(如光敏树脂等)可直接进行装配检验、模拟产品真实工作状况的部分功能试验。Chrysler 直接利用 RP 技术制造的车体原型，在进行高速风洞流体动力学试验时节省成本达 70%。

(3) 结合逆向工程、并行工程，RP 显示出了更大的发展空间。

2. 快速模具(Rapid Tooling)制造

RP 技术可用于制作注塑模、铸造模、陶瓷模、硬质合金模、锻模和冲压模等，其各种工艺方法都可直接或间接地用于快速模具制造。例如，LOM 法可用于制造蜡模的模具、石膏成型模、塑料压铸成型模和低熔点合金铸造模等；SLS 法可直接烧结金属模具或陶瓷模具，用作注塑、压铸、挤塑等塑料成型模及冲压成型模，SLS 制作的模具经浸铜后，还可直接用作金属模具；硅橡胶复型工艺则是一种典型的间接制模方法，其特点是批量小，工艺简单。硅橡胶有很好的弹性和复印性能，用它来复制模具时，可以不考虑拔模斜度，基本不会影响尺寸精度。将快速成型机制作的工件作为模具母模，用硅橡胶可以方便地将其翻制成硅胶模具，再往模具里浇注不同性能的树脂，便可快速得到不同强度的塑料件。在陶瓷精铸技术中，RP 制作的原型还可以通过电铸的方法铸出电极或直接成为模具型腔，这种方法制造的复型精度很高，零件上的细微之处(如掌纹)均可以复制出来。

3. 医学上的应用

由于医学上一些面容严重畸形的形态比较特殊(如先天性唇裂、面部多发性骨折等)，其周围解剖关系复杂，往往通过二维平面的观察很难确定病变范围。这给医生制定手术方案带来很大的困难。如果在手术前利用逆向工程，应用螺旋 CT 或 MRI 获得缺损骨连续性缺损三维数据模型，在计算机上模拟重建三维图像，就可以直观地对骨性疾病做出正确的诊断。然后将三维数据模型通过快速成型技术转化为二维仿真生物模型，使医生术前能够对个体化实体模型直观地进行分析、测量，并预演整个手术过程，明确截骨范围，熟悉手术过程，缩短手术时间，简化手术，从而减少手术并发症状的发生。

1.7 快速成型技术的发展趋势

1. 新型分层叠加成型方法的研究与开发

快速成型的基础是分层制造、积分叠加成型，然而，用什么材料进行分层叠加，以及如何进行分层叠加却大有文章可做。因此，除了常见的 SLA、SLS、LOM、FDM、TDP 等方法外，现正在研究开发一些新的分层叠加成型方法，以便进一步改善制件的性能、精度和成型效率，这些方法主要有以下几种：

(1) 多种材料组织的熔积成型。它可以逐层制造出一个由多种材料和部件组成的三维实体器件，而无需分件加工和装配。

(2) 侵入式光成型。这种方法由日本大阪 Sangyo 大学的 Yoji Marutani 提出，它是将激光束通过一个管子，直接插入到光敏树脂槽中，管子可在水平方向自由运动(为了防止在光固化时树脂流入管子而将工件与管子粘到一起，可在管子中充入空气，控制气压，在管口部形成气泡，将管子端口与工件分离开)，激光通过管子中的透镜聚焦在工件上进行逐层加工。这种方法可以节省通常的 SLA 成型的再涂层装置和工艺，节约加工时间，提高加工效率。

(3) 轮廓成型工艺。轮廓成型工艺是由美国南加州(Southern California)大学的 Barok Khoshnevis 申请的，将挤压工艺与类似于 FDM 的成型方法结合起来的被称为“Cotour Crafting”的专利技术。

(4) 光成型表面光顺工艺。该工艺是由英国 Nottingham 大学的一个科研小组提出的一种对光固化成型表面修整的方法，可减小制件的表面粗糙度值。

2. 快速成型技术的进一步研究和开发的方向

RP 技术虽然有其巨大的优越性，但是也有它的局限性。可成型的材料有限，零件精度低，表面粗糙度高，原型零件的物理性能较差，成型机的价格较高，运行制作的成本高等，这些局限在一定程度上成为该技术推广普及的瓶颈。从目前国内外 RP 技术的研究和应用状况来看，快速成型技术的进一步研究和开发的方向主要表现在以下几个方面：

(1) 大力改善现行快速成型制作机的制作精度、可靠性和制作能力，提高生产效率，缩短制作周期；尤其是提高成型件的表面质量、力学和物理性能，为进一步进行模具加工和功能试验提供平台。

(2) 随着成型工艺的进步和应用的扩展，其概念逐渐从快速成型向快速制造转变，从概念模型向批量定制转变，成型设备也向概念型、生产型和专用型三个方向分化。

(3) 开发性能更好的快速成型材料。材料的性能既要利于原型加工，又要具有较好的后续加工性能，还要满足对强度和刚度等不同的要求。

(4) 提高 RP 系统的加工速度和开拓并行制造的工艺方法。目前即使是最快的快速成型机也难以完成像注塑和压铸成型那样的快速大批量生产。将来的快速成型机需要向快速和多材料的制造系统发展，以便直接面向产品制造。

(5) 开发直写技术。直写技术对于材料单元有着精确的控制能力，开发直写技术使快速 RP 技术的材料范围扩大到细胞等活性材料领域。

(6) 开发用于快速成型的 RPM 软件。这些软件有快速高精度直接切片软件、快速造型制造和后续应用过程中的精度补偿软件、考虑快速成型原型制造和后续应用的 CAD 软件等。

(7) 开发新的成型能源。目前大多数成型机都是以激光作为能源，而激光系统的价格和维修费用昂贵，并且传输效率较低，这方面也需要得到改善和发展。

(8) RPM 与 CAD、CAM、CAPP、CAE 以及高精度自动测量、逆向工程的集成一体化。该项技术可以大大提高新产品第一次投入市场就十分成功的可能性，也可以快速实现反求工程。

(9) 研制新的快速成型方法和工艺。除了目前 SLA、LOM、SLS、FDM 外，直接金属成型工艺将是以后的发展焦点。

(10) 提高网络化服务，进行远程控制，实现全球化异地协同合作。

3. 研究新的成型方法与工艺

在现有的基础上拓展 RP 技术的应用，开展新的成型技术的探索，是生产发展的要求。新的成型方法层出不穷，如三维微结构制造、生物活性组织的工程化制造、激光三维内割技术、层片曝光方式等。对于 RP 微型制造的研究主要集中于 RP 微成型机理与方法、RP

系统的精度控制、激光光斑尺寸的控制以及材料的成型特性等方面。目前制作的微型零件仅是概念模型，并不能称之为功能零件，更谈不上微机电系统(MEMS)。要达到 MEMS 还需克服很多的问题，如：随着尺寸的减小，表面积与体积之比相对增大，表面力学、表面物理效应将起主导作用；微摩擦学；微热力学；微系统的设计、制造、测试等。

4. 开发新的成型材料

成型材料是决定快速成型技术发展的基本要素之一。加工对象和应用方向的侧重点不同，使用的材料就不同，为与 RP 制造的四个目标(概念型、测试型、模具型、功能零件)相适应，对材料的要求也不同。目前应用较多的成型材料及其形态有液态树脂类、金属或陶瓷粉末类、纸、塑料薄膜或金属片(箔)类等，存在材料成本高、过程工艺要求高、成型的表面质量与内在性能还欠理想等不足；进一步的研究课题包括开发成本与性能更好的新材料，开发可以直接制造最终产品的新材料，研究适宜快速成型工艺及后处理工艺的材料形态，探索特定形态成型材料的低成本制备技术、造型材料新工艺等。

思考与练习

1. 传统加工与快速成型相比较，各自有什么特点？
2. 简述快速成型的基本过程。
3. 一个比较完整的快速成型的技术体系包含哪几个基本环节？
4. 根据所使用的材料和建造技术的不同，目前快速成型技术的工艺方法主要有哪几种？
5. 和其他先进制造技术相比，快速成型技术有何特点？
6. 简述快速成型技术的应用领域。
7. 简述快速成型技术的发展趋势。

第2章　典型的快速成型技术

目前，比较成熟的快速成型技术和方法已有十余种，其中最典型的有熔融沉积成型(FDM)技术、立体光固化成型(SLA)技术、选择性激光烧结成型(SLS)技术、三维印刷成型(3DP)技术、分层实体制造成型(LOM)技术等几种。尽管这些快速成型技术与装备所采用的结构和原材料有所不同，但都是基于“材料分层叠加”的成型原理，即用一层层的二维轮廓逐步叠加成三维工件。其差别主要在于二维轮廓制作采用的原材料类型、由原材料构成截面轮廓的方法以及截面层之间的连接方式。

2.1　熔融沉积成型(FDM)技术

2.1.1　熔融沉积成型技术的概念

熔融沉积成型(Fused Deposition Modeling，FDM)技术是采用热熔喷头，使半流动状态的材料按 CAD 分层数据控制的路径挤压并沉积在指定的位置凝固成型，逐层沉积、凝固后形成整个原型或零件。这一技术又称为熔化堆积法、熔融挤出成模等。熔融沉积成型技术是一种不依靠激光作为成型能源，而将各种丝材加热熔化的成型方法。此技术通过熔融丝料的逐层固化来构成三维产品，比较适合家用电器、办公用品、模具行业新产品开发，以及义肢、医学、医疗、大地测量、考古等基于数字成像技术的三维实体模型制造。以该工艺制造的产品目前的市场占有率约为 6.1%。

研究熔融沉积成型技术的公司主要有 Stratasys 公司和 Med Modeler 公司。美国 Stratasys 公司开发的产品制造系统应用于 FDM-1650 机型(见图 2-1)后，先后又推出 FDM-2000、FDM-3000 和 FDM-8000 等机型。

图 2-1　FDM-1650 机型

2.1.2　熔融沉积成型技术的原理

熔融沉积又叫熔丝沉积，它是将丝状的热熔性材料加热熔化，通过带有一个微细喷嘴的喷头挤喷出来。喷头可沿 X 轴方向移动，而工作台则沿 Y 轴方向移动。如果热熔性材料的温度始终稍高于固化温度，而成型部分的温度稍低于固化温度，就能保证热熔性材料挤喷出喷嘴后，随即与前一层面熔结在一起。一个层面沉积完成后，工作台按预定的增量下降一个层的厚度，再继续熔喷沉积，直至完成整个实体模型。

熔融沉积成型技术的基本原理如图 2-2 所示，其过程如下。

将实心材料丝缠绕在供料辊上，由电动机驱动辊子旋转，辊子和材料丝之间的摩擦力使材料丝向喷头的出口送进。在供料辊与喷头之间有导向套，导向套采用低摩擦材料制成，以便材料丝能顺利、准确地由供料辊送到喷头的内腔。喷头的前端有电阻丝式加热器，在其作用下，材料丝被加热熔融，然后通过出口涂覆至工作台上，并在冷却后形成界面轮廓。由于受结构的限制，加热器的功率不可能太大，因此材料丝一般为熔点不太高的热塑性塑料或蜡。材料丝熔融沉积的层厚随喷头的运动速度而变化，通常最大层厚为 0.15～0.25 mm。

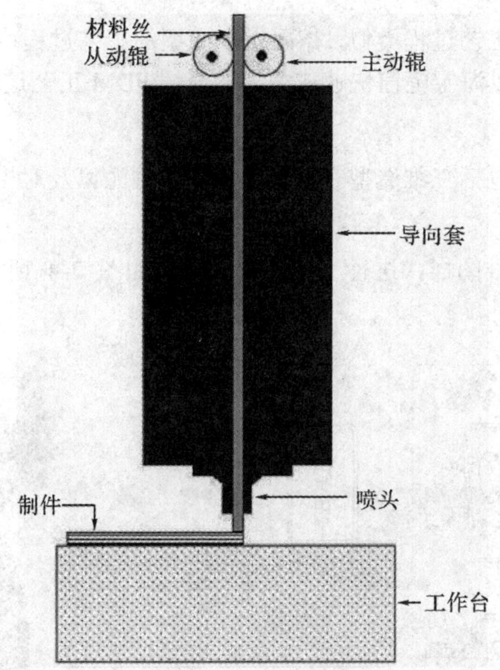

图 2-2　熔融沉积成型技术的基本原理

熔融沉积成型工艺在原型制作时需要同时制作支撑。为了节省制件材料成本和提高沉积效率，新型 FDM 设备采用了双喷头，如图 2-3 所示。一个喷头用于沉积模型材料，一个喷头用于沉积支撑材料。一般来说，模型材料丝精细而且成本较高，沉积的效率也较低；而支撑材料丝较粗且成本较低，沉积的效率也较高。双喷头的优点除了沉积过程中具有较高的沉积效率和降低模型制作成本以外，还可以灵活地选择具有特殊性能的支撑材料，如水溶材料、低于模型材料熔点的热熔材料等，以便于后处理过程中支撑材料的去除。

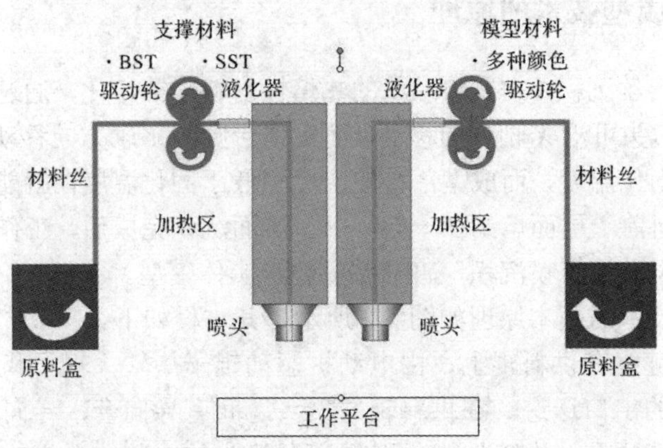

BST—剥离式去除支撑(手动)；SST—溶解式去除支撑(自动)

图 2-3　双喷头熔融沉积成型技术的基本原理

2.1.3　熔融沉积成型技术的工艺过程

和一般的快速成型工艺过程类似，熔融沉积成型的工艺过程可以分为前处理、成型及后处理三个阶段。下面以海宝笔筒快速成型为例介绍 FDM 工艺过程。

1. 前处理

前处理的内容主要包括三维造型获取快速成型数据源以及对模型数据进行分层处理。

1) CAD 数字建模

通过海宝笔筒的二维图样，进行三维建模设计，如图 2-4 所示。建模完成后,输出为 STL 快速成型需要的文件。

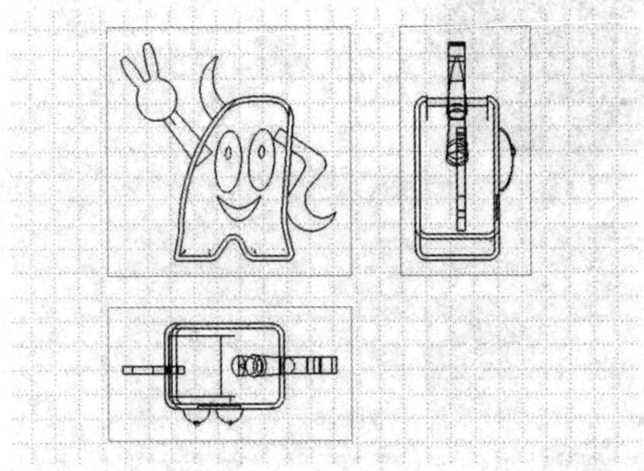

(a) 二维图样

(b) 三维造型

图 2-4　海宝笔筒二维图样与三维造型

2) 载入模型

将 STL 文件读入专用的分层软件，如图 2-5 所示，视窗中的长方体框架即为所使用的快速成型机的成型空间。

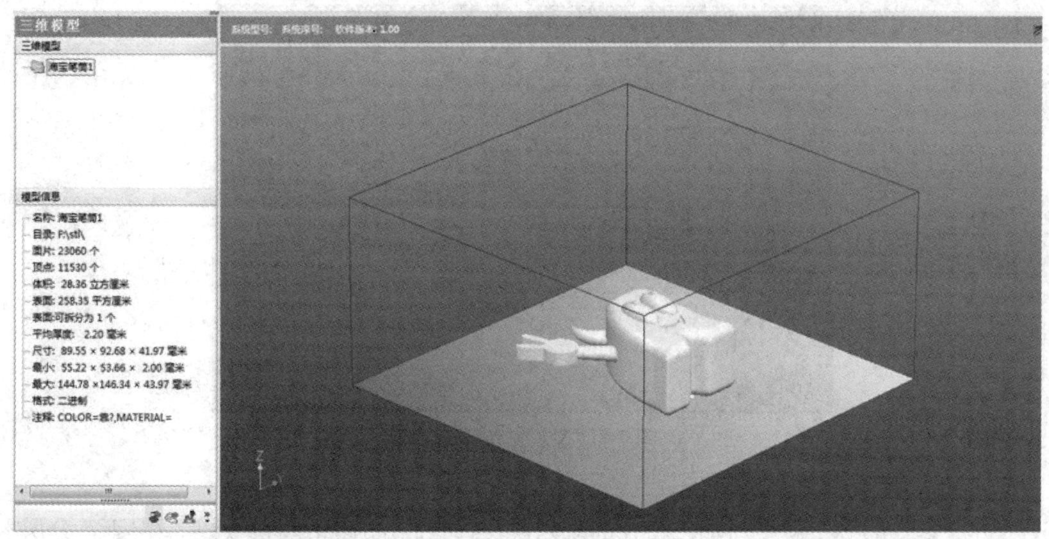

图 2-5　分层软件界面

3) STL 文件校验与修复

快速成型工艺对 STL 文件的正确性和合理性有较高的要求，主要是要保证 STL 模型无裂缝、空洞，无悬面、重叠面和交叉面，以免造成分层后出现不封闭的环和歧义现象。一般我们通过 CAD 系统直接输出为 STL 模型时，发生错误的概率较小。图 2-6 为校验无误显示的信息。

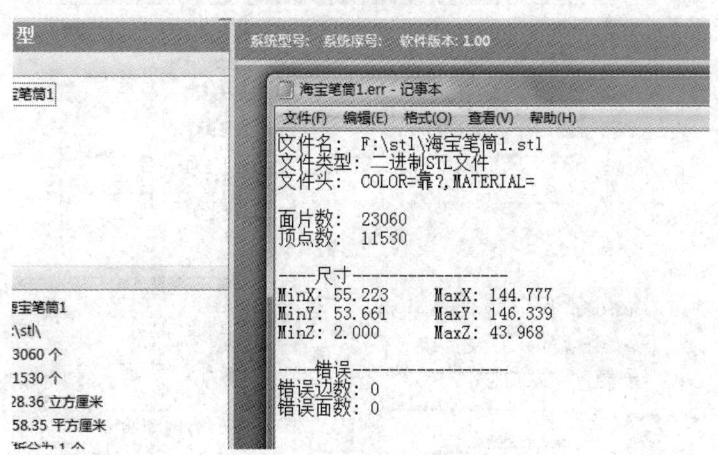

图 2-6　STL 文件校验

4) 确定摆放方位

STL 数据校验无误后，即可调整模型制作的摆放方位。调整摆放方位主要遵循以下几个依据：第一是考虑模型表面精度，第二是考虑模型强度，第三是考虑支撑材料的施加，第四是考虑成型所需要的时间。其中考虑模型强度在 FDM 成型中比在其他几种成型工艺中都显得更为重要。摆放方位调整好后，如果需要同时制作多个模型，还需要对调整好方位的模型进行复制或者调入不同的模型对其进行摆放方位调整并排列。综合考虑海宝笔筒制作时的各种影响因素，确定如图 2-7 所示的第一个方案为最优摆放方位。

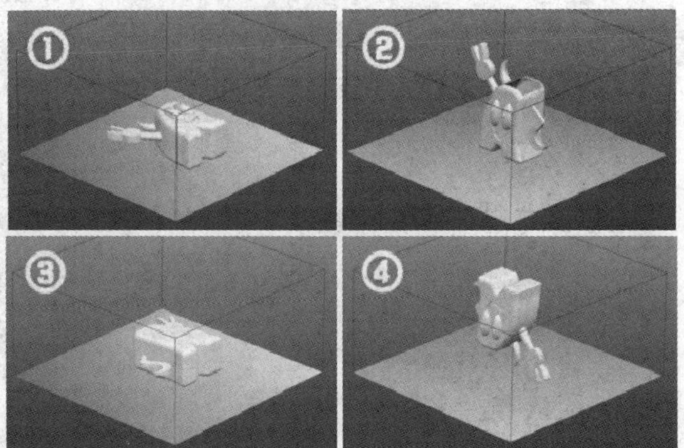

图 2-7　摆放方位确定方案

5) 确定分层参数

分层参数的确定就是对加工路径的规划及支撑材料的施加过程。通常情况下，分层参数是不需要进行改动的，设备调试好之后，会保存一个合理的参数集。如果对成型质量有更高的要求，也可以根据所掌握的参数设定经验进行改动。分层参数包括层厚参数、路径参数及支撑参数等。层厚影响着模型制作的表面质量及制作的时间。FDM 成型中层厚范围相对于其他几种工艺较宽，通常为 0.1～0.4 mm。海宝笔筒模型制作的分层参数如图 2-8 所示。

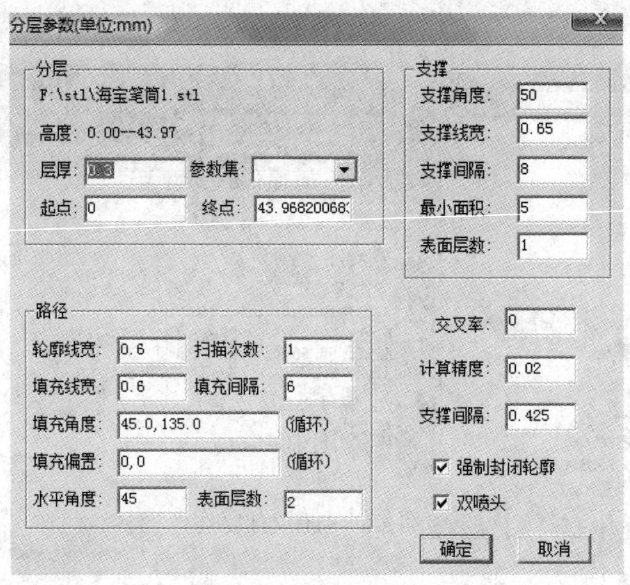

图 2-8　分层参数确定

6) 存储分层文件

分层参数设定完毕后，可对模型进行分层。分层完成后得到一个由层片累积起来的模型文件，将其存储为所用快速成型机可识别的格式，以进行调用和修改。图 2-9 给出的是该海宝笔筒模型各典型层片的轮廓形状。

至此，前处理工作结束。

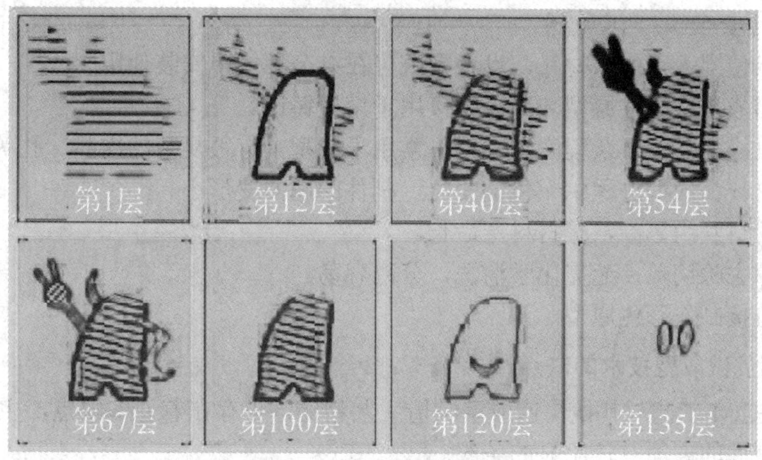

图 2-9　海宝笔筒分层轮廓

2. 成型

首先，打开快速成型机，将设备与计算机连接起来，并载入前处理生成的切片模型。工作台清洁后开始系统初始化，也就是 X、Y、Z 轴归零的过程。之后成型室进行预热，到设定温度后便可以执行打印模型命令，快速成型机开始自动进行叠层制作。刚开始时应注意观察支撑材料的黏结情况，如果发现支撑材料并没有很好地黏结在工作台上，应果断取消打印。模型成型结束后，取出模型，如图 2-10(a)所示。

(a) 处理前

(b) 处理后

图 2-10　海宝笔筒模型

3. 后处理

FDM 工艺成型的模型后处理比较简单，主要就是去除支撑和打磨。图 2-10(a)为后处理前的模型，图中深色部分为支撑，白色部分为模型。图 2-10(b)为去除支撑后的海宝笔筒模型。

2.1.4　熔融沉积成型技术的优缺点

1. 熔融沉积成型技术的优点

熔融沉积快速成型工艺之所以被广泛应用，是因为它具有其他成型方法所不具有的许多优点，具体如下：

(1) 由于采用了热融挤压头的专利技术，整个系统的构造原理和操作简单，维护成本低，系统运行安全。

(2) 可以使用无毒的原材料，设备系统可在办公环境中安装使用。

(3) 用蜡成型的零件原型，可以直接用于熔模铸造。

(4) 可以成型任意复杂程度的零件，常用于成型具有很复杂的内腔、孔等零件。

(5) 原材料在成型过程中无化学变化，制件的翘曲变形小。

(6) 原材料利用率高，且材料寿命长。

(7) 支撑去除简单，无需化学清洗，分离容易。

(8) 可直接制作彩色原型。

2. 熔融沉积成型技术的缺点

当然，FDM 工艺与其他快速成型制造工艺相比，也存在着许多缺点，主要如下：

(1) 成型件的表面有较明显的条纹。

(2) 沿成型轴垂直方向的强度比较弱。

(3) 需要设计与制作支撑结构。

(4) 需要对整个截面进行扫描涂覆，成型时间较长。

(5) 原材料价格昂贵。

2.1.5　熔融沉积成型的影响因素

1. 材料性能的影响

材料的性能直接影响成型过程及成型件精度。材料在工艺过程中要经过固体—熔体—固体的两次相变，在凝固过程中，由于材料的收缩而产生的应力变形会影响成型件精度。如 ABS 丝材，其收缩的因素主要有如下两点：

(1) 热收缩。热收缩即材料因其固有的热膨胀率而产生的体积变化，它是收缩产生的最主要原因。

(2) 分子取向的收缩。在成型过程中，熔态的高分子材料在填充方向上被拉长，又在随后的冷却过程中产生收缩，而取向作用会使堆积丝在填充方向的收缩率大于与该方向垂直方向的收缩率。

为了提高精度，应减小材料的收缩率，可通过改进材料的配方来实现，而最基本的方法是在设计时考虑收缩量来进行尺寸补偿。在目前的数据处理软件中，只能在 X、Y、Z 三个方向应用“收缩补偿因子”，即针对不同的零件形状和结构特征，根据经验采用不同的因子大小，这样零件成型时的尺寸实际上是略大于 CAD 模型的尺寸，当冷却凝固时，设想按照预定的收缩量，零件尺寸最终收缩到 CAD 模型的尺寸。

2. 喷头温度和成型室温度的影响

喷头温度决定了材料的黏结性能、堆积性能、丝材流量以及挤出丝的宽度。喷头温度太低，则材料黏度加大，挤丝速度变慢，这不仅加重了挤压系统的负担，极端情况下还会造成喷嘴堵塞，而且材料层间黏结强度降低，还会引起层间剥离；而温度太高，材料偏向于液态，黏度变小，流动性强，挤出过快，无法形成可精确控制的丝，制作时可能前一层材料还未冷却成型，后一层就加压于其上，从而使得前一层材料坍塌和破坏。因此喷头温度应根据丝材的性质在一定范围内选择，以保证挤出的丝呈熔融流动状态。

成型室的温度会影响成型件的热应力大小。温度过高，虽然有助于减小热应力，但零件表面易起皱；而温度太低，从喷嘴挤出的丝材骤冷，使成型件热应力增加，容易引起零件翘曲变形。由于挤出丝冷却速度快，在前一层截面已完全冷却凝固后才开始堆积后一层，这会导致层间黏结不牢固，会有开裂的倾向。为了顺利成型，一般将成型室的温度设定为比挤出丝的熔点温度低 1℃～2℃。

3. 挤出速度的影响

挤出速度是指喷头内熔融态的丝材从喷嘴挤出的速度，单位时间内挤出丝体积与挤出速度成正比。在与填充速度合理匹配的范围内，随着挤出速度增大，挤出丝的截面宽度逐渐增加，当挤出速度增大到一定值时，挤出的丝黏附于喷嘴外圆锥面，则不能正常加工。

4. 填充速度与挤出速度交互的影响

填充速度应与挤出速度匹配。若填充速度比挤出速度快，则材料填充不足，出现断丝现象，难以成型。反之，若填充速度比挤出速度慢，则熔丝堆积在喷头上，使成型面材料分布不均匀，表面会有疙瘩，影响原型质量。

5. 分层厚度的影响

分层厚度是指在成型过程中每层切片截面的厚度。由于每层有一定的厚度，会在成型后的实体表面产生台阶现象，这将直接影响成型后实体的尺寸误差和表面粗糙度。对 FDM 工艺而言，完全消除台阶现象是不可能的。一般来说，分层厚度越小，实体表面产生的台阶越小，表面质量也越高，但所需的分层处理和成型时间会变长，降低了加工效率。反之，分层厚度越大，实体表面产生的台阶也就越大，表面质量越差，不过加工效率则相对较高。为了提高成型精度，可在实体成型后进行打磨、抛光等后处理。

6. 成型时间的影响

每层的成型时间与填充速度、该层的面积大小及形状的复杂度有关。若层的面积小，形状简单，填充速度快，则该层成型的时间就短；反之，时间就长。在加工时，控制好喷嘴的工作温度和每层的成型时间，才能获得精度较高的成型件。在加工一些截面很小的实体时，由于每层的成型时间太短，往往难以成型，因为前一层还来不及固化，下一层就接着再堆，将引起“坍塌”和“拉丝”的现象。为消除这种现象，除了要采用较小的填充速度、增加成型时间外，还应在当前成型面上吹冷风强制冷却，以加速材料固化速度，保证成型件的几何稳定性。而成型面积很大时，则应选择较快的填充速度，以减少成型时间，这一方面能提高成型效率，另一方面还可以降低成型件的开裂倾向。当成型时间太长时，前一层截面已完全冷却凝固，此时再开始堆积后一层时，将会导致层间黏结不牢固。

7. 扫描方式的影响

熔融沉积快速成型工艺方法中的扫描方式有多种，有螺旋扫描、偏置扫描及回转扫描等。螺旋扫描是指扫描路径从制件的几何中心向外依次扩展，偏置扫描是指按轮廓形状逐层向内偏置进行扫描，回转扫描是指按 X、Y 轴方向扫描、回转。通常，偏置扫描成型的轮廓尺寸精度容易保证，而回转扫描路径生成简单，但轮廓精度较差；可以采用一种复合扫描方式，即外部轮廓用偏置扫描，而内部区域填充用回转扫描，这样既可以提高表面精度，也可以简化扫描过程，提高扫描效率。扫描方式与原型的内应力密切相关，合适的扫描方式可降低原型内应力的积累，有效防止零件的翘曲变形。

2.2　立体光固化成型(SLA)技术

2.2.1　立体光固化成型技术的概念

立体光固化成型，也常称为立体光刻成型，英文名称为 Stereo Lithography，简称 SL 或 SLA(Stereo Lithography Apparatus)，该工艺是由 Charles Hull 发明的，于 1984 年获得美国专利，是最早发展起来的快速成型技术。自从 1988 年 3D Systems 公司最早推出 SLA 商品化快速成型机 SLA-250 以来，SLA 已成为目前世界上研究最深入、技术最成熟、应用最广泛的一种快速成型工艺方法。它以光敏树脂为原料，通过计算机控制紫外激光使光敏树脂凝固成型。这种方法能简捷、全自动地制造出表面质量和尺寸精度较高、几何形状较复杂的原型。

2.2.2　立体光固化成型技术的原理

光固化成型技术所用装备由升降台、氦-镉激光器、刮板、扫描系统和计算机数控系统等组成，如图 2-11 所示。

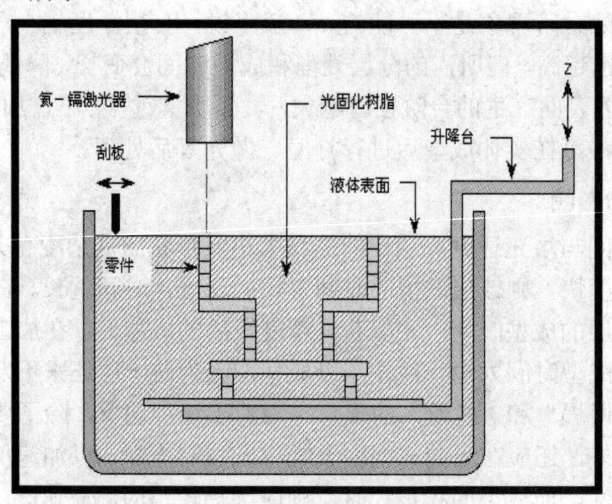

图 2-11　光固化成型技术原理图

液槽中盛满液态光固化树脂，氦-镉激光器发出的紫外激光束在控制系统的控制下按零件的各分层截面信息在光固化树脂表面进行逐点扫描，使被扫描区域的树脂薄层产生光聚合反应而固化，形成零件的一个薄层。一层固化后，工作台下移一个层厚的距离，以在原先固化好的树脂表面再敷上一层新的液态树脂，刮板将黏度较大的树脂液面刮平，然后进行下一层的扫描加工，新固化的一层牢固地黏结在前一层上。如此重复直至整个零件制造完成，得到一个三维实体原型。

因为树脂材料的高黏性，在每层固化之后，液面很难在短时间内迅速流平，这将会影响实体的精度。采用刮板刮切后，所需数量的树脂便会被十分均匀地涂覆在上一叠层上，这样经过激光固化后可以得到较好的精度，使产品表面更加光滑和平整，如图 2-12 所示。

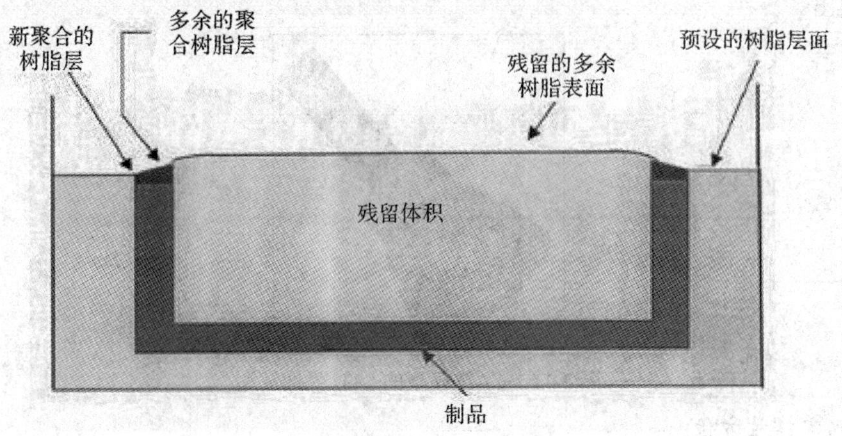

图 2-12　光固化成型制造过程中残留的多余树脂

2.2.3　立体光固化成型技术的工艺过程

光固化快速成型的制作一般可以分为前处理、原型制作和后处理三个阶段。

1. 前处理

前处理阶段主要是对原型的 CAD 模型进行数据转换、摆放方位确定、施加支撑和切片分层，实际上就是为原型的制作准备数据。下面以某一小扳手的制作来介绍光固化原型制作的前处理过程。

1）CAD 三维造型

三维实体造型是 CAD 模型的最好表示，也是快速原型制作必需的原始数据源。没有 CAD 三维数字模型，就无法驱动模型的快速原型制作。CAD 模型的三维造型可以在 UG、Pro/E、Catia 等大型 CAD 软件以及许多小型的 CAD 软件上实现，图 2-13 给出的是小扳手在 UG NX2.0 上的三维造型。

图 2-13　CAD 三维原始模型

2）数据转换

数据转换是对产品 CAD 模型的近似处理，主要是生成 STL 格式的数据文件。STL 数据处理实际上就是采用若干小三角 5F62 片来逼近模型的外表面，如图 2-14 所示。这一阶段需要注意的是 STL 文件生成的精度控制。目前，通用的 CAD 三维设计软件系统都有 STL 数据的输出。

图 2-14 CAD 模型的 STL 数据模型

3) 确定摆放方位

摆放方位的处理是十分重要的，它不但影响着制作时间和效率，更影响着后续支撑的施加以及原型的表面质量等，因此，摆放方位的确定需要综合考虑多种因素。一般情况下，从缩短原型制作时间和提高制作效率来看，应该选择尺寸最小的方向作为叠层方向。但是，有时为了提高原型制作质量以及提高某些关键尺寸和形状的精度，需要将最大的尺寸方向作为叠层方向摆放。也有时为了减少支撑量，以节省材料和方便后处理，经常采用倾斜摆放。确定摆放方位以及后续的施加支撑和切片处理等都是在分层软件系统上实现的。对于上述的小扳手，由于其尺寸较小，为了保证轴部外径尺寸以及轴部内孔尺寸的精度，选择直立摆放，如图 2-15 所示。同时考虑到尽可能减小支撑量，大端朝下摆放。

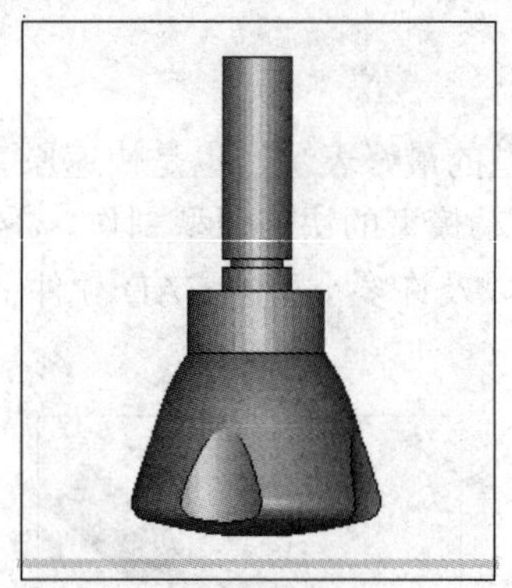

图 2-15 模型的摆放方位

4) 施加支撑

摆放方位确定后，便可以进行支撑的施加了。施加支撑可以有效支撑模型和减少模型的翘曲变形，是光固化快速原型制作前处理阶段的重要工作。对于结构复杂的数据模型，支撑的施加是费时而精细的。支撑施加的好坏直接影响着原型制作的成功与否及制作的质量。支撑施加可以手工进行，也可以软件自动实现。软件自动实现的支撑施加一般都要经过人工的核查，进行必要的修改和删减。为了便于在后续处理中支撑去除及获得优良的表面质量，目前，比较先进的支撑类型为点支撑，即在支撑与需要支撑的模型面间是点接触，图 2-16 示意的支撑结构就是点支撑。

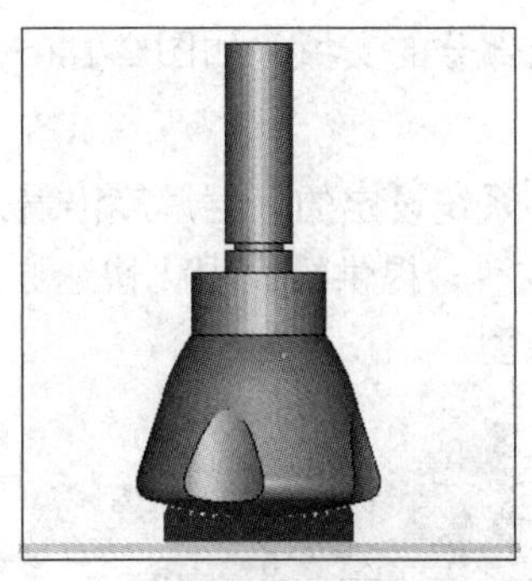

图 2-16　模型施加支撑

支撑在快速成型制作中是与原型同时制作的，支撑结构除了确保原型的每一结构部分都能可靠固定之外，还有助于减少原型在制作过程中发生的翘曲变形。从图 2-17 可见，在原型的底部也设计和制作了支撑结构，这是为了成型完毕后能方便地从工作台上取下原型，而不会使原型损坏。成型过程完成后，应小心地除去上述支撑结构，从而得到所需的最终原型。

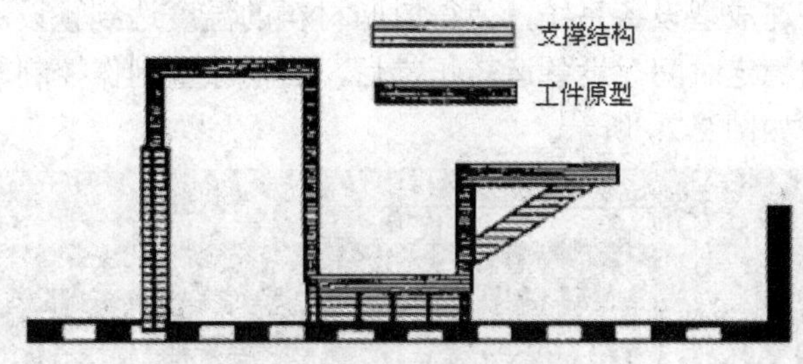

图 2-17　支撑结构示意图

支撑可选择多种形式，例如点支撑、线支撑、网状支撑等。支撑的设计与施加应考虑可使支撑容易去除，并能保证支撑面的光洁度。常见的支撑结构如图 2-18 所示。

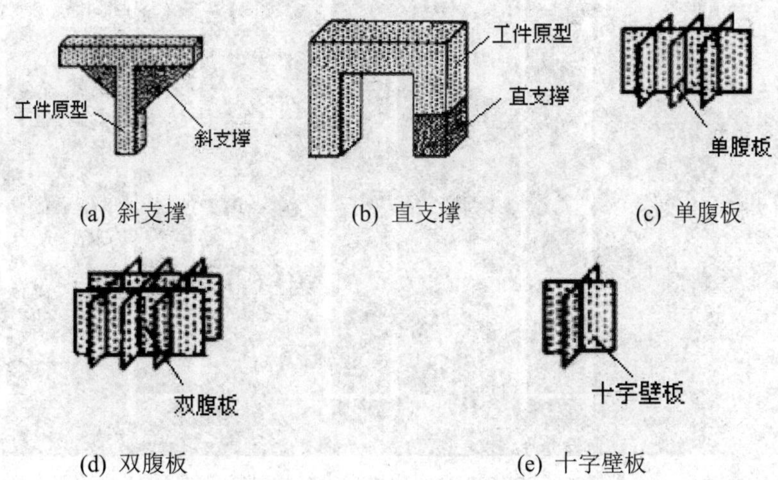

(a) 斜支撑　(b) 直支撑　(c) 单腹板

(d) 双腹板　(e) 十字壁板

图 2-18　常见的支撑结构

其中斜支撑主要用于悬臂结构，它在成型过程中不但为悬臂提供支撑，同时也约束悬臂的翘曲变形，如图 2-18(a)所示；直支撑主要用于腿部结构，如图 2-18(b)所示；腹板结构又分为单腹板和双腹板两种结构，主要用于大面积内部支撑，如图 2-18(c)和 2-18(d)所示；十字壁板主要用于孤立结构部分的支撑，如图 2-18(e)所示。

5）切片分层

支撑施加完毕后，根据设备系统设定的分层厚度沿着高度方向进行切片，生成 RP 系统需求的 SLC 格式的层片数据文件，提供给光固化快速原型制作系统，进行原型制作。图 2-19 所示是手柄的光固化快速原型。

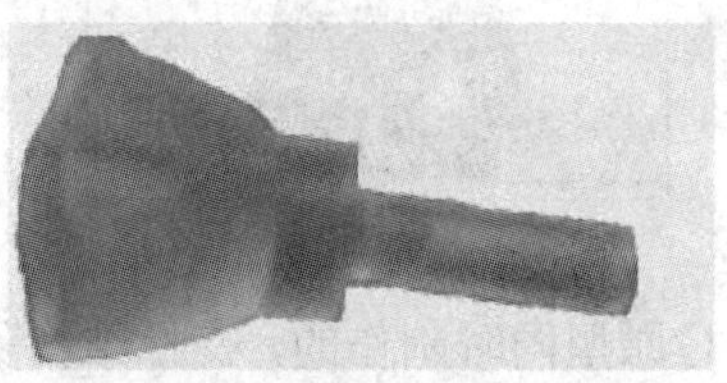

图 2-19　手柄的光固化快速原型

2. 原型制作

立体光固化成型过程是在专用的光固化快速成型设备系统上进行。在原型制作前，需要提前启动光固化快速成型设备系统，使得树脂材料的温度达到预设的合理温度，激光器点燃后也需要一定的稳定时间。设备运转正常后，启动原型制作控制软件，读入前处理生成的层片数据文件，如图 2-20 所示。

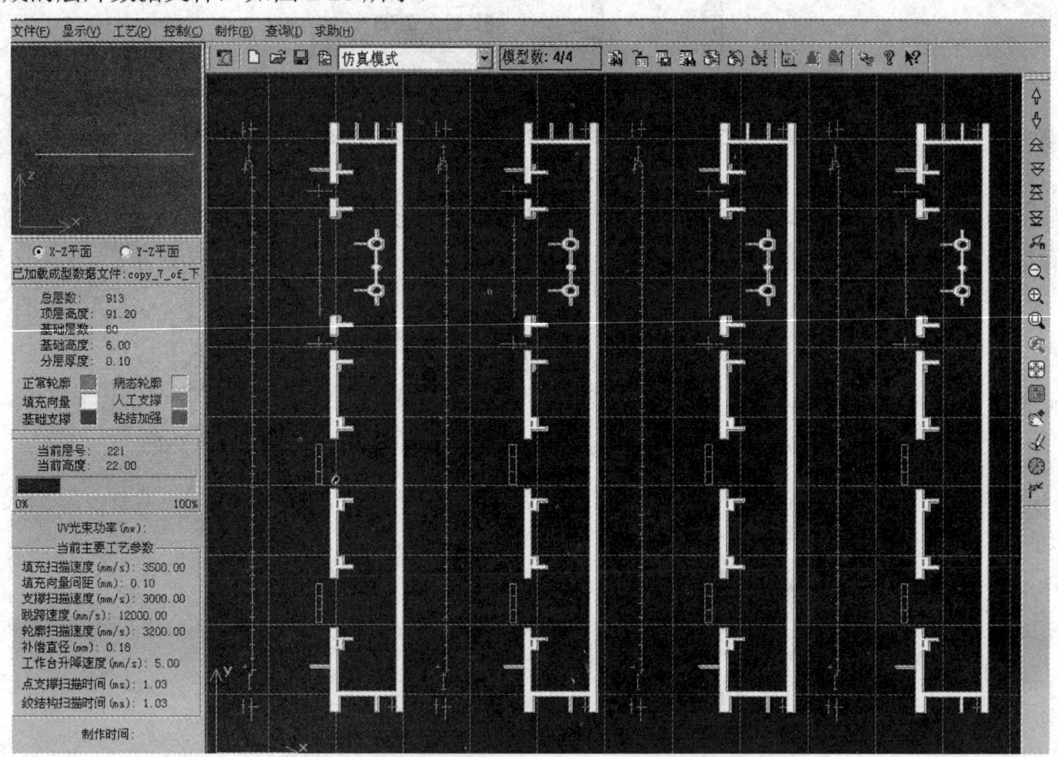

图 2-20　SPS600 光固化成型设备控制软件界面

在原型制作之前，要注意调整工作台网板的零位与树脂液面的位置关系，以确保支撑与工作台网板的稳固连接。当一切准备就绪后，就可以启动叠层制作了。整个叠层的光固化过程都是在软件系统的控制下自动完成的，所有叠层制作完毕后，系统自动停止。

3. 后处理

后处理是指整个零件成型完成后进行的辅助处理工艺，包括零件的清洗、支撑去除、打磨、表面涂覆以及后固化等。

零件成型完成后，将零件从工作台上分离出来，用酒精清洗干净，用刀片等其他工具将支撑与零件剥离，之后进行打磨喷漆处理。为了获得良好的机械性能，可以在后固化箱内进行二次固化。在实际操作中，打磨可以采用水砂纸，基本打磨选用 400#～1000#最为合适，通常先用 400#，再用 600#、800#。使用 800#以上的砂纸时最好蘸一点水来打磨，这样表面会更平滑。

光固化成型件作为装配件使用时，一般需要进行钻孔和铰孔等后续加工。通过实际操作得知，光固化成型件基本满足机械加工的要求。例如，对 3 mm 厚度的板进行钻孔时，孔内光滑；无裂纹现象；对外径 8 mm、高度 20 mm 的圆柱体进行钻孔，加工出直径 5 mm、高度 10 mm 的内孔时，孔内光滑，无裂纹，但是随着圆柱体内外孔径比值增大，加工难度增加，会出现裂纹现象。

SLA 后处理过程如下：

(1) 原型叠层制作结束后，工作台升出液面，停留 5～10 min，以晾干多余的树脂，如图 2-21 所示。

图 2-21　SLA 后处理步骤一

(2) 将原型和工作台一起斜放，晾干后浸入丙酮、酒精等清洗液体中，搅动并刷掉残留的气泡。持续 45 min 左右后，放入水池中清洗工作台约 5 min，如图 2-22 所示。

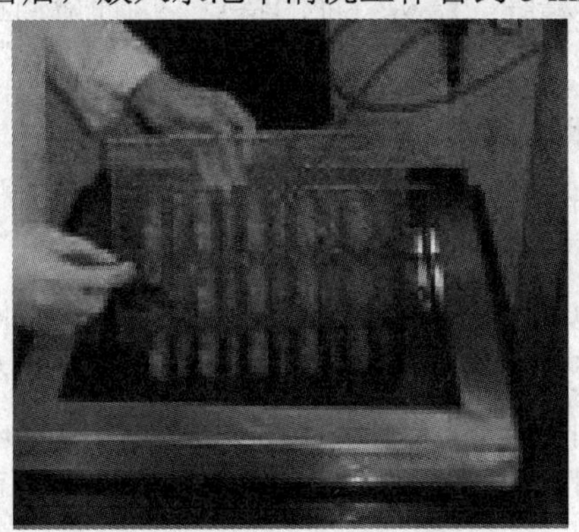

图 2-22　SLA 后处理步骤二

(3) 从外向内从工作台上取下原型，并去除支撑结构，如图 2-23 所示。

图 2-23　SLA 后处理步骤三

(4) 几次清洗后置于紫外烘箱中进行整体后固化，如图 2-24 所示。

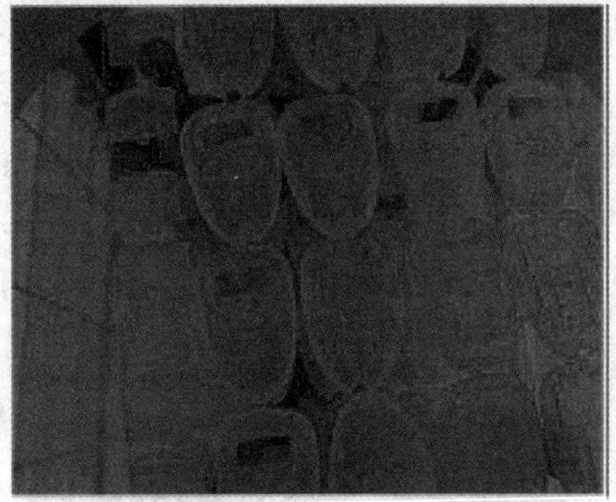

图 2-24　SLA 后处理步骤四

2.2.4　立体光固化成型技术的优缺点

与其他几种快速成型工艺方法相比，立体光固化成型具有制作原型表面质量好，尺寸精度高，以及能够制造比较精细的结构特征的特点，因而应用最为广泛。立体光固化成型技术具有以下特点。

1. 立体光固化成型技术的优点

(1) 产品生产周期短。模具设计和产品生产可同步进行，几个小时内便可完成传统加工工艺几个月的工作量。

(2) 制作过程智能化，成型速度快，自动化程度高。光固化成型系统极其稳定，加工开始后，整个成型过程完全自动化、快速化、连续化，直至原型制作全部完成。

(3) 尺寸精度高。原型件真实、准确、完整地反映出所设计的制件，包括内部结构和外形，使原型更逼近于真实的产品。光固化成型原型的尺寸精度可以达到±0.1 mm(100 mm 范围内)。

(4) 表面质量优良。虽然在每层固化时曲面和侧面可能出现台阶，但是上表面仍然可以得到玻璃状的效果，达到磨削加工的表面效果。

(5) 无噪音、无振动、无切削，可以实现生产办公室化操作。

(6) 可以直接制作面向熔模精密铸造的具有中空结构的消失模。

(7) 可制造任意几何形状的复杂零件。不管多么复杂的零件，都可以分解成二维数据进行加工，所以特别适合于传统加工工艺难以制造的形状复杂的零件。

2. 立体光固化成型技术的缺点

当然，与其他几种快速成型技术相比，该工艺也存在一些缺点。具体如下：

(1) 成型过程中伴随着物理和化学变化，所以制件较易翘曲变形，需要添加支撑。

(2) 设备运转及维护成本较高，液态光敏树脂材料和激光器的价格都较高。

(3) 可使用的材料种类较少。目前可用的材料主要为液态光敏树脂，并且在大多数情况下，树脂固化后较脆、易断裂，不便进行再加工。

(4) 需要二次固化。在很多情况下，经快速成型系统光固化后的原型，树脂并未完全固化，需要进行二次固化。

2.2.5　立体光固化成型的影响因素

立体光固化成型的精度一直是设备研发和用户制作原型过程中密切关注的问题。控制原型的翘曲变形和提高原型的尺寸精度及表面质量一直是研究领域的核心问题之一。原型的精度一般包括形状精度、尺寸精度和表面精度，即光固化成型件在形状、尺寸和表面相互位置三个方面与设计要求的符合程度。形状误差主要有翘曲变形、扭曲变形、椭圆度误差及局部缺陷等；尺寸误差是指成型件与 CAD 模型相比，在 X、Y、Z 三个方向上的尺寸相差值；表面精度主要包括由叠层累加产生的台阶误差及表面粗糙度等。

影响 SLA 成型精度的因素有很多，包括成型前和成型过程中的几何数据处理、成型过程中光敏树脂的固化收缩、光学系统及激光扫描方式等，具体如下。

1. 几何数据处理造成的误差

在成型过程开始前，必须对实体的三维 CAD 模型进行 STL 格式化及切片分层处理，以便得到加工所需的一系列的截面轮廓信息，在进行数据处理时会带来误差，如图 2-25 所示。

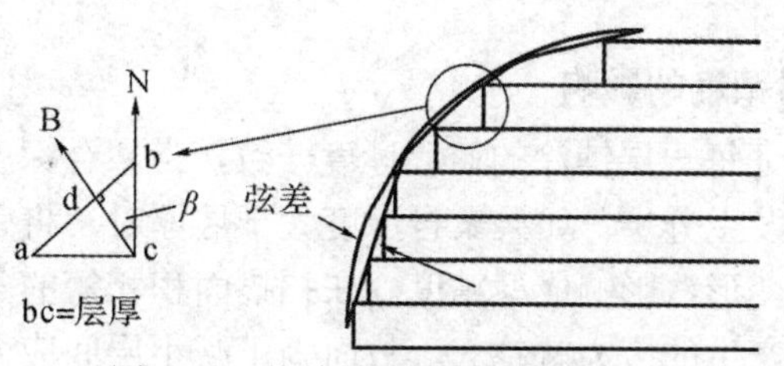

图 2-25　弦差导致截面轮廓线误差

针对几何数据处理造成的误差，解决措施之一为直接切片，较好的办法是开发对 CAD 实体模型进行直接分层的软件。在商用软件中，Pro/E 具有直接分层的功能，如图 2-26 所示。

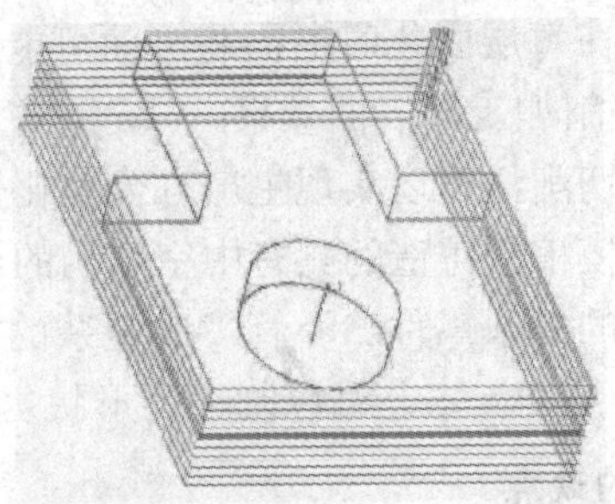

图 2-26　Pro/E 对实体的三维 CAD 模型直接分层

针对几何数据处理造成的误差，解决措施之二为自适应分层。切层的厚度直接影响成型件的表面光洁度，因此，必须仔细选择切层厚度。有关学者采用不同算法进行了自适应分层方法的研究，即在分层方向上，根据零件轮廓的表面形状，自动地改变分层厚度，以满足零件表面精度的要求，当零件表面倾斜度较大时选取较小的分层厚度，以提高原型的成型精度；反之则选取较大的分层厚度，以提高加工效率，如图 2-27 所示。

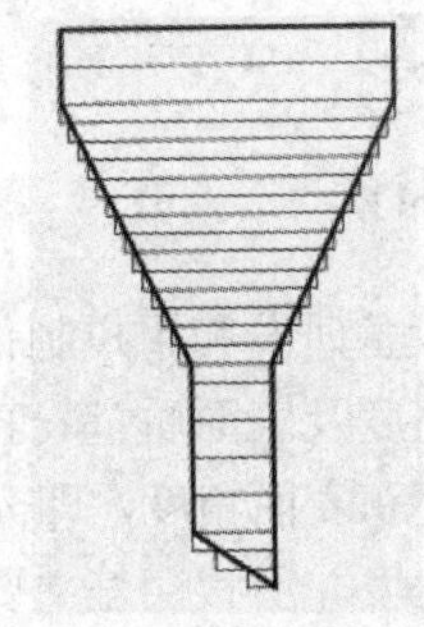

图 2-27　自适应分层

2. 成型过程中材料的固化收缩引起的翘曲变形

光固化成型工艺中，液态光敏树脂在固化过程中会发生收缩，收缩会在工件内产生内应力，沿层厚从正在固化的层表面向下，随固化程度不同，层内应力呈梯度分布。在层与层之间，新固化层收缩时要受到层间黏合力的限制。层内应力和层间应力的合力作用致使工件产生翘曲变形。

针对成型过程中材料的固化收缩引起的翘曲变形的问题，解决措施为改进成型工艺或者改进树脂的配方。

3. 树脂涂层厚度对精度的影响

在成型过程中要保证每一层铺涂的树脂厚度一致，当聚合深度小于层厚时，层与层之间将黏合不好，甚至会发生分层；如果聚合深度大于层厚时，将引起过固化，而产生较大的残余应力，引起翘曲变形，影响成型精度。在扫描面积相等的条件下，固化层越厚，则固化的体积越大，层间产生的应力就越大，故而为了减小层间应力，就应该尽可能地减小单层固化深度，以减小固化体积。

解决措施：① 采用二次曝光法；② 减小涂层厚度，提高 Z 向的运动精度。

4. 光学系统对成型精度的影响

在光固化成型过程中，成型用的光点是具有一定直径的光斑，因此实际得到的制件是光斑运行路径上一系列固化点的包络线形状。如果光斑直径过大，有时会丢失较小尺寸的零件细微特征，如在进行轮廓拐角扫描时，拐角特征很难成型出来，如图 2-28 所示。聚焦到液面的光斑直径大小以及光斑形状会直接影响加工分辨率和成型精度。

图 2-28　轮廓拐角处的扫描

针对光学系统对成型精度的影响，解决措施有两种，分别为光路校正和光斑校正。

1) 光路校正

在 SLA 系统中，扫描器件采用双振镜模块(见图 2-29 中 a 和 b)，被设置在激光束的汇聚光路中。由于双振镜在光路中前后布置的结构特点，造成扫描轨迹在 X 轴向的枕形畸变。当扫描一方形图形时，扫描轨迹并非一个标准的方形，而是出现如图 2-30 中所示的枕形畸变。枕形畸变可以通过软件校正。

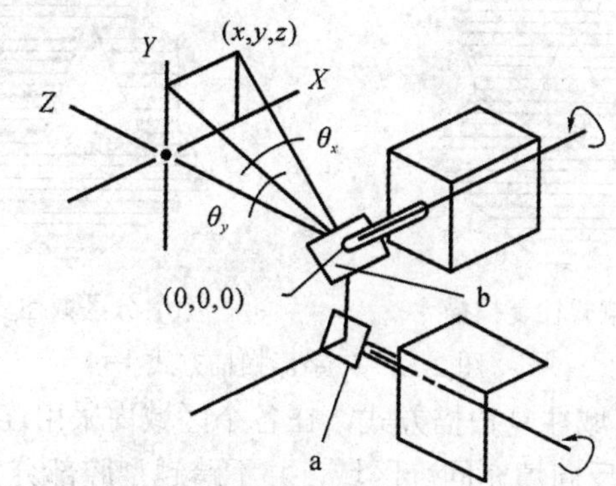

图 2-29　振镜扫描系统原理结构图

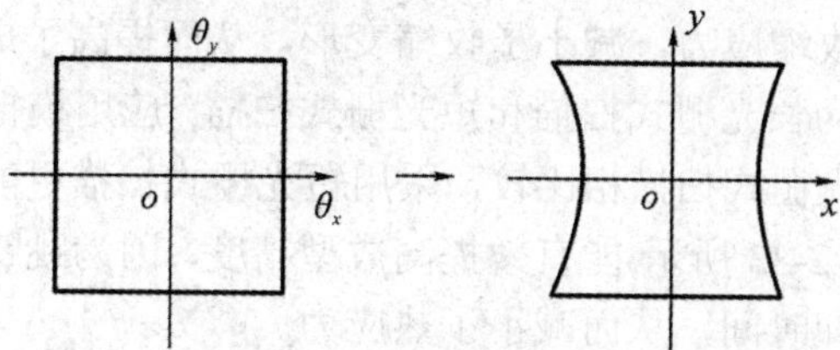

图 2-30　枕形畸变示意图

2) 光斑校正

双振镜扫描的另一个缺陷是：光斑扫描轨迹构成的像场是球面，与工作面不重合，产生聚焦误差或 Z 轴误差。聚焦误差可以通过动态聚焦模块得到校正，动态聚焦模块可在振镜扫描过程中同步改变模块焦距，调整焦距位置，即可实现 Z 轴方向扫描，与双振镜构成一个三维扫描系统。聚焦误差也可以用透镜前扫描和 $f\theta$ 透镜进行校正。扫描器位于透镜之前，激光束扫描后射在聚焦透镜的不同部位，并在其焦平面上使直线轨迹与工作平面重合，如图 2-31 所示。这样可以保证激光聚焦焦点在光敏树脂液面上，使到达光敏树脂液面的激光光斑直径小，且光斑大小不变。

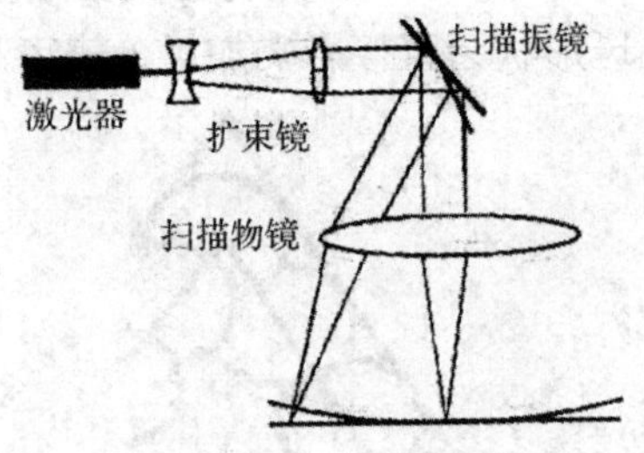

图 2-31　$f\theta$ 透镜扫描

5. 激光扫描方式对成型精度的影响

激光扫描方式对成型工件的内应力有密切影响，合适的扫描方式可减少零件的收缩量，避免翘曲和扭曲变形，提高成型精度。

SLA 工艺成型时多采用方向平行路径进行实体填充，即每一段填充路径均互相平行，在边界线内往复扫描进行填充，也称为 Z 字形(Zig-Zag)或光栅式扫描方式，如图 2-32(a)所示。

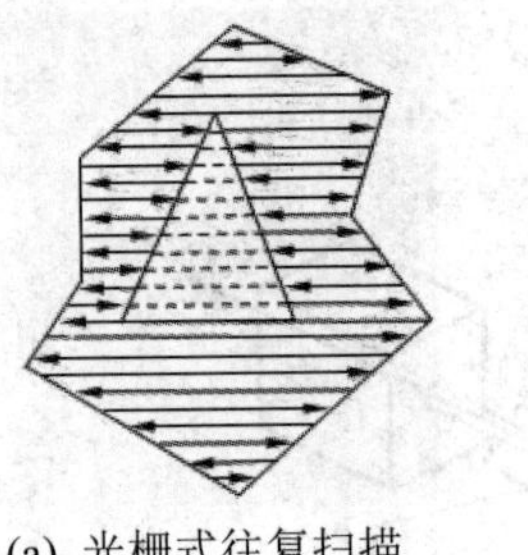

(a) 光栅式往复扫描

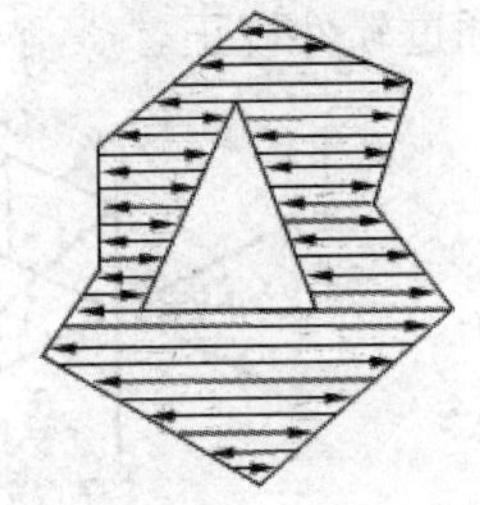

(b) 分区域往复扫描

图 2-32　Z 字形扫描方式

图 2-32(b)中采用分区域往复扫描方式，在各个区域内采用连贯的 Zig-Zag 扫描方式，激光器扫描至边界即回折反向填充同一区域，并不跨越型腔部分；只有从一个区域转移到另外一个区域时，才快速跨越。这种扫描方式可以省去激光开关，提高成型效率，并且由于采用分区域后分散了收缩应力，减小了收缩变形，从而提高了成型精度。

光栅式扫描又可分为长光栅式扫描和短光栅式扫描。应用模拟和试验的方法扫描加工悬臂梁，结果表明与长光栅式扫描相比较，采用短光栅式扫描更能减小扭曲变形。采用跳跃光栅式扫描方式(如图 2-33 所示)能有效提高成型精度，因为跳跃光栅式扫描方式可以使已固化区域有更多的冷却时间，从而减小了热应力。

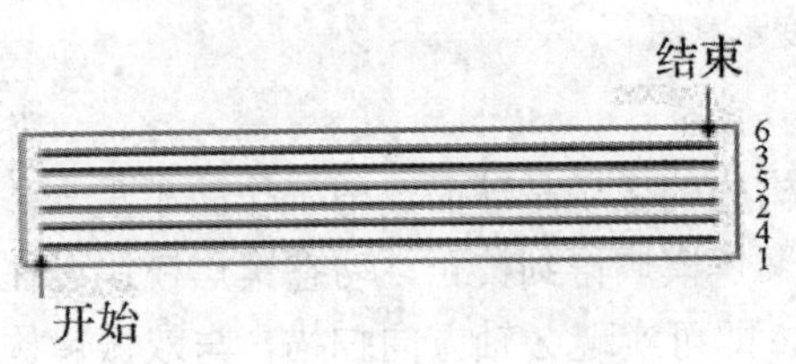

(a) 跳跃长光栅式扫描方式

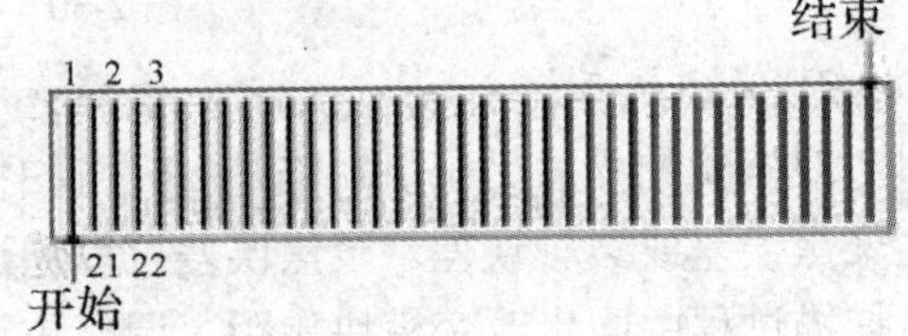

(b) 跳跃短光栅式扫描方式

图 2-33　跳跃光栅式扫描方式

对扫描方式的研究表明，在对平板类零件进行扫描时宜采用螺旋式扫描方式(如图 2-34 所示)，且从外向内的扫描方式比从内向外的扫描方式生产的零件精度更高。

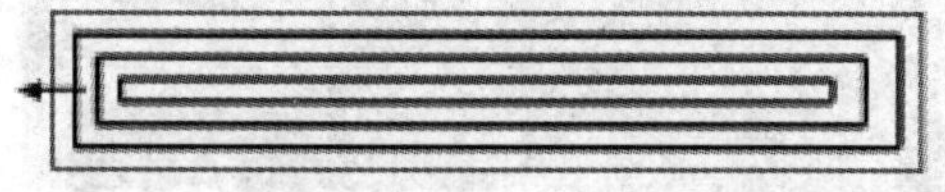

图 2-34　螺旋式扫描方式

6. 光斑直径大小对成型尺寸的影响

在光固化成型中，圆形光斑有一定的直径，固化的线宽等于在该扫描速度下实际光斑直径的大小。如果不采用补偿，光斑扫描路径如图 2-35(a)所示。成型的零件实体部分外轮廓周边尺寸大了一个光斑半径，而内轮廓周边尺寸小了一个光斑半径，结果导致零件的实体尺寸大了一个光斑直径，使零件出现正偏差。为了减小或消除实体尺寸的正偏差，通常采用光斑补偿方法，使光斑扫描路径向实体内部缩进一个光斑半径，如图 2-35(b)所示。从理论上说，光斑扫描按照向实体内部缩进一个光斑半径的路径扫描，所得零件的长度尺寸误差为零。

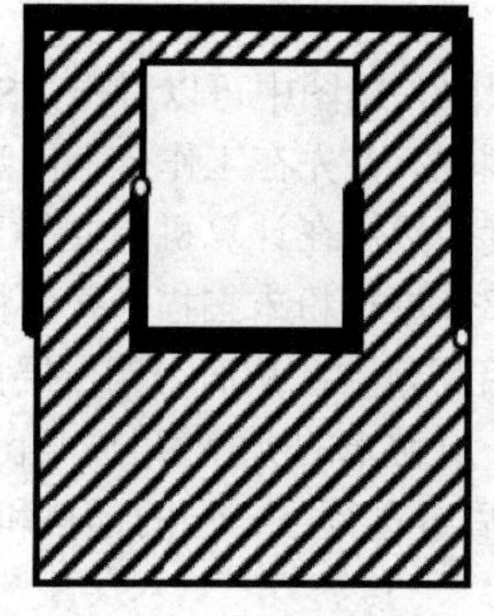

(a) 未采用光斑补偿时的扫描路径

(b) 采用光斑补偿时的扫描路径

图 2-35　光斑尺寸及扫描路径对制件轮廓尺寸的影响

2.3 选择性激光烧结成型(SLS)技术

2.3.1　选择性激光烧结成型技术的概念

选择性激光烧结成型(Selected Laser Sintering，SLS)技术又称为激光选区烧结或粉末材料选择性激光烧结。SLS 快速成型技术是利用粉末材料，如金属粉末、非金属粉末，采用激光照射的烧结原理，在计算机控制下进行层层堆积，最终加工制作成所需的模型或产品。SLS 与 SLA 的成型原理相似，但所使用的原材料不同，SLA 使用的原材料是液态的光敏可固化树脂，SLS 使用的原材料为粉状材料。从理论上讲，任何可熔的粉末都可以用来制造产品或模型，因此选用粉末材料是 SLS 技术的主要优点之一。

SLS 技术是由美国得克萨斯大学奥斯汀分校的 C.R.Dechard 于 1989 年研制成功的，目前该工艺已被美国 DTM 公司商品化。二十多年来，奥斯汀分校和 DTM 公司在 SLS 领域做了大量的研究与开发工作，在设备研制、加工工艺和材料开发上取得了很大进展。德国的 EOS 公司也开发出了相应的系列成型设备。图 2-36 所示为一台 SLS 快速成型设备。

图 2-36　DTM 公司的 Sinterstation2500 机型

2.3.2　选择性激光烧结成型技术的原理

图 2-37 所示为 SLS 快速成型系统的工作原理示意图。从图中可以看出，SLS 快速成型的基本原理是采用激光器对粉末状材料进行烧结和固化。首先在工作台上用刮板或辊筒铺覆一层粉末状材料，再将其加热至略低于其熔化温度，然后在计算机的控制下，激光束按照事先设定好的分层截面轮廓，对原型制件的实心部分进行粉末扫描，并使粉末的温度升至熔化点，致使激光束扫描到的粉末熔化，粉末间相互黏结，从而得到一层截面轮廓。位于非烧结区的粉末则仍呈松散状，可作为工件和下一层粉末的支撑部分。当一层截面轮廓成型完成后，工作台就会下降一个截面层的高度，然后再进行下一层的铺料和烧结动作。如此循环往复，最终形成三维产品或模型。

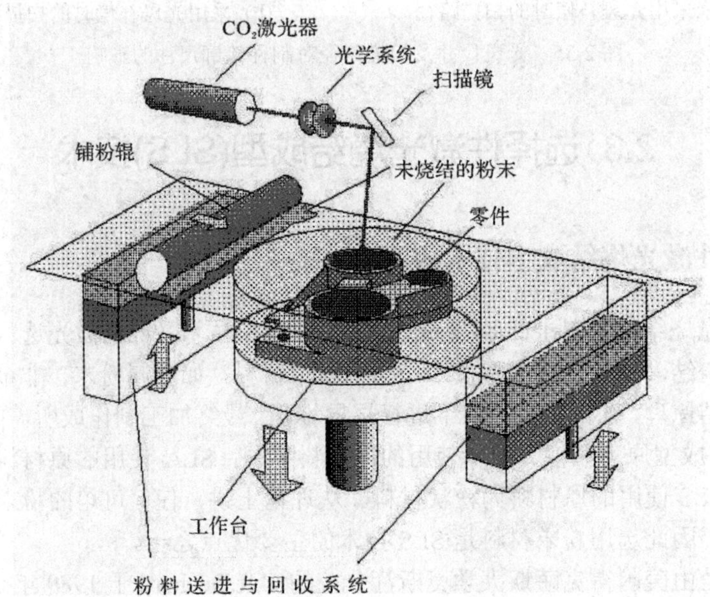

图 2-37　SLS 快速成型系统的工作原理示意图

由此可见，SLS 技术是采用激光束对粉末材料(如塑料粉、金属与黏结剂的混合物、陶瓷与黏结剂的混合物、树脂砂与黏结剂的混合物等)进行选择性的激光烧结工艺，它是一种由离散点一层层堆积，最终成型为三维实体模型的快速加工技术。

2.3.3　选择性激光烧结成型技术的工艺过程

选择性激光烧结工艺使用的材料一般有石蜡、高分子材料、金属、陶瓷粉末和它们的复合粉末材料。材料不同，其具体的烧结工艺也有所不同。本节主要介绍高分子粉末材料烧结工艺、金属零件间接烧结工艺和金属零件直接烧结工艺。

1. 高分子粉末材料烧结工艺

和其他快速成型工艺方法一样，高分子粉末材料激光烧结快速成型制造工艺过程同样分为前处理、粉层烧结叠加以及后处理三个阶段。下面以某铸件的 SLS 原型在 HRPS-IVB 设备上的制作为例，介绍具体的工艺过程。

1) 前处理

前处理阶段主要完成模型的三维 CAD 造型，并经 STL 数据转换后输入到粉末激光烧结快速成型系统中。图 2-38 给出的是某铸件的 CAD 模型。

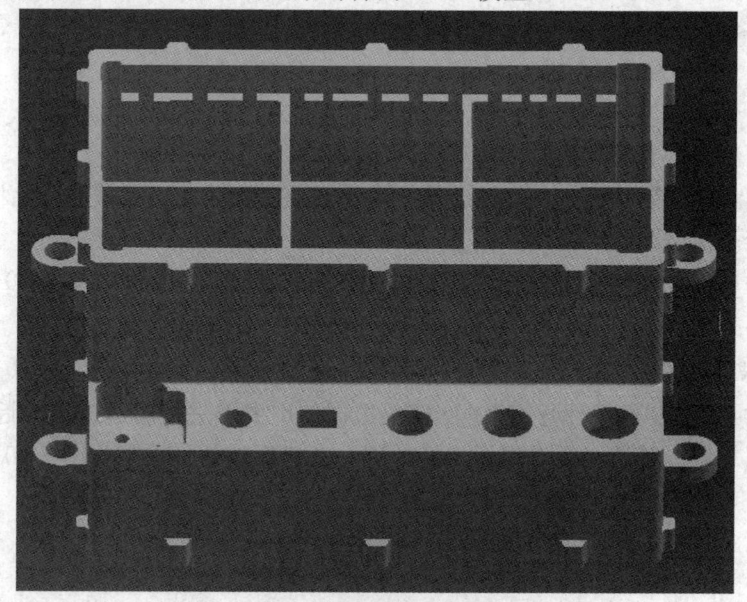

图 2-38　某铸件的 CAD 模型

2) 粉层激光烧结叠加

在叠层加工阶段，设备根据原型的结构特点，在设定的建造参数下，自动完成原型的逐层粉末烧结叠加过程。与 SLA 工艺相比较而言，SLS 工艺中成型区域温度的控制是比较重要的。

首先需要对成型空间进行预热，对于 PS 高分子材料，一般需要预热到 100℃左右。在预热阶段，根据原型结构特点进行制作方位的确定。当摆放方位确定后，将状态设置为加工状态，如图 2-39 所示。

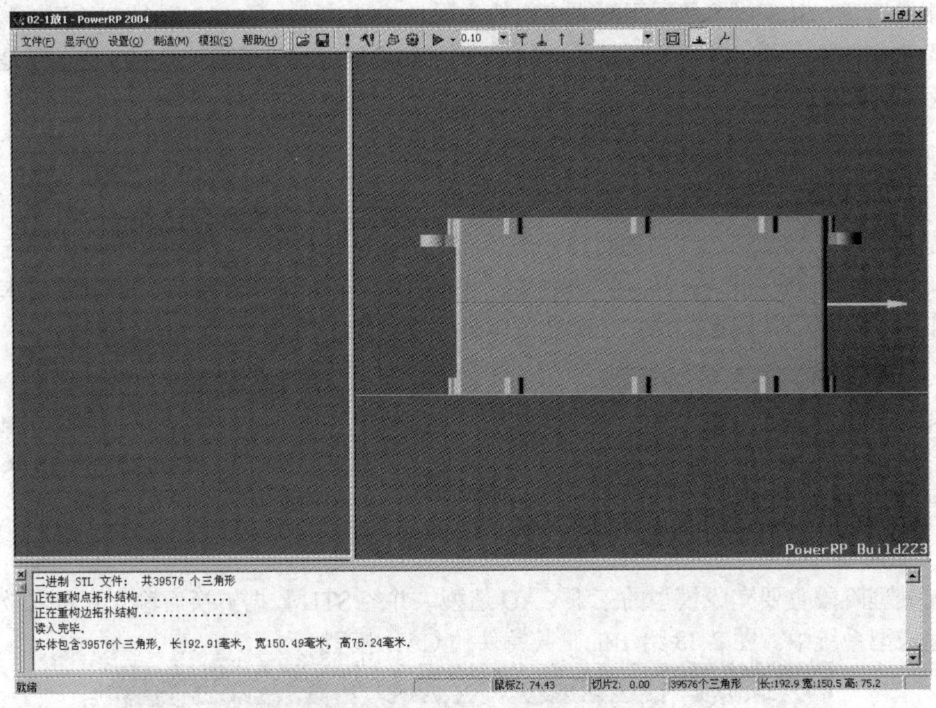

图 2-39　原型方位确定后的加工状态

然后设定建造工艺参数，如层厚、激光扫描速度和扫描方式、激光功率、烧结间距等。当成型区域的温度达到预定值时，便可以开始制作了。

在制作过程中，为确保制件烧结质量，减少翘曲变形，应根据截面变化相应地调整粉料预热的温度。

当所有叠层自动烧结叠加完毕后，需要将原型在成型缸中缓慢冷却至 40℃以下，取出原型并进行后处理。

3) 后处理

激光烧结后的 PS 原型件强度很弱，需要根据使用要求进行渗蜡或渗树脂等补强处理。由于该原型用于熔模铸造，所以进行渗蜡处理。渗蜡后的铸件原型如图 2-40 所示。

图 2-40　某铸件经过渗蜡处理的 SLS 原型

2. 金属零件间接烧结工艺

在广泛应用的几种快速成型技术方法中，只有 SLS 工艺可以直接或间接地烧结金属粉末来制作金属材质的原型或零件。金属零件间接烧结工艺使用的材料为混合有树脂材料的金属粉末材料，SLS 工艺主要实现包裹在金属粉粒表面的树脂材料的黏结。金属零件间接烧结工艺过程如图 2-41 所示。由图 2-41 可知，整个工艺过程主要分三个阶段：一是 SLS 原型件(绿件)的制作，二是粉末烧结件(褐件)的制作，三是金属熔渗后处理。

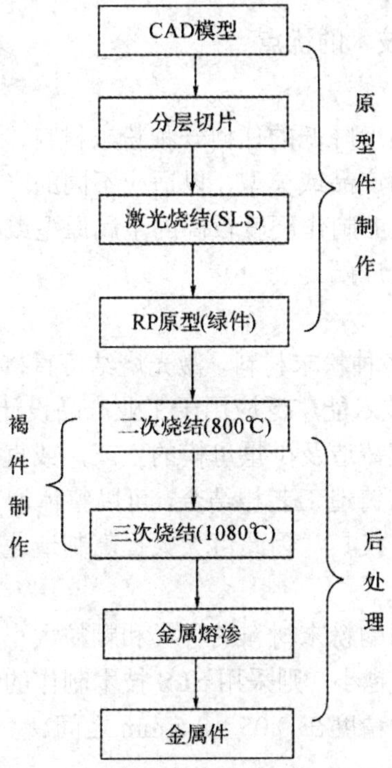

图 2-41　金属零件间接烧结工艺过程

3. 金属零件直接烧结工艺

金属零件直接烧结工艺采用的材料是纯粹的金属粉末，是采用 SLS 工艺中的激光能源对金属粉末直接烧结，使其熔化，实现叠层的堆积。其工艺过程如图 2-42 所示。

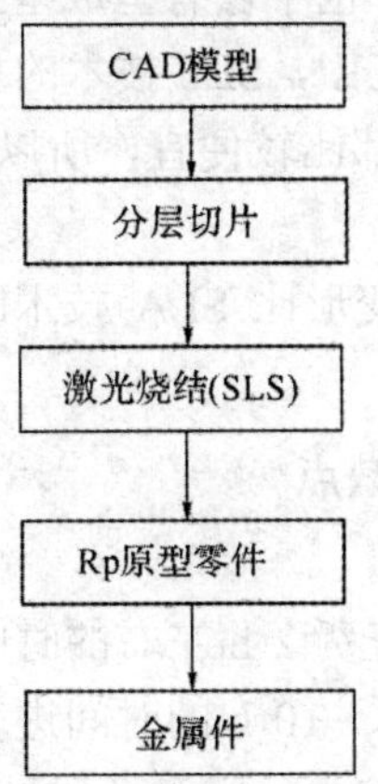

图 2-42　金属零件直接烧结工艺过程

由工艺过程示意图可知，直接烧结成型过程较间接金属零件烧结过程明显缩短，无需间接烧结时复杂的后处理阶段。但必须有较大功率的激光器，以保证直接烧结过程中金属粉末的直接熔化。因而，直接烧结中激光参数的选择、被烧结金属粉末材料的熔凝过程及控制是烧结成型中的关键。

2.3.4 选择性激光烧结成型技术的优缺点

1. 选择性激光烧结成型技术的优点

(1) 可采用多种材料。

SLS 技术可采用加热时黏度降低的任何一种粉末材料，通过材料或添加黏结剂的涂层颗粒经激光烧结可制造出任何产品或模型，以适应不同的产品与模型需求。与其他快速成型工艺相比，SLS 成型技术能够制作硬度较高的金属原型或模具，它是快速制模和直接金属制造的重要手段，应用前景广阔。

(2) 制造工艺比较简单。

由于 SLS 成型技术可用多种粉末材料，激光烧结可直接生产复杂形状的产品原型、型模或零部件，因此 SLS 成型技术能广泛应用于工业产品设计当中，如用于制造概念原型，也可作为最终产品模型、熔模铸造及少量母模的生产，或直接制造出金属注射模等。

此外，将 SLS 技术与精密铸造工艺相结合，可以整体加工制造出具有复杂形状的金属功能零件，而不需复杂工装及模具，因此可大大提高制造速度和降低制造成本。

(3) 高精度。

制件的精度取决于所使用的粉末材料的种类和颗粒大小、产品模型的几何形状以及复杂程度。粉末材料的颗粒直径越小，则采用 SLS 技术制作的制件的精度就越高。一般情况下，SLS 技术能够达到的尺寸精度在 0.05～2.5 mm 之间。

(4) 无需设计支撑结构。

SLS 技术无需设计支撑结构，因为在层与层的叠加过程中，出现的悬空层面部分可直接由未烧结的粉末来辅助支撑。

(5) 材料利用率高。

由于 SIS 技术不需要支撑结构，也不像有些成型工艺会出现许多废料，更不需要制作基底支撑，因此在众多快速成型工艺中，SLS 技术的材料利用率是最高的，几乎是 100%，且 SLS 技术用的大多数粉末的价格都比较便宜，所以其模型的制作成本较低。

(6) 工件翘曲变形小。

SLS 技术所制成的工件的翘曲变形比 SLA 技术制成的制件要小，也无需对原型进行校正。

2. 选择性激光烧结成型技术的缺点

(1) 耗时。

SLS 技术在加工前，通常需要花费 2 h 左右的时间将粉末加热到接近黏结的熔点，且原型制件加工完毕之后还需要花费 5～10 h 的时间进行冷却，才能将原型制件从粉末缸中取出。

(2) 后处理过程较为复杂。

由于 SLS 技术的原材料是粉末状的，原型制件的加工是由粉末材料经过加热熔化来实现逐层黏结的，制得的原型制件表面呈颗粒状，因此表面质量不好，需进行必要的后处理。例如，烧结陶瓷、金属原型后，需将原型制件置于加热炉中，烧掉其中附带的黏结剂，再在孔隙中渗入一些填充物，如渗铜。因此，SLS 技术后处理过程较为复杂。

(3) 烧结过程中有异味。

由于 SLS 技术中的粉末黏结是采用激光使其加热至熔化状态，因此这些高分子材料在激光烧结熔化时通常会挥发出异味。

(4) 设备价格较高。

为了保证 SLS 技术使用安全，需对加工室充氮气，这增加了该设备的使用成本。

2.3.5　选择性激光烧结成型的影响因素及提高制作精度的措施

1. 选择性激光烧结成型影响因素

SLS 工艺成型质量受多种因素影响，包括成型前数据的转换、成型设备的机械精度、成型过程的工艺参数以及成型材料的性质等。其中最为重要的影响因素是成型过程中烧结机理以及成型过程的工艺参数。

1) 原理性误差

某些粉末在室温下就会有结块的倾向。这种自发的变化是因为粉体比块体材料的稳定性差，即粉体处于高能状态。烧结的驱动力一般为体系的表面能和缺陷能。所谓缺陷能，是畸变或空位缺陷所储存的能量。粉末越细，粉体的表面积越大，即表面能越高。新生态物质的缺陷浓度较高，即缺陷能较高。由于粉末颗粒表面的凹凸不平和粉末颗粒中的孔隙都会影响粉末的表面积，因此原料越细，活性越高，烧结驱动力越大。从这个角度讲，烧结实际上是体系表面能和缺陷能降低的过程。利用粉末颗粒表面能的驱动力，借助高温激活粉末中原子、离子等的运动和迁移，从而使粉末颗粒间增加黏结面，降低表面能，形成稳定的、所需强度的制品，这就是高温烧结技术。烧结开始时粉体在熔点以下的温度加热，向表面能(表面积)减小的方向发生一系列物理化学变化及物质传输，从而使得颗粒结合起来，由松散状态逐渐致密化，且机械强度大大提高。烧结的致密化过程是依靠物质传递和迁移来实现的，存在某种推动作用使物质传递和迁移。粉末颗粒尺寸很小，总表面积大，具有较高的表面能，即使在加压成型件中，颗粒间接触面积也很小，总表面积很大而处于较高表面能状态。根据最小能量原理，在烧结过程中，颗粒将自发地向最低能量状态变化，使系统的表面能减小，同时表面张力增加。可见，烧结是一个自发的不可逆过程，系统表面能降低、表面张力增加是推动烧结进行的基本动力。

2) 工艺性误差

SLS 过程中，烧结制件会发生收缩。如果粉末材料都是球形的，在固态未被压实时，最大密度只有全密度的 70%左右，烧结成型后制件的密度一般可以达到全密度的 98%以上。所以，烧结成型过程中密度的变化必然引起制件的收缩。

烧结后制件产生收缩的主要原因是：① 粉末烧结后密度变大，体积缩小，导致制件收缩(熔固收缩)。这种收缩不仅与材料特性有关，而且与粉末密度和激光烧结过程中的工艺参数有关。② 制件的温度从工作温度降到室温造成收缩(热致收缩)。

SLS 过程中，影响成型质量的有以下工艺参数。

(1) 激光功率。

在扫描系统中，为了降低所需激光的功率，应尽可能减少激光光斑的直径，提高粉末材料的起始温度，采用适当的激光扫描速度。在固体粉末选择性激光烧结中，激光功率和扫描速度决定了激光对粉末的加热温度和时间。如果激光功率低而且扫描速度快，则粉末的温度不能达到熔融温度，不能烧结，制造出的制件强度低或根本不能成型。如果激光功率高而且扫描速度很慢，则会引起粉末汽化或使烧结表面凹凸不平，影响颗粒之间、层与层之间的黏结。

在其他条件不变的情况下，当激光功率逐渐增大时，材料的收缩率逐渐升高。这是因为随着功率的增大，加热使温度升高，材料熔融，粉末颗粒密度由小变大，烧结制件收缩增大了。但是当激光功率超过一定值时，随着激光功率的增加，温度升高，表层的材料(如聚苯乙烯等)被烧结汽化，产生离子云，对激光产生屏蔽作用。

(2) 扫描间距。

激光扫描间距是指相邻两激光束扫描行之间的距离，它的大小直接影响传输给粉末能量的分布、粉末体烧结制件的精度。在不考虑材料本身热效应的前提下，对聚苯乙烯粉末进行激光烧结时，用单一激光束以一定参数对其扫描，在热扩散的影响下，会烧结出一条烧结线。

当扫描线间距大于激光光斑直径时，固化后的扫描线之间是由激光热影响区未熔融的粉末颗粒材料黏结的。线与线之间的连接强度极小，不能改变扫描线自身的变化趋势，这时扫描线变形方向为线两侧，当扫描间距小于激光光斑直径时，扫描线固化在前一条扫描线的已烧结区域，即两条扫描线部分重叠，此时扫描线的变形由于受到前一条已烧结线的约束,其变形方向向上，特别是烧结制件的底部，由于上面逐层烧结，它一直处于上层粉末烧结的热量中，在收缩和内应力的作用下，导致制件的边缘向中心收缩。

(3) 烧结层厚。

材料在快速成型机上成型之前，必须对制件的三维 CAD 模型进行 STL 格式化和切片处理，以便得到一系列的截面轮廓。正是这种成型机理，导致烧结制件产生阶梯效应和小特征遗失等误差。

(4) 制件摆放角度。

从成型原理上看，切片过程中制件模型在坐标系中的方向配置，不仅对激光烧结制件的表面粗糙度有直接的影响，而且与制件成型效率也有很大的关系。

(5) 激光扫描方式及扫描速度。

在激光束扫描每一直线时，该扫描线从开始的熔融态到最终固相态的过程中，由于材料形状的改变而引起体积变化，导致扫描线在长度方向上收缩，从而引起扫描线的扭曲变形；在同一激光功率下，扫描速度不同，材料吸收的热量也不同，则变形量不同引起的收缩变形也就不同。当扫描速度快时，材料吸收的热量相对少，材料的粉末颗粒密度变化小，制件收缩也小；当扫描速度慢时，材料接触激光的时间长，吸收热量多，颗粒密度变大，制件收缩也大。

(6) 烧结制件材料及特性。

由于工作温度一般高于室温，当制件冷却到室温时，制件都要收缩。其收缩量主要是由烧结材料和制件的几何形状决定的。在聚苯乙烯烧结成型试验中发现：随着制件的壁厚及尺寸的增大，收缩率也增大；烧结制件的冷却时间越短，收缩率越高；制件结构的角度越小，收缩率越大。

2. 提高制作精度的措施

SLS 各参数之间的组合都会在不同程度上存在着烧结缺陷。一般来说，烧结缺陷有制件表面粗糙度差、制件收缩变形、翘曲等。其中制件表面粗糙度差主要是由激光扫描间距不合适、烧结切片机理或者制件摆放角度等造成，易产生阶梯效应；制件收缩变形主要是由于激光功率过高、扫描间距小、扫描速度慢，使得局部激光功率密度大。针对以上激光烧结制件的缺陷，提出以下改进措施。

1) 提高制件表面精度

(1) 合理地选取工艺参数。根据不同材料的物理化学性能，合理地选取烧结加工的工艺参数。

(2) 寻找提高精度的方法。根据烧结制件的实际精度需求，从根本上寻求提高精度的方法，即在原有的定层厚切片基础上，开发出定精度切片软件。这样可以根据制件的设计精度反求出激光的烧结层厚，经济、合理、高效率地生产制件。

2) 提高制件尺寸精度

(1) 根据不同材料的物理、化学性能，烧结加工中合理地选择激光烧结功率、激光扫描间距、扫描速度等工艺参数，再通过修正系数减少尺寸的收缩。

(2) 当激光束扫描过后，粉末从熔融状态到固相状态有一定的固化时间。如果在这个时间段内对此再从另一个方向进行扫描，则可以改变其固化取向，使变形方向发生改变，以减少收缩。

(3) 掌握好激光烧结材料的预热温度(一般低于熔融温度 2℃～3℃)，减少温差；制件烧结后，降低制件的冷却速度，减少收缩。

(4) 在制件切片及成型时，可以将制件中较大的成型平面放在最底层。

2.4　三维印刷成型(3DP)技术

2.4.1　三维印刷成型技术的概念

三维印刷成型(Three Dimensional Printing，3DP)技术可分为三种：粉末黏结 3DP 技术、喷墨光固化 3DP 技术、粉末黏结与喷墨光固化复合 3DP 技术，本节以粉末黏结 3DP 工艺为例进行重点介绍。3DP 技术是以某种喷头作为成型源，其运动方式与喷墨打印机的打印头类似，相对于工作台台面做 X-Y 平面运动，所不同的是喷头喷出的不是传统喷墨打印机的墨水，而是黏结剂、熔融材料或光敏树脂等，基于离散/堆积原理的建造模式，实现三维实体的快速成型。

1989 年，美国麻省理工学院(MIT)的 Emanual Sachs 申请了 3DP 专利，该专利是非成型材料微滴喷射成型范畴的核心专利之一。1992 年，Emanual Sachs 等人利用平面打印机喷墨的原理成功喷射出具有黏性的溶液，再根据三维打印的思想以粉末为打印材料，最终获得三维实体模型。美国 Z Corporation 公司于 1995 年获得 MIT 的许可，自 1997 年以来陆续推出了一系列 3DP 打印机，后来该公司被 3D Systems 收购。图 2-43 为其中一款 3DP 产品,主要以淀粉掺蜡或环氧树脂为粉末原料，将黏结溶液喷射到粉末层上，逐层黏结成型为所需的原型制件。

图 2-43　Projet660 全彩 3D 打印机

2.4.2　三维印刷成型技术的原理

3DP 工艺与 SLS 工艺类似，采用的成型原料也是粉末状，区别是 3DP 不是将材料熔融，而是通过喷射黏结剂将材料黏结起来，其工艺原理如图 2-44 所示。喷头在计算机控制下，按照截面轮廓的信息，在铺好的一层粉末材料上，有选择性地喷射黏结剂，使部分粉末黏结，形成截面层。一层完成后，工作台再下降一个层厚，铺粉，喷射黏结剂，进行下一层的黏结，如此循环形成产品原型。用黏结剂黏结的原型件强度较低，要置于加热炉中作进一步的固化或烧结。

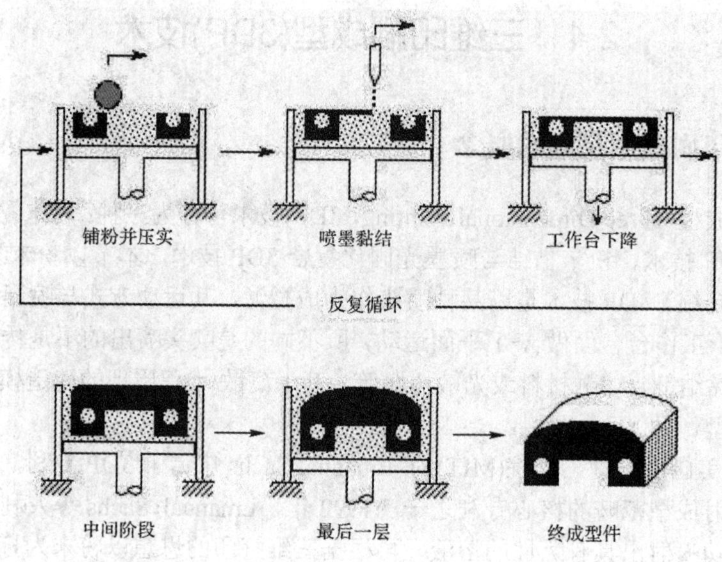

图 2-44　3DP 成型工艺原理

2.4.3 三维印刷成型技术的工艺过程

3DP 技术是多学科交叉的系统工程，涉及 CAD/CAM 技术、数据处理技术、材料技术、激光技术和计算机软件技术等。3DP 成型工艺过程包括模型设计、分层切片、数据准备、打印模型及后处理等步骤。在采用 3DP 设备制作前，必须对 CAD 模型进行数据处理，即从三维信息到二维信息的处理，这是非常重要的一个环节。成型件的质量高低与这一环节的方法及其精度有着非常紧密的关系。由 UG、Pro/Engineer 等 CAD 软件生成 CAD 模型，并输出 STL 文件，必要时需采用专用软件对 STL 文件进行检查并修正错误。但此时生成的 STL 文件还不能直接用于三维印刷，必须采用分层软件对其进行分层。层厚越大，精度越低，但成型时间越短；相反，层厚越小，精度越高，但成型时间越长。分层后得到的只是原型一定高度的外形轮廓，此时还必须对其内部进行填充，最终得到三维印刷数据文件。

3DP 具体工作过程如下：

(1) 采集粉末原料；

(2) 将粉末铺平到打印区域；

(3) 打印机喷头在模型横截面定位，喷黏结剂；

(4) 送粉活塞上升一层，实体模型下降一层以继续打印；

(5) 重复上述过程直至模型打印完毕；

(6) 去除多余粉末，固化模型，进行后处理操作。

在 3DP 成型工艺中，打印完成后的模型(即原型件)是完全埋在成型槽的粉末材料中的。一般需待模型在成型槽的粉末中保温一段时间后方可将其取出。在进行后处理操作时，操作人员要小心地把模型从成型槽中挖出来，用毛刷或气枪等工具将其表面的粉末清理干净。一般刚成型的模型很脆弱，在压力作用下会粉碎，所以需涂上层蜡、乳胶或环氧树脂等固化渗透剂以提高其强度。

2.4.4 三维印刷成型技术的优缺点

1. 三维印刷成型技术的优点

与传统制造技术相比较，3DP 成型制造技术将固态粉末黏结生成三维实体零件的过程具有如下优点：

(1) 成本低，体积小。无需复杂、昂贵的激光系统，设备整体造价大大降低。喷射结构高度集成化，没有庞大的辅助设备，结构紧凑，适合办公室使用。

(2) 原材料广泛。根据使用要求，三维印刷成型使用的材料可以是常用的高分子材料、陶瓷或金属材料，也可以是石膏粉、淀粉以及各种复合材料，还可以是梯度功能材料。

(3) 成型速度快。成型喷头一般具有多个喷嘴，喷射黏结剂的速度要比 SLS 或 SLA 单点逐线扫描速度快得多，完成一个原型制件的成型时间有时只需半小时。

(4) 高度柔性。不受零件形状和结构的任何约束，且不需要支撑，未被喷射黏结剂的成型粉末起到支撑作用，因此尤其适合于做内腔复杂的原型制件。

(5) 成型过程无污染。成型过程中无大量热产生，无毒、无污染，环境良好。

(6) 可实现彩色打印。彩色 3DP 可以增强原型件的信息传递能力。

2. 三维印刷成型技术的缺点

3DP 成型制造技术在制造模型时也存在如下缺点：

(1) 精度和表面质量较差。受到粉末材料特性的约束，原型件精度和表面质量有待提高，仅用于制造产品概念模型，不适合制作结构复杂和细节较多的薄型制件。

(2) 原型件强度低。由于黏结剂从喷头中喷出，黏结剂的黏结能力有限，原型的强度较低，零件易变形甚至出现裂纹，一般需要进行后处理。

(3) 原材料成本高。只能使用粉末材料，由于制造相关粉末材料的技术比较复杂，所以原材料(粉末、黏结剂)价格高昂。

2.4.5 三维印刷成型的影响因素

为了提高 3DP 成型系统的成型精度和速度，保证成型的可靠性，需要对系统的工艺参数进行整体优化。这些参数包括喷头到粉层的距离、粉末层厚、喷射和扫描速度、辊轮运动参数、每层成型时间等。

1. 喷头到粉层的距离

喷头到粉层的距离直接决定打印的成败，若距离过大则胶水液滴易飞散，无法准确到达分层相应位置，降低打印精度；若距离过小则冲击分层力度过大，使粉末飞溅则容易堵塞喷头，直接导致打印失败，而且影响喷头使用寿命。一般情况下，该距离为 1～2 mm 时效果较好。

2. 粉末层厚

粉末层厚即工作平面下降一层的高度，在工作台上铺粉的厚度应等于层厚。当表面精度或产品强度要求较高时，粉末层厚应取较小值。在三维印刷成型中，黏结剂与粉末空隙体积之比，即饱和度，对打印产品的力学性能影响很大。饱和度的增加在一定范围内可以明显提高制件的密度和强度，但是饱和度大到超过合理范围时，打印过程中变形量会增加，高于其承受范围，使层面产生翘曲变形，甚至无法成型。饱和度与粉末厚度成反比，粉末厚度越小，层与层黏结强度越高，产品强度越高，但是会导致打印效率下降，成型的总时间成倍增加。根据粉末材料的特点，层厚为 0.08～0.2 mm 时效果较好，一般小型模型层厚取 0.1 mm，大型模型层厚取 0.16 mm。此外，由于是在工作平面上开始成型，在成型前几层时粉末层厚可取稍大一点，便于成型件的取出。

3. 喷射和扫描速度

喷头的喷射速度和扫描速度直接影响制件成型的精度和强度，低的喷射速度和扫描速度可提高成型的精度，但是会增加成型时间。喷射和扫描速度应根据制件精度、制件表面质量、成型时间和层厚等因素综合考虑。

4. 辊轮运动参数

铺覆均匀的粉末在辊轮的作用下流动。粉末在受到辊轮的推动时，粉末层受到剪切力的作用而相对滑动，一部分粉末在辊轮的推动下继续向前运动，另一部分在辊轮底部受压变为密度较高、平整的粉末层。粉末层的密度和平整效果除了与粉末本身的性能有关外，还与辊轮表面质量、辊轮转动方向，以及辊轮半径 R、转动角速度、平动速度有关。

5. 每层成型时间

系统打印一层至下一层打印开始前各步骤所需时间之和就是每层成型时间。每层任何环节需要时间的增加都会直接导致产品整体的成型时间成倍增加，所以缩短整体成型时间必须有效地控制每层成型时间，控制打印各环节。减少喷射和扫描时间需要提高喷射和扫描速度，但这样会使喷头运动开始和停止瞬间产生较大惯性，引起黏结剂喷射位置误差，影响成型精度。由于提高喷射和扫描速度会影响成型的精度，且喷射和扫描时间只占每层成型时间的 1/3 左右，而铺粉时间和辊轮压平粉末时间之和约占每层成型时间的一半，缩短每层成型时间可以通过提高铺粉速度实现。然而过高的辊轮平动速度不利于产生平整的粉末层面，而且会使有微小翘曲的截面整体移动，甚至使已成型的截面层整体破坏，因此通过提高辊轮的移动速度来减少铺粉时间存在很大的限制。综合上述因素，每层成型速度的提高需要加大辊轮的运动速度，并有效提高粉末铺撒的均匀性和系统回零等辅助运动速度。

其他如环境温度、清洁喷头间隔时间等，也会影响每层成型时间。环境温度对液滴喷射和粉末的黏结固化都会产生影响。温度降低会延长固化时间，导致变形增加，一般环境温度控制在 10℃～40℃是较为适宜的。清洁喷头间隔时间根据粉末性能有所区别，一般喷射 20 层后需要清洁一次，以减少喷头堵塞的可能性。

3DP 制件的成型精度由两方面决定：一是喷射黏结制作原型的精度，受到上述因素的不同程度影响，二是原型件经过后处理的精度。后处理时模型产生的收缩和变形，甚至微裂纹均会影响最后制件的精度。同时，粉末的粒度和喷射液滴的大小也会影响制件的表面质量。

2.5　分层实体制造(LOM)技术

2.5.1　分层实体制造技术的概念

分层实体制造技术(Laminated Object Manufacturing，LOM)又称叠层实体制造技术，是采用薄片材料(纸、金属箔、塑料薄膜等)，按照模型每层的内、外轮廓线切割薄片材料，得到该层的平面形状，并逐层堆放成零件原型。在堆放时，层与层之间使用黏结剂粘牢，因此得到的成型模型无内应力、无变形，成型速度快，无需支撑，成本低，成型件精度高。制造出来的产品原型具有一些特殊的品质(如外在的美感)，从而受到了较为广泛的关注和应用。

LOM 技术自 1991 年问世以来，得到了迅速的发展。LOM 技术在初期广泛使用激光作为切割手段，后期出现了使用机械刻刀切割片材的新技术。目前，较常用的设备主要有 Helisys 公司的 LOM 系列(如图 2-45 所示)，以及新加坡 Kinergy 公司的 ZIPPY 型成型机等。

图 2-45　Helisys 公司的 LOM-2030 机型

2.5.2　分层实体制造技术的原理

LOM 的分层叠加成型工艺采用薄片材料，如纸、塑料薄膜等。片材表面事先涂覆上一层热熔胶。图 2-46 所示为 LOM 设备及工艺原理图。

(1) 加工时，热压辊热压材料，使之与下面已成型的工件黏结。用 CO_2 激光器在刚黏结的新层上切割出零件截面轮廓和工件外框，并在截面轮廓与外框之间多余的区域内切割出上下对齐的网格。

(2) 光切割完成后，工作台带动已成型的工件下降，与带状片材(料带)分离。供料机构转动收料轴和供料轴，带动料带移动，使新层移到加工区域，工作台上升到加工平面。

(3) 热压辊热压，工件的层数增加一层，高度增加一个料厚；再在新层上切割截面轮廓。如此反复直至零件的所有截面切割、黏结完，最后将不需要的材料剥离，得到三维实体零件。

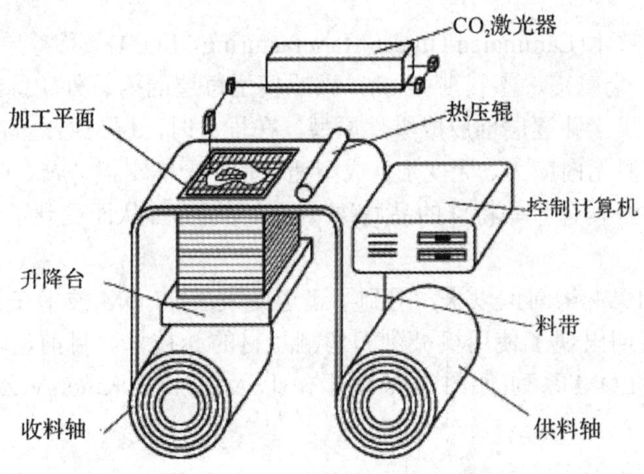

图 2-46　LOM 设备及工艺原理图

2.5.3　分层实体制造技术的工艺过程

LOM 成型制造过程分为前处理、分层叠加成型、后处理三个主要步骤。如图 2-47 所示。

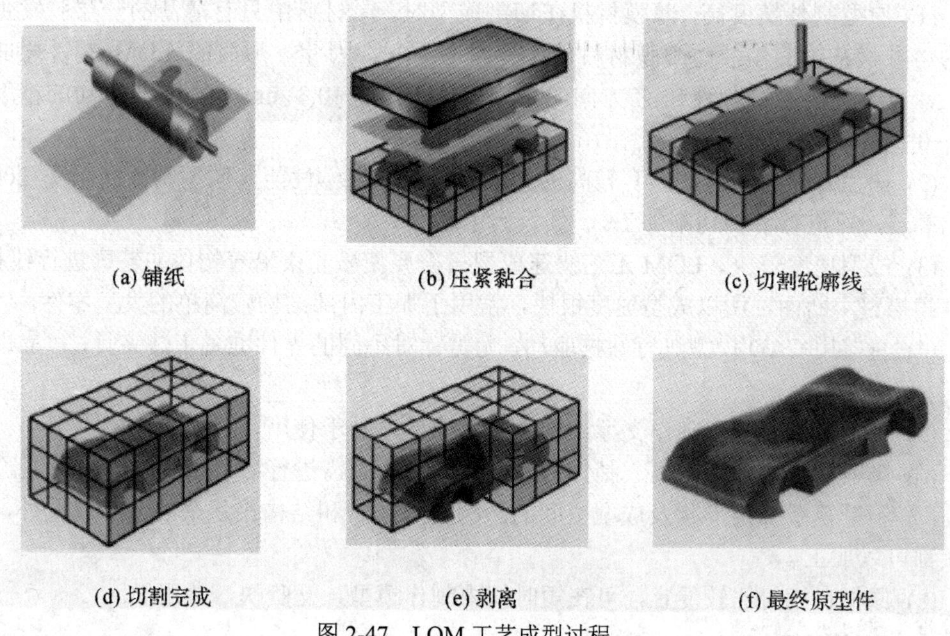

(a) 铺纸　(b) 压紧黏合　(c) 切割轮廓线

(d) 切割完成　(e) 剥离　(f) 最终原型件

图 2-47　LOM 工艺成型过程

1. 前处理

前处理即图形处理阶段。想要制造一个产品，需要通过三维造型软件(如 Pro/Engineer、UG、SolidWorks)对产品进行三维建模，然后把建好的三维模型转换为 STL 格式，再将 STL 格式的模型导入切片软件中进行切片，这就完成了产品制造的第一个过程。

2. 分层叠加成型

由于工作台的频繁起降，所以在制造模型时，必须将 LOM 原型的叠件与工作台牢牢地连在一起，那么这就需要制作基底，通常的办法是设置 3～5 层的叠层作为基底，但有时为了使基底更加牢固，可以在制作基底前对工作台进行加热。在基底完成之后，快速成型机就可以根据事先设定的工艺参数自动完成原型的加工制作。但是，工艺参数的选择与原型制作的精度、速度以及质量密切相关，其中重要的参数有激光切割速度、加热辊热度、激光能量、破碎网格尺寸等。

3. 后处理

后处理包括去除废料和后置处理。去除废料即在制作的模型完成打印之后，工作人员把模型周边多余的材料去除，从而显示出模型。后置处理即在废料去除以后，为了提高原型表面质量或需要进一步翻制模具，需对原型进行后置处理。后置处理包括防水、防潮、加固及使其表面光滑等。只有经过必要的后置处理，制造出来的原型才会满足快速原型表面质量、尺寸稳定性、精度和强度等要求。另外，后置处理中的表面涂覆则是为了提高原型的性能和便于表面打磨。

2.5.4 分层实体制造技术的优缺点

1. 分层实体制造技术的优点

(1) 原型制件精度高。薄膜材料在切割成型时，原材料中只有薄薄的一层胶发生固态变为熔融状态的变化，而薄膜材料仍保持固态不变。因此，形成的 LOM 制件翘曲变形较小，且无内应力。制件在 Z 方向的精度可达±(0.2～0.3)mm，X 和 Y 方向的精度可达 0.1～0.2 mm。

(2) 原型制件耐高温，具有较高的硬度和良好的力学性能。原型制件能承受 200℃左右的高温，可进行各种切削加工。

(3) 成型速度较快。LOM 工艺快速成型只需要使激光束沿着物体的轮廓进行线扫描，无需扫描整个断面，所以成型速度很快，常用于加工内部结构较简单的大型零件。

(4) 直接用 CAD 模型进行数据驱动，无需针对不同的零件准备工装夹具，可立即开始加工。

(5) 无需另外设计和制作支撑结构，加工简单，易于使用。

(6) 废料和余料容易剥离，制件可以直接使用，无需进行后矫正和后固化处理。

(7) 不受复杂三维形状及成型空间的影响，除形状和结构极复杂的精细原型外，其他形状都可以加工。

(8) 原材料相对比较便宜，可在短时间内制作模型，交货快，费用低。

2. 分层实体制造技术的缺点

(1) 不能直接制作塑料原型。

(2) 工件(特别是薄壁件)的弹性、抗拉强度差。

(3) 工件易吸湿膨胀(原材料选用的是纸材时)，因此需尽快进行防潮后处理(涂覆树脂、防潮漆等)。

(4) 工件需进行必要的后处理。工件表面有台阶纹理，难以构建形状精细、多曲面的零件，仅限于制作结构简单的零件；若要加工制作复杂曲面造型，则成型后需进行表面打磨、抛光等后处理。

(5) 材料利用率低，且成型过程中会产生烟雾。

2.5.5 分层实体制造成型的影响因素

成型件的精度是制约快速成型技术应用的重要方面之一。由于快速成型技术要将复杂的三维加工转化为一系列简单的二维加工的叠加，因此成型精度主要取决于二维 X-Y 平面上的加工精度，以及高度 Z 方向上的叠加精度。对快速成型机本身而言，完全可以将 X、Y、Z 三个方向的运动位置精度控制在微米级的水平，因而能得到精度相当高的原型。因此在加工复杂的自由曲面及内型腔时，快速成型比传统的加工方法表现出更明显的优势。然而影响工件最终精度的因素不仅有成型机本身的精度，还有一些其他的因素，而且往往这些其他因素还更难于控制。鉴于上述情况，目前快速成型技术所能达到的工件最终尺寸精度还只能是毫米的十分之一的水平。

1. 分层实体制造成型的影响因素

1) *CAD 模型前处理造成的误差*

对于绝大多数快速成型设备而言，开始成型之前，必须对三维 CAD 模型进行 STL 格式化和切片等前处理，以便得到一系列的截面轮廓。

从本质上看，用有限的小三角面的组合来逼近 CAD 模型表面，是原始模型的一阶近似，它不包含邻接关系信息，不可能完全表达原始设计的意图，离真正的表面有一定的距离，从而在边界上有凸凹现象，所以无法避免误差。图 2-48 为球面 STL 输出时的三角形划分，从图中可以看出弦差的大小直接影响输出的表面质量。

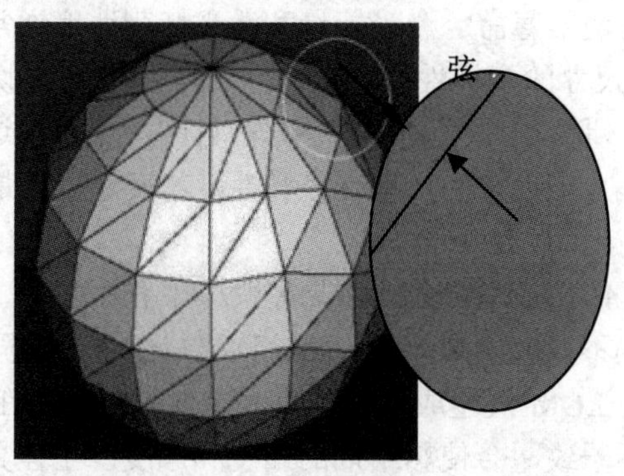

图 2-48　STL 输出的误差

控制三角形数量的是转化精度。如果转化精度过高，STL 格式化文件的规模增大，加大后续数据处理的运算量，可能超出快速成型系统所能接受的范围，而且截面的轮廓会产生许多小线段，不利于激光头的扫描运动，导致低的生产效率和表面不光洁；如果转化精度较低时，STL 格式化后的模型与设计的 CAD 模型表达的实际轮廓之间存在差异，从而不可避免地造成近似结果与真正表面有较大的误差。

对 STL 格式模型进行切片处理时，由于受原材料厚度的制约，以及为达到较高的生产率，切片间距不可能太小(常取 0.1 mm)，因而会在模型表面造成“台阶效应”，如图 2-49 所示。

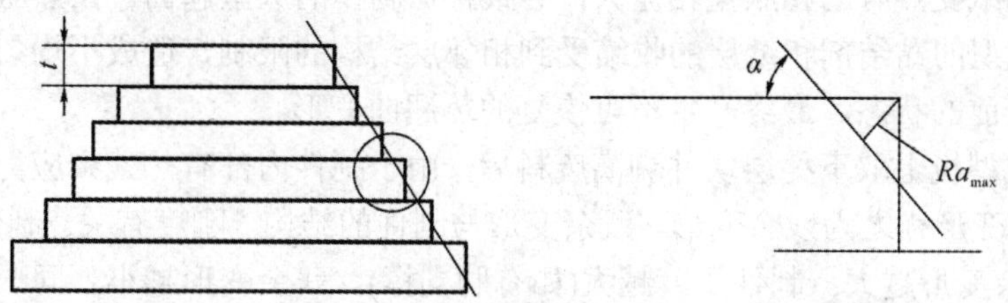

图 2-49　“台阶效应”示意图

从图 2-49 中可以看出，在厚度 t 一定的情况下，倾斜角 α 越小，最大粗糙度 Ra_{max} 越大。如果切片软件的精度过低，可能遗失两相邻切片层之间的小特征结构(如窄槽、小肋片、小突缘等)。

2) *设备的精度误差*

设备上激光头的运动定位精度，X、Y 轴系导轨的垂直度，Z 轴与工作台面的垂直度等都会对成型精度产生影响。但现代数控技术和精密传动技术可将激光头的运动定位精度控制在±0.02 mm以内，激光头的重复定位精度控制在0.01 mm以内。因此相对于现阶段的成型件的精度±0.1 mm而言，其影响相对较小。

3) 成型过程中的误差

(1) 不一致的约束。由于相邻截面层的轮廓有所不同，它们的成型轨迹也可能有差别，因此每一层成型界面都会受到上、下相邻层的不一致的约束，导致复杂的内应力，使工件产生翘曲变形。在制作大件时，这种情况更容易出现。

(2) 成型功率控制不恰当。当成型功率过大时，可能损伤已成型的前一层轮廓，在LOM机上难于绝对准确地将激光切割功率控制到正好切透一层纸，而且激光能量太高会将纸烧焦，降低激光器的使用寿命。激光能量和激光切割速度通常要相互配合选值。

(3) 切碎网格尺寸的多样性。LOM快速成型机的激光切割系统将每层没有轮廓的区域切割成小方网格，所需的原型被废料小方格包围，要剔除这些小方格才能得到三维工件，而切碎网格尺寸是人工设定的，具有多样性，其尺寸设定是否合理直接影响着余料去除的难易和成型件的精度。

(4) 工艺参数不稳定。在长时间或成型大尺寸原型时，可能出现工艺参数(如温度、压力、功率、速度等)不稳定的现象，从而导致层与层之间或同一层不同位置处的成型状况的差异。例如，当用LOM快速成型机制作大工件时，由于在X和Y方向上，热压辊对纸施加的压力和热量不一致，会使黏结剂的黏度和厚度产生差异，从而导致工件厚度不均匀。

4) 成型之后环境变化引起的误差

从成型机上取下已成型的原型后，由于LOM成型采用的原材料常常是由纸和涂在纸背面的胶组成，会因温度、湿度等环境状况的变化，吸入水分而发生变形和性能变化，甚至开裂，称之为热湿效应。热、湿变形是影响LOM原型精度的最关键的因素，也是最难控制的因素之一。

(1) 热变形。在LOM成型过程中，叠层块不断被热压和冷却，成型后制件逐步冷却至室温。在这两个过程中，制件内部存在复杂变化的内应力，会使制件产生不可恢复的热翘曲变形。这是因为在成型过程中，由于黏结剂的热膨胀系数与纸的热膨胀系数相差甚大，所以黏结剂和纸受热时的膨胀量相差大，导致正在制作的原型翘曲。在热压后的冷却过程中，已切割成型的黏结剂和纸层的收缩受到相邻层结构的限制，造成不均匀约束，从而不能恢复到膨胀前的状态，最终产生不可恢复的热翘曲变形。

从快速成型机上取下叠层块并剥离废料后，由于制件内部有热残余应力，制件仍会发生变形，这种变形称之为残余变形。残余变形与制件的结构、刚度有关。制件刚度越小(如薄板件)，残余变形越大；制件刚度越大(如有肋支撑)，残余变形越小。同一制件的刚度可能不一致(特别是薄壁、薄肋部分)，从而会引起复杂的内应力，导致翘曲、扭曲，严重时还会引起制件开裂。

(2) 湿变形。LOM原型是由涂胶的薄层材料叠加而成，其湿变形遵守复合型材料的湿胀规律。当水分子在叠层的侧向开放表面聚集之后，将立即以较大的扩散速度通过胶层界面，使原型产生湿胀。

处理湿胀变形的方法一般是涂漆。为考察原型的吸湿性及涂漆的防湿效果，选取尺寸相同的通过快速成型机成型的长方形叠层块，经过不同处理后，置入水中10 min进行实验，其尺寸和质量的变化情况见表 2-1。

表 2-1　叠层块的湿变形引起的尺寸和质量变化

处理方式	叠层块初始尺寸(长/mm×宽/mm×高/mm)	叠层块初始质量/g	置入水中后的尺寸(长/mm×宽/mm×高/mm)	叠层方向增长高度/mm	置入水中后的质量/g	吸入水分的质量/g
未经过处理的叠层块	65×65×110	436	67×67×155	45	590	164
刷一层漆的叠层块	65×65×110	436	65×65×113	3	440	4
刷两层漆的叠层块	65×65×110	438	65×65×110	0	440	2

从表 2-1 中可以看出，未经任何处理的叠层块对水分十分敏感，在水中浸泡 10 min 后，叠层方向便涨高 45 mm，增长 41%，而且水平方向的尺寸也略有增长，吸入水分的质量达 164 g，说明未经处理的 LOM 原型是无法在水中使用的，或者在潮湿环境中不宜存放太久。为此，将叠层块涂上薄层油漆进行防湿处理。从实验结果看，涂漆起到了明显的防湿效果。在相同浸水时间内，叠层方向仅增长 3 mm，吸水质量仅 4 g。当涂刷两层漆后，原型尺寸已得到稳定控制，防湿效果已十分理想。

5) *工件后处理不当造成的误差*

同其他快速成型方法相比，LOM 法需要进行余料的去除，此过程中人为因素很多，一旦损坏，再进行修补必然会使其精度受到影响。余料去除以后，为提高原型表面质量，保证尺寸稳定性及精度、强度要求或需要进一步翻制模具，则需对原型进行打磨、抛光和表面喷涂等后置处理。如果处理不当，对工件的形状、尺寸控制不严，也可能导致误差，对于有配合要求的位置，这种误差要尽量避免。

2. 提高叠层实体原型制作精度的措施

针对上述造成 LOM 件精度误差的因素，在实际的 LOM 原型制作中，应采取以下几种控制措施。

(1) 在保证成型件形状完整平滑的前提下，进行 STL 转换时，应尽量避免过高的精度。不同的 CAD 软件所用的精度范围也不一样。

(2) 原型制作设备上切片软件中 STL 文件拟合精度值的设定，应与 STL 文件输出精度的取值相匹配。切片软件处理 STL 文件设定的精度值，不应过高或过低于 CAD 造型软件输出的 STI 文件的精度设定值。一般来说，两者接近较为合理。不过，也应根据原型结构来适当调整。若原型无细小结构，可适当降低切片软件处理 STL 文件的精度值，以提高切割的效率和原型表面的光顺程度；若原型存在精细结构，在 CAD 造型软件输出 STL 文件时，应将精度设定得高一些，同时切片软件处理 STL 文件的精度也要相应提高，以确保精细结构的成型。

(3) 模型的成型方向对工件品质(尺寸精度、表面粗糙度、强度等)、材料成本和制作时间产生很大的影响。一般而言，无论哪种快速成型方法，由于不易控制工件在 Z 方向的翘曲变形等原因，工件的 X-Y 方向的尺寸精度比 Z 方向的更易保证，应该将精度要求较高的轮廓(例如，有较高配合精度要求的圆柱、圆孔)，尽可能放置在 X-Y 平面。

(4) 切碎网格的尺寸有多种设定方法，为提高成型效率，在保证易剥离废料的前提下，应尽可能减小网格线长度，可以根据不同的零件形状来设定。当原型形状比较简单时，可以将网格尺寸设大一些，提高成型效率；当形状复杂或零件内部有废料时，可以采用变网格尺寸的方法进行设定，即在零件外部采用大网格划分，在零件内部采用小网格划分。

(5) 对于 LOM 制件的热湿变形可以从三个方面来进行控制：采用新材料和新涂胶方法，改进后处理方法；根据制件的热变形规律预先对 CAD 模型进行反变形修正。

2.6　其他快速成型技术

目前，除了前面介绍的五种常见的快速成型技术外，还有许多新的 RP 技术也已经市场化，如弹道微粒制造技术、数码累积成型技术、无模铸型制造技术、激光净成技术、金属板料渐进快速成型技术、多种材料组织的熔积成型、直接光成型、三维焊接成型、气相沉积成型、减式快速成型技术等。

2.6.1　弹道微粒制造技术

弹道微粒制造工艺由美国的 BPM 技术公司开发和商品化。它是用一个压电喷射(头)系统来沉积熔化了的热塑性塑料的微小颗粒，如图 2-50 所示。BPM 的喷头安装在一个五轴的运动机构上，对于零件中的悬臂部分可以不加支撑；而“不连通”的部分还要加支撑。

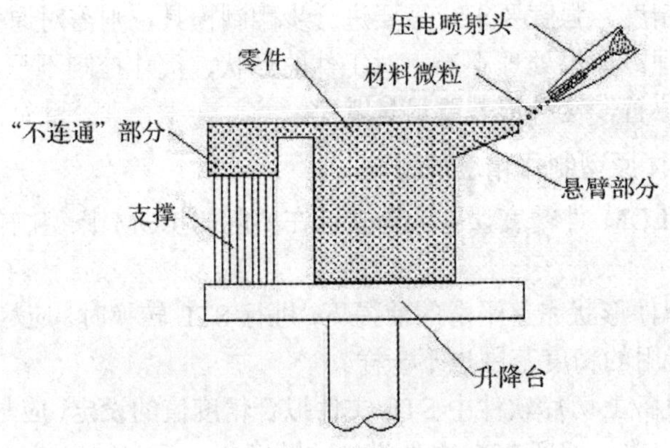

图 2-50　弹道微粒制造工艺原理

2.6.2　数码累积成型技术

数码累积成型也称喷粒堆积或三维马赛克(3D Mosaic)，其原理如图 2-51 所示。用计算机分割三维造型体而得到空间一系列一定尺寸的有序点阵，借助三维制造系统按指定路径在相应的位置喷出可迅速凝固的流体或布置固体单元，逐点、线、面完成黏结并进行处理后完成原型制造。

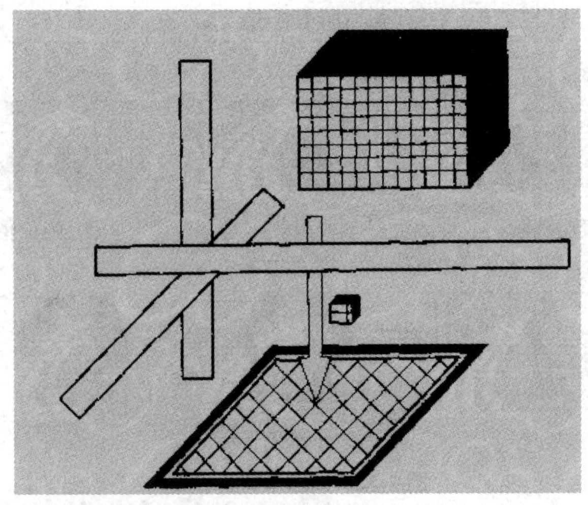

图 2-51　数码累积成型工艺原理

该工艺类似于砌砖或搭积木，每一间隔增加一个“积木”单元，甚至可以采用晶粒、分子或原子级的单元，以提高加工的精度。也可以通过排列不同成分、颜色、性能的材料单元，实现三维空间的复杂结构材料原型或零件的制造。

2.6.3　无模铸型制造技术

无模铸型制造(Patternless Casting Manufacturing，PCM)技术是由清华大学激光快速成型中心研制成功的，并将该项技术应用到了传统的树脂砂铸造工艺中。图 2-52 所示为其工艺原理，首先将三维 CAD 数据模型转换成铸型 CAD 模型；再对铸型 CAD 模型的 STL 文件进行分层，获得一层层二维截面轮廓信息；加工时，第一个喷头在事先铺好的型砂上通过计算机控制，精确地喷射出黏结剂，第二个喷头沿同样的路径喷射出催化剂让二者发生胶联反应，并一层层固化型砂，在黏结剂和催化剂共同作用的地方型砂就被固化在一起，而其他地方的型砂仍为颗粒态。一层固化完之后再黏结下层，如此循环往复，直至原型制件加工完毕。黏结剂没有喷射的地方的砂仍然是干砂，因此比较容易清除。清理完未固化的干砂之后，就可以得到具有一定壁厚的铸型件，再在砂型的内表面涂敷、浸渍有关涂料，即可用于浇注金属制件。

与传统的铸型制造技术相比，PCM 技术具有很大的优越性，它能使铸造过程高度自动化和敏捷化，大大降低工人的劳动强度，使设计、制造等约束条件大大减少。具体优点表现在以下几个方面：无需木模、型与芯同时成型、无起模斜度、可制造任意曲面的铸型、加工制造时间短、成本低。

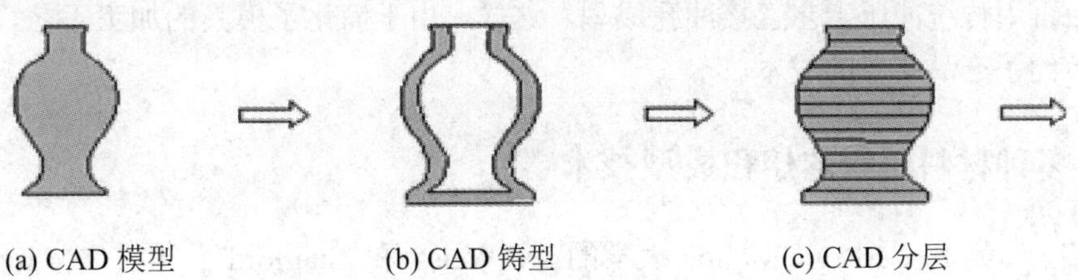

(a) CAD 模型　　(b) CAD 铸型　　(c) CAD 分层

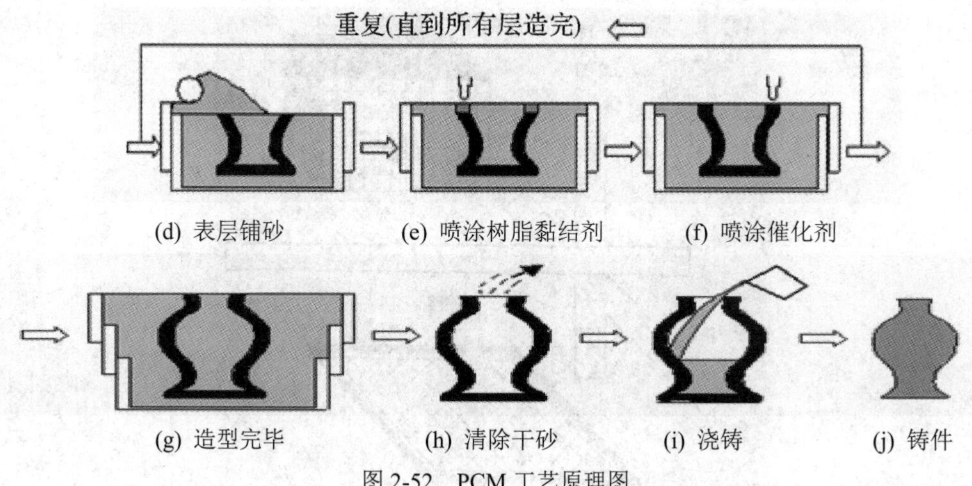

图 2-52　PCM 工艺原理图

2.6.4　激光净成技术

激光净成技术是以钢合金、钢、钛钼合金、镍铝合金、铁镍合金等为原材料，将金属直接沉积成型。其生产的金属零件强度大大超过了传统方法生产的金属零件，但表面粗糙度较大，类似于砂型铸件的表面粗糙度。

激光净成技术的成型机理基本与 SLS 成型技术相似，只是成型工艺所用的设备不同。激光净成技术的最大特点是成型与定位准确，且成型后激光加热区及熔池能快速得以冷却；加工的成型件表面致密，具有良好的强度与韧性；成型用熔覆材料广泛且利用率高；加工成本低。近年来，激光净成技术已成功应用于航空航天领域大型高强度且难熔合金零件的快速制作。

2.6.5　金属板料渐进快速成型技术

金属板料渐进快速成型(HD type rapid prototyping machine for sheet metal)技术是将 RP 技术与金属板料塑性成型技术相结合的一种新型的先进制造技术。其原理特点与 RP 技术基本相同，即采用快速原型的分层制造，将复杂的三维 CAD 数据沿 *Z* 轴方向进行切片分层，再依据这一层层的截面轮廓数据，采用三轴联动成型设备带动工具头，按照走等高线的方式对金属板料进行局部的塑性加工。该成型工艺的最大优点是不需要另外制造模具，采用渐进成型的方式就能将金属板料加工成所需要的形状。

此外，有些高度不同、有轮廓突起的零部件，在模具成型时易产生破裂，对其则可以采用无模具成型技术专门加工突起的轮廓部位，也可以用无模成型技术直接成型突起部位，然后再用传统冲压工艺直接冲孔成型。这样，由于简化了模具的加工工艺，所以也就相应地节约了产品研发的成本。

2.6.6　多种材料组织的熔积成型技术

1997 年，美国 Carnegie Mellon 大学的 L.E.Weiss 和 Stanford 大学的 R.Merz 提出了一

种多相组织的沉积快速制造方法。这种方法的基本原理是：利用等离子放电对金属丝进行加热熔化，再将工件逐渐熔积成型。若制作一个多种材料的工件，就需安装多个喷头，各喷头分别喷出不同的材料。

在三维 CAD 数据模型的设计中，首先设计出一个完整的产品，该产品中的各个零部件可由不同材料组成，分层后的材料信息可在每个层面中体现。在每一层面上，根据各部分所需的材料，分别进行不同材质的喷涂，再逐层进行加工与制造，即可快速加工出一个由多种材料和零部件组成的产品或模型制件。该技术也可应用于小型复杂结构件的一次快速成型，而不必进行分件加工和装配，因此这是一个相当实用的、材料与结构一体化的快速成型方法。

2.6.7　直接光成型技术

近年来，美国德州仪器公司开发出了一种直接光成型系统。该系统以光固化树脂作为黏结剂，采用光照射进行光固化树脂与陶瓷混合物，同时将陶瓷黏结起来，经过逐层固化，最终加工制造出陶瓷制件。采用该工艺制作的陶瓷制件需经过后处理，即需进行焙烧，将树脂燃烧掉，以形成陶瓷制件。该成型工艺可进行陶瓷或粉末冶金零件的快速加工制造，能解决部分难加工零件的成型问题。

2.6.8　三维焊接成型技术

英国 Nottingham 大学提出的一种基于三维焊接成型的工艺方法，是利用焊接机器人来加工制造金属产品或零部件。在以往加工制造金属零件时，由于液态金属的流动性及表面张力的影响，零件层与层之间的连接不牢固，有时会出现裂纹，影响零件的力学性能和物理性能。英国 Nottingham 大学采用凸凹结合的工艺方法进行三维焊接成型，提高了层与层之间的黏结强度。这种工艺方法的最大优点是大大提高了金属制件的强度。

2.6.9　气相沉积成型技术

美国 Connectict 大学提出的一种基于活性气体分解沉淀的快速成型技术，是采用高能量激光的热能或光能，使成型材料分解出一种活性气体，在激光作用下，发生分解的活性气性沉积成一种材料薄层，然后再进行逐层沉积，制造出相应的产品。此项工艺是通过改变活性气体的成分以及温度、激光束的能量等，进而沉积出不同材料的产品零件，如陶瓷和金属零件。

气相沉积技术包括物理气相沉积(Physical Vapor Deposition，PVD)技术和化学气相沉积(Chemical Vapor Deposition，CVD)技术。物理气相沉积技术是采用物理的方法，将成型材料表面汽化成气态原子、分子或电离成离子，并通过低压气体在基体表面沉积成一种材料薄层，然后再进行逐层沉积，制造出相应的产品；而化学气相沉积技术是将形成薄膜元素的气态或液态反应剂的蒸气引入反应室内，使得成型材料发生化学反应形成薄层，然后再进行逐层沉积，制造出相应的产品。

目前，采用物理气相沉积技术的镀层成套设备正在向着全自动、大型化方向发展。化学气相沉积技术已成为无机合成化学的一个新领域，并开始应用于超大规模的集成电路中的薄膜加工制造。

2.6.10 减式快速成型技术

减式快速成型技术就是利用 ABS、铝和铜或聚氨酯、树脂等各种廉价的材料，对其进行铣削加工，去除多余的材料，直至最终加工出产品原型。采用此项技术加工出来的产品原型具有较高的精度，也无需再进行精加工。同时，这些减式快速成型设备还能通过四轴联动的控制和交流伺服电动机等提供前馈处理、自动更换刀具，从而使得工程师的工作效率更高，工作更轻松，并且从粗加工到精加工均可一次自动完成，可实现无人值守的加工运转操作。

减式快速成型设备的典型代表产品是日本 Roland 公司的 MODELA PROMDX-650A 工作台型模具机，其工作范围是 650 mm × 450 mm × 155 mm，可加工各种材质，如铜、铝等有色金属，同时支持工业标准 NC 代码，并随机附带一整套功能强大、操作简便的专业模具加工软件。若可选配四轴加工附件，则可成为一台高性能的四轴控制模具机。

综上所述，RP 技术的发展具有以下特点：

(1) RP 技术正在向着多种材料复合成型的方向发展，无需装配，可一次加工成型出多种材料、复杂形状的产品或零部件。这种集材料加工与结构成型一体化的快速成型方法将为开发复合结构的复杂成型提供新的途径，相信在电子元器件、电子封装、传感器等领域有着广泛的应用前景。

(2) RP 技术将向着降低成本、提高效率、简化加工工艺的方向发展，其最终目的是扩大快速成型的应用范围。

(3) RP 技术可提高产品成型件的力学性能、物理性能、精度和表面质量，为进一步进行模具加工以及功能性实验提供良好的实物样件。

思 考 与 练 习

1. 简述熔融沉积成型技术的概念。
2. 简述熔融沉积成型技术的基本原理。
3. 熔融沉积成型技术的工艺过程主要包括哪几个阶段？
4. 熔融沉积成型主要的影响因素有哪些？
5. 简述立体光固化成型技术的概念。
6. 简述立体光固化成型技术的基本原理。
7. 简述立体光固化成型技术的优缺点。
8. 立体光固化成型技术的工艺过程主要包括哪几个阶段？
9. 立体光固化成型主要的影响因素有哪些？
10. 简述选择性激光烧结成型技术的概念。
11. 简述选择性激光烧结成型技术的基本原理。
12. 简述选择性激光烧结成型技术的优缺点

13. 选择性激光烧结成型技术的工艺过程主要包括哪几个阶段？
14. 选择性激光烧结成型影响因素及提高制作精度的措施有哪些？
15. 简述三维印刷成型技术的概念。
16. 简述三维印刷成型技术的基本原理。
17. 简述三维印刷成型技术的优缺点。
18. 三维印刷成型技术的工艺过程主要包括哪几个阶段？
19. 三维印刷成型影响因素有哪些？
20. 简述分层实体制造技术的概念。
21. 简述分层实体制造技术的基本原理。
22. 简述分层实体制造技术的优缺点。
23. 分层实体制造技术的工艺过程主要包括哪几个阶段？
24. 分层实体制造影响因素有哪些？

第 3 章　快速成型材料及设备

快速成型是基于材料堆积法的一种新型技术，属于增材制造。相对于传统制造技术，快速成型从零件的 CAD 几何模型出发，通过软件分层离散和数控成型系统，用激光束或其他方法使材料堆积而形成实体零件，是一种“自下而上”材料累加的制造方法。快速成型材料及设备的研发始终是快速成型技术的核心内容。自快速成型技术诞生以来，经过几十年的飞速发展和广泛应用，许多材料和相关设备不断被研发出来或得到更新，目前该技术正向着高性能、系列化的方向发展。

快速成型材料是快速成型技术发展的核心和关键部分，也是制约快速成型技术产业化的重要因素，不但决定着所加工原型制件的外在品质和内在性能(包括物理和化学性能)，也对快速成型的技术与设备的选择有直接影响。在机械制造行业，新材料的出现不仅有力地促进了传统制造行业的改造和先进制造技术的涌现，还会使相应的快速成型技术及其设备的结构、成型制件的品质和成型效益等产生巨大进步。当前开发性能更好、价格更低的快速成型材料的需求日益迫切，智能材料、功能梯度材料、纳米材料、非均质材料及上述材料的复合材料等不断涌现。未来，快速成型材料的种类、形态将得到进一步拓展，价格会继续下降，而精度、强度、稳定性、安全性也会更加有保障。

快速成型材料根据原型制件的加工制造原理、技术和方法的不同，主要分为三大类：高分子材料、金属材料和无机非金属材料。高分子材料中常用的打印材料主要包括热塑性材料、光敏树脂和橡胶等。金属材料是快速成型技术中未来应用市场最为广泛的材料，但由于 3D 打印难度较大，故种类较少，主要有不锈钢、铝合金、钛合金和铁镍合金等。无机非金属材料用于快速成型技术的主要有陶瓷粉末、石膏和混凝土等，它们具有稳定的物理和化学性能、防水防火性能和抗腐蚀性等。表 3-1 列出了快速成型技术常用材料及相应的成型工艺。

表 3-1　快速成型技术的成型工艺及材料

材料形态	成型工艺	成型类型	适用材料
丝状材料	熔融沉积成型(FDM)	挤压成型	热塑性材料、低熔点金属、食材
	电子束自由成型制造(EBF)	线状成型	不锈钢、钛合金等
液态材料	立体光固化成型(SLA)	光聚合成型	光敏树脂
	数字光处理成型(DLP)		
	三维印刷成型(3DP)	粉末层喷头成型	金属与陶瓷粉末、聚合材料
粉末材料	选择性激光烧结成型(SLS)	粒状物料成型	热塑型塑料、金属粉末、陶瓷粉末
	选择性热烧结成型(SHS)		热塑性粉末
	选择性激光熔融成型(SLM)		不锈钢、钛合金、镍合金、铝等

续表

<table>
<tr><th>材料形态</th><th>成型工艺</th><th>成型类型</th><th>适用材料</th></tr>
<tr><td rowspan="2">粉末材料</td><td>直接金属激光烧结成型(DMLS)</td><td rowspan="2">粒状物料成型</td><td>镍基、钴基、铁基合金、碳化物复合材料、氧化物陶瓷材料等</td></tr>
<tr><td>电子束选区融化成型(EBM)</td><td>不锈钢、钛合金等</td></tr>
<tr><td>薄层材料</td><td>分层实体制造成型(LOM)</td><td>黏性片状成型</td><td>金属薄膜、塑料薄膜、纸</td></tr>
</table>

快速成型材料直接决定着快速成型技术制作的模型的性能及适用性，快速成型设备是相应的快速成型技术方法以及相关材料等研究成果的集中体现。快速成型材料及设备一直是快速成型技术研究与开发的核心，也是快速成型技术的重要组成部分。快速成型设备系统的先进程度标志着快速成型技术发展的水平。

目前比较成熟、应用比较普遍的快速成型技术有以下几种：丝状材料熔融沉积成型(FDM)、液态材料立体光固化成型(SLA)和三维印刷成型(3DP)、粉末材料选择性激光烧结成型(SLS)、薄层材料分层实体制造成型(LOM)、金属材料快速成型技术和生物材料快速成型技术等。下面逐一介绍这些常用的快速成型工艺所用的材料及设备。

3.1　熔融沉积成型(FDM)材料及设备

丝状材料选择性熔覆快速成型，又称为熔融沉积成型技术，英文名称 Fused Deposition Modeling，简称 FDM。该技术是利用石蜡或者热塑性材料的热熔性、黏结性，在计算机控制下，按分层路径挤压、逐层沉积并凝固成型，是最早开源的 3D 打印技术之一。

3.1.1　熔融沉积成型(FDM)材料

熔融沉积成型所使用的材料包括成型材料和支撑材料。

1. FDM 成型材料的性能要求

熔融沉积成型技术设备中的热熔喷头是关键部件，喷头温度的控制要求是材料挤出时既保持一定的形状又有良好的黏结性能。除了热熔喷头以外，成型材料的相关特性也是 FDM 工艺应用过程中的关键。除了热熔喷头以外，FDM 工艺对成型材料的黏度、熔融温度、黏结性、收缩性等相关特性均有较高的要求。

1) 材料的黏度

影响材料挤出过程的主要因素是丝束的黏度。材料的黏度低，则流动性好，阻力就小，有助于材料顺利地从熔融喷头中挤出。材料的黏度过高，则流动性差，阻力就大，需要很大的送丝压力才能挤出，会增加喷头的启停响应时间，从而影响成型精度及表面质量。在实际成型过程中发现，当黏度太小时，经喷嘴挤出的细丝将呈“流滴”形态，丝径幅度变小，当分层厚度较大时，喷嘴将逐渐远离堆积面，容易造成成型失败。反之，当黏度太高时，聚合物熔体从加热腔中挤出的过程中会造成喷头阻塞，同样造成成型失败。

2) 材料的熔融温度

熔融温度低可以使材料在较低温度下即可由喷头挤出，有利于提高喷头和整个机械系统的寿命；同时可以减少材料在挤出前后的温差，能够减少材料成型前后的热应力，避免热应力造成的翘曲变形与开裂现象，从而提高原型的精度，并降低能耗，节约能源。

3) 材料的黏结性

FDM 工艺是基于分层制造的一种技术，层与层之间往往是零件强度最薄弱的地方，材料的黏结性好坏决定了零件成型以后的强度，如果黏结性过低，在成型过程中可能会因热应力导致层连接处出现开裂等缺陷。

4) 材料的收缩率

FDM 工艺的成型材料一般为塑料材质。在整个成型过程中，成型材料先由固态受热变成熔融态，接着又从熔融态固化成固态，而在固化过程中成型材料会产生收缩，主要包括以下两种情形：① 热收缩，即成型材料因其固有的热膨胀率而产生的体积变化，是收缩产生的最主要原因；② 分子的取向收缩，即高分子材料在 X-Y 水平方向上的收缩量和在 Z 方向上的收缩量不匹配。

如果压力对材料收缩率影响较大，会造成喷头挤出的材料丝直径与喷嘴的名义直径相差太大，影响材料的尺寸精度与形状精度；同时收缩率对温度也不能太敏感，否则可能会产生热应力，严重时会引起成型制件尺寸超差，甚至产生零件翘曲、开裂等现象。

若要减少材料收缩对成型精度的影响，可采取以下措施：

(1) 在制件加工之前，针对制件的实际尺寸和几何结构，对其三维模型进行 X-Y 方向和 Z 方向的数据补偿。

(2) 在工艺方面，建议采用分区域扫描法，将长边扫描分割成短边扫描，因为制件底面长度越大，其收缩应力越强；另外，在加工这类制件时，也可以用软件对其模型进行切割处理，分别加工各组成部分，后期再黏合成一体；最后，对于底面长度较大的制件，还可以在成型前适当调高成型平台的高度，缩短喷头和成型平台的距离，从而增加熔融态成型材料和成型平台间的黏合作用，减小翘曲变形的发生概率。

综上可知，FDM 工艺对成形材料的要求是熔融温度低、黏度低、黏结性好且收缩率小。在 FDM 工艺实际成型过程中，材料的其他特性，如材料的力学性能、材料的制丝要求和材料的吸湿性等，同样有着不可忽视的影响。

(1) 材料的力学性能。主要要求材料具有较高的强度，尤其是单丝的抗拉强度、抗压强度和抗弯强度，避免在成型过程中由于供料辊之间的摩擦与拉力作用发生断丝与弯折，使成型过程终止。

(2) 材料的制丝要求。要求丝状材料直径均匀、表面光滑、内部密实，无中空、表面疙瘩等缺陷，另外在性能上要求韧性好，所以应对常温下呈脆性的原材料改性，提高其韧性。

(3) 材料的吸湿性。要求用于成型的丝材应干燥保存，否则如若材料的吸湿性高，将会导致材料在高温熔融时会因水分挥发而影响质量。

2. FDM 成型材料的种类及特点

FDM 工艺的成型材料基本上是聚合物，主要包括 PLA(聚乳酸)、ABS、PPSF/PPSU(聚亚苯基砜)、ULTEM(聚醚酰亚胺)、PC(聚碳酸酯)、PA(聚酰胺、尼龙)、低熔点合金、石蜡、陶瓷甚至食用材料等。在 3D 打印领域，塑料是最常用的打印材料，具有相对密度小，电绝缘性、耐磨性、耐蚀性、消声吸振性良好等优点。

1) PLA 材料

聚乳酸(Polylactic Acid，PLA)材料是一种生物聚合塑料，如图 3-1 所示。该材料来源于可再生资源，比如玉米、甜菜、木薯和甘蔗等。这种材料不易回收，但在适当的情况下可生物降解，最终生成二氧化碳和水，不污染环境。因此，基于 PLA 的 3D 打印材料比其他塑料更加环保，甚至被称为“绿色塑料”。PLA 材料打印时为棉花糖气味，不会很难闻，适合在家里或者教室里使用，是目前市面上所有 FDM 技术的桌面型 3D 打印机最常用的材料。

图 3-1　PLA 材料

PLA 材料的打印温度一般为 180℃～220℃，冷却后又非常坚硬，具有良好的热稳定性和抗溶剂性。同时 PLA 的冷却收缩没有 ABS 那么强烈，因此即使打印机不配备加热平台，也能成功完成打印，且不易翘曲变形，更加适合低端的 3D 打印机。PLA 材料融化后容易附着和延展，其出丝不像 ABS 那么顺滑，且堵塞喷头的概率也会大于 ABS。

PLA 材料拥有良好的光泽性和透明度，与聚苯乙烯所制的薄膜相当，是一种可降解的高透明性聚合物。同时，该材料还具有良好的抗拉强度及延展度，可加工性强，适用于各种加工方式，如熔融挤出成型、发泡成型、射出成型及真空成型等。在 3D 打印中，PLA 材料良好的流变性能和可加工性，保证了其对 FDM 工艺的适应性能。PLA 材料还具有良好的透气性能、透氧性能和透二氧化碳性能，并具备优良抑菌及抗霉特性，因此在 3D 打印制备生物医用材料中具有广阔的市场前景。

2) ABS 材料

ABS(Acrylonitrile Butadiene Styrene)是丙烯腈、丁二烯和苯乙烯三种化学单体合成的三元共聚物，是一种非结晶性材料，如图 3-2 所示。每种化学单体都有其不同的特性。A 代表丙烯腈，B 代表丁二烯，S 代表苯乙烯。丙烯腈具有高强度、热稳定性及化学稳定性；丁二烯具有坚韧性、抗冲击性等；苯乙烯具有易加工、高光洁及高强度。三种单体组成的 ABS 材料具有优良的综合性能，其强度、柔韧性、机加工性能优异。ABS 材料是受欢迎程度仅次于 PLA 的 FDM 成型材料。其烧结成型性能好，且成型制件的强度较高，被广泛用于快速制造原型制件及功能制件。该材料抗冲击性、耐低温性、耐化学药品性及电气性能良好，稍难降解，环保性稍差，更适合制造业领域。

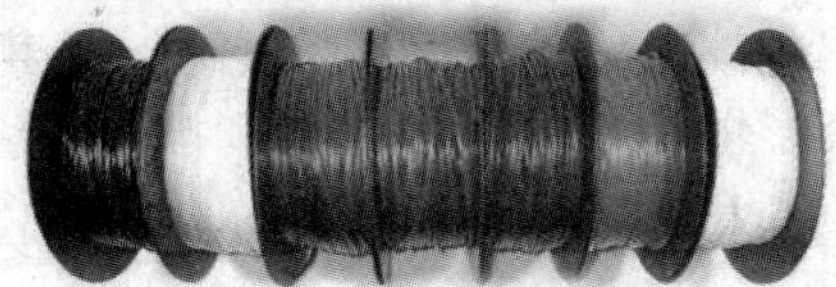

图 3-2　ABS 材料

ABS 材料属于热塑性材料，耐热性好，可以被打磨、上色和黏合，可溶于丙酮。相对于 PLA，ASB 价格便宜，但是熔点比 PLA 高。ABS 材料的打印温度一般为 210℃～240℃，比较容易打印，能很顺利地从喷嘴里面挤出，不必担心喷头堵塞。在打印过程中，挤出的丝遇冷容易收缩，会出现翘曲变形现象，所以还必须对平台进行加热或者保证一定的环境温度，一般在 16℃或 18℃以上为宜。

ABS 在打印过程中有毒物质的释放远远高于 PLA。因此在打印 ABS 时打印机需要放置在通风良好的区域，或者打印机采用封闭机箱并配置空气净化装置。

为了进一步提高 ABS 材料的性能，并使 ABS 材料更加符合 3D 打印的实际应用要求，人们对现有的材料进行改性，又开发了 ABSi、ABS-ESD、ABS-M30i、ABSplus 和 ABS/PA 材料等。

(1) ABSi 材料。

ABSi 材料为半透明材料，具有半透明及较高的耐撞力，可广泛应用于车灯行业，如汽车 LED 灯。ABSi 材料的强度比 ABS 材料更高，耐热性更好，且是被食品药物管理局认可的、耐用的无毒塑料，可以服务于医疗行业。

(2) ABS-ESD 材料。

ABS-ESD 材料的打印温度一般为 230℃～270℃，底板温度为 120℃。与 PLA 相比，ABS-ESD 材料更加柔软，电镀性更好，但不能生物降解。ABS-ESD 材料是一种理想的 3D 打印用的抗静电 ABS 材料，主要用于易被静电破坏、降低产品性能或引起爆炸的物体，广泛用于电子元器件的装配夹具和辅助工具、电子消费品和包装行业。

(3) ABS-M30i 材料。

ABS-M30i 材料是一种高强度材料，具有比 ABS 材料更好的拉伸性、抗冲击性及抗弯曲性，服务领域涉及医疗、制药和包装行业等。

(4) ABSplus 材料。

ABSplus 材料的硬度比普通的 ABS 材料大 40%，是理想的快速成型材料之一。ABSplus 材料经济实惠，特别耐用，适用于功能性材料测试，打印的部件具有持久的机械强度和稳定性。ABSplus 材料一般应用于航空航天、电子电器、通信和汽车等各个行业。

(5) ABS/PA 材料。

ABS/PA 材料是一种典型的高分子合金材料，与其他工程塑料相比，其合金密度更小，非常适合制造汽车元器件。另外，ABS/PA 合金材料具有良好的隔音性和优异的振动衰减性，有利于降低噪声、提高汽车的安静性及舒适性，广泛应用于汽车工业中。

3) PPSF/PPSU 材料

聚亚苯基砜(Polyphenylsulfone，PPSF/PPSU)材料为略带琥珀色的线型聚合物，是所有热塑性材料里面强度最高、耐热性最好、抗腐蚀性最高、韧性最强的材料，且其抗蠕变性能优良，耐无机酸、碱、盐溶液的腐蚀，耐离子辐射，无毒，绝缘性和自熄性好，容易成型加工。其服务领域涉及汽车、航天、商业交通和医疗产品等。

4) ULTEM 材料

ULTEM 树脂是一种无定形热塑性聚醚酰亚胺，具有优良的机械性能、电绝缘性能、耐辐照性能、耐高低温及耐磨性能，并可透过微波。在 ULTEM 中加入玻璃纤维、碳纤维或其他填料，可达到增强改性的目的。聚醚酰亚胺具有优良的综合平衡性能，可应用于电子、电气和航空等工业部门，并可用作传统产品和文化生活用品的金属代用材料。

5) 低熔点合金材料

低熔点合金通常指熔点在 300℃以下的金属及其合金，通常含有 Bi、Sn、Pb、In 等金属的二元、三元、四元等合金，又称“易熔合金”。这些合金常用来制造塑料模、拉深模和成型模，一般应用于封装模具、工装夹具和电子工业(如 PCB 制版)等领域。

6) 食用材料

食品材料是指烹饪食物前所需要的一些东西，如巧克力汁、奶酪和面糊等。人们可以充分发挥自己的想象，根据自己的不同需求，利用 3D 食物打印机，以食品材料为原料“打印”出各种造型奇特的食品。

3. FDM 支撑材料的性能要求

1) 设计支撑的原因

根据 FDM 的工艺特点，切片软件须对复杂产品三维 CAD 模型做支撑处理。因为在 FDM 成型过程中，是逐层堆积成型的，上一层对前一层起到定位和支撑的作用。随着高度的增加，上层轮廓给当前层提供的定位和支撑作用会有所减弱，可能导致截面部分发生塌陷或变形，最终影响成型零件的成型精度。若设计一些辅助结构——支撑，给制造过程提供一个基准面，可保证成型过程的顺利实现。同时相当于建立了基础层，可起缓冲作用，减少模型热变形，并使原型制作完成后便于与工作平台剥离。

2) 支撑材料的性能要求

支撑材料要求各层之间有一定的黏结强度，以避免脱层现象。除此以外，FDM 工艺对支撑材料的耐温性、溶解性、熔融温度和流动性等相关特性均有较高的要求。

(1) 耐温性。

FDM 工艺要求支撑材料要能承受一定的高温度。因为支撑材料要与成型材料在支撑面上接触，所以支撑材料必须能够承受成型材料的高温，在此温度下不产生分解与熔化，否则会使成型制件发生塌陷等缺陷。由于 FDM 的喷嘴挤出的丝比较细小，会在空气中快速冷却，因此要求支撑材料能承受 100℃以下的温度即可。

(2) 与成型材料的亲和性。

FDM 工艺要求支撑材料要与成型材料不浸润、不黏结，便于后处理。支撑材料是 FDM 成型工艺中采取的辅助手段，成型完毕后必须除掉。为了使支撑材料易于去除，应确保相对于成型材料各层间，支撑材料和成型材料之间形成相对较弱的黏结力，即不应具备太强的亲和性，尤其不能出现相互浸润的情况，这样便于剥离。

(3) 溶解性。

FDM 工艺要求支撑材料具有水溶性或者酸溶性。为了便于后处理，对于具有很复杂的内腔、孔隙等的原型，可通过将支撑材料在某种液体里溶解来去除，避免人手去拆除支撑，还可以提高成型制件的表面粗糙度，且这种液体应无毒无污染。FDM 技术中所使用的成型材料如果是 ABS 工程塑料(可溶于有机溶剂)，所以支撑材料最好具有水溶性或者酸溶性。

(4) 熔融温度。

FDM 工艺要求支撑材料具有较低的熔融温度。若材料的熔融温度较低，可以使材料在较低的温度下挤出，从而提高喷头的使用寿命。

(5) 流动性。

FDM 工艺要求支撑材料具有很好的流动性。由于 FDM 技术对支撑的成型精度要求不高，因此为提高成型设备的扫描速度，支撑材料应当具备很好的流动性，相对而言黏性可以略差一些。

综上可知，FDM 工艺对支撑材料的要求是能够承受一定的高温、与成型材料不相融、具有水溶性或者酸溶性、具有较低的熔融温度、流动性要好等。在 FDM 成型过程中，支撑材料对材料的力学性能、化学稳定性和收缩率等特性也有以下要求：

(1) 力学性能。

FDM 工艺过程中的丝状进料方式要求丝料具有一定的拉伸强度、压缩强度和弯曲强度，避免在成型过程中由于驱动摩擦轮的推力作用而发生断丝现象。

(2) 化学稳定性。

FDM 工艺实际成型过程中，丝料要经过固态—液态—固态的转变，因此要求支撑材料在相变过程中保持良好的化学稳定性。

(3) 收缩性。

要求支撑材料具有较小的收缩率。如果收缩率大，会导致支撑材料产生翘曲变形而减弱支撑作用。

4. FDM 支撑材料的种类及特点

目前，应用于 FDM 工艺的支撑材料主要为聚合物物料，分为可剥离性支撑材料和水溶性支撑材料两种。

(1) 可剥离性支撑材料。

可剥离性支撑材料在 3D 打印过程中对成型材料起支撑作用，应具有一定的脆性，并且与成型材料之间形成较弱的粘黏结力。打印完成后需要手动剥离零件表面支撑。

(2) 水溶性支撑材料。

水溶性支撑材料是一种亲水性的高分子材料，主要有聚乙烯醇(PVAL)和丙烯酸(AA)类共聚物两大类，能在一定时间内溶于水或在酸碱性水中溶解或溶胀，从而形成溶液或分散液，方便剥离。由于水溶性支撑材料可以不用考虑机械式的移除，有效地解决了复杂的制件、小型孔洞等内部支撑很难去除的难题，因而应用更加广泛。目前市场上的支撑材料以水溶性的为主。水溶性支撑材料存放时要注意防潮。

3.1.2 熔融沉积成型(FDM)设备

1. FDM 成型系统的组成

基于 FDM 成型的基本原理，FDM 成型系统主要由机械系统和控制系统两部分组成，如图 3-3 所示。

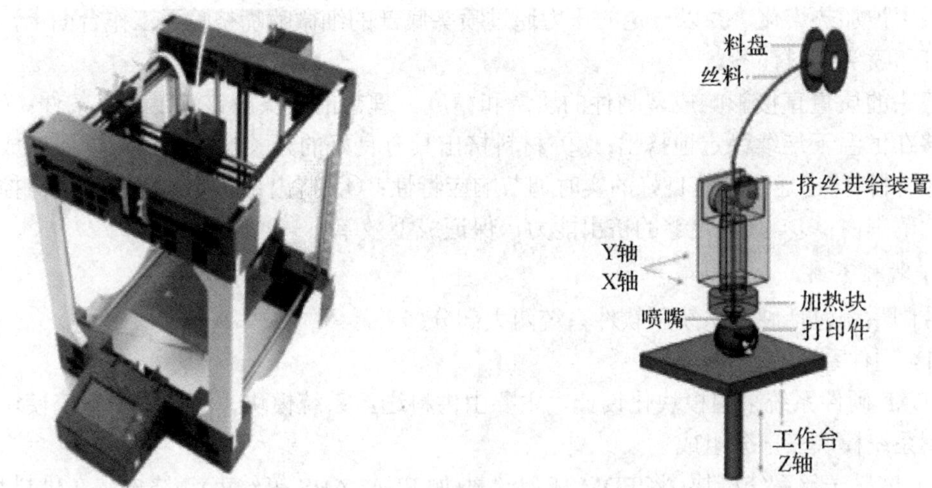

图 3-3　FDM 成型系统组成图

1) 机械系统

以桌面级 3D 打印机为例，机械系统主要包括设备外观结构、运动系统和喷头系统三部分。

(1) 设备外观结构。

设备外观结构主要包括支撑系统、打印平台组件、控制主板和控制面板等。

① 支撑系统。支撑系统为打印机的本体结构，是打印机的基础组件。支撑系统整体以框架结构为主，材质为亚克力板或金属结构件(如铝型材等)，并以若干标准连接件连接安装。

② 打印平台组件。打印平台组件一般包括打印平台传动组件、打印平台调平组件和打印平台组件。装置整体由步进电机提供动力，经机械传动装置(如同步轮、同步带)传动后带动打印平台移动。

③ 控制主板和控制面板。控制主板是打印机的核心器件。有的 FDM 打印机主要使用单片机作为核心控制器，负责打印机各机构系统的协调运动、参数定义和界面功能显示等。控制面板一般为液晶显示的人机界面，上面含有各类功能选择按键，主要用于操作打印机。

(2) 运动系统。

运动系统完成扫描和升降动作，整套设备的运动进度由运动单元的精度决定。常见的 FDM 打印机运动系统为三轴运动系统，用于实现 X、Y、Z 方向上的三轴直线运动。X-Y 轴组成平面扫描运动框架，由伺服电机驱动控制喷头对截面轮廓的平面扫描。Z 轴由伺服电机驱动控制工作台作垂直于 X-Y 平面的运动，实现高度方向的进给，实现层层堆积的控制。为保证打印的精确性，每个运动方向都有限位开关(机械式或光电接近开关)作为安全保护装置。

(3) 喷头系统。

喷头系统是机械系统关键的部分，也是最复杂的部分，一般由导料管、喷嘴及加热装置组成。喷头装置整体由步进电机提供动力，经过远端送料机构，将打印丝材料沿导向管从远端送入喷头进料入口处，同时通过喷嘴处安装的加热装置(如加热棒等)加热，使材料在喷头中被加热熔化，并以一定的压力通过喷头底部的细微喷嘴挤喷至工作台面上，最终完成打印喷头出料任务。

喷头的质量直接影响成型制件的质量和精度。理想的喷头应该满足以下条件：① 材料能够在恒温下连续稳定地挤出；② 材料挤出具有良好的开关响应特性，以保证成型精度；③ 材料挤出速度具有良好的实时调节响应特性；④ 挤出系统的体积和重量需控制在一定的范围内；⑤ 具有足够的挤出能力，保证成型效率。

2) 控制系统

控制系统包括硬件系统和软件系统两大部分。

(1) 硬件系统。

FDM 硬件系统采用模块化设计，主要由供料送丝系统模块、温度控制系统模块和位置控制系统模块三部分组成。

① 供料送丝系统模块。将 FDM 成型丝材(如 PLA、ABS 等丝束)缠绕安装在供料盘上，在电机驱动下，送丝系统引导耗材进入喷头。为完成丝状材料向喷头的顺畅进给，要求送丝平稳可靠。送丝的速度不合适和平稳性不够是造成断丝和喷头堵塞的关键因素，因此要求送丝机构必须要提供足够大的驱动力，以克服高黏度熔融丝材通过喷嘴的流动阻力，且送丝速度要与填充速度相匹配，因此应选用大功率直流电机作为驱动装置，且送丝控制系统必须能实时地对直流电机进行调节。

② 温度控制系统模块。温度控制系统模块主要用来控制喷头温度和成型室温度(有热床的还需控制工作平台温度)。喷头前端部位装有温控传感器，使得环绕式加热系统成为独立的闭环控制系统，更为有效地提高了打印质量和精度。喷头内部含有风扇，可以加快熔化的丝束冷却成型，避免模型制件的变形。在成型过程中，若成型室的温度过低，熔融状态的丝挤出成型后如果骤然被冷却，容易造成翘曲和开裂。温度太高，成型制件表面容易起皱。因此打印机的成型室需要保持恒温环境。

③ 位置控制系统模块。位置控制系统模块一般用来接收数控系统发送的位移方向、位移大小、速度和加速度指令信号，并通过驱动电路作一定的转换与放大，经电机和机械传动装置，驱动设备上的主轴和工作台等部件完成打印工作。

(2) 软件系统。

FDM 打印机的软件系统包括三维建模和信息数据处理两部分。三维建模部分利用三维建模软件(如 Pro/E、UG、SolidWorks 和 AutoCAD 等)绘制三维实体模型，也可以对已有的产品零件或原型通过逆向工程(如三坐标测量仪、三维扫描仪等)获得的点云数据进行 CAD 模型重建。将获得的三维模型数据以 STL(Standard Tessellation Language)文件的格式输出，并进行数据处理，即称为切片处理。不同的 3D 打印机所配备的切片软件有所不同，主要有 3Dstar、Slic3r、CURA、Repetier-Host 等。进行切片处理时，应注意设置模型的打印速度、打印温度和大小比例等参数，并调整模型的位置。最终将生成的文件输出为 Gsd 文件或 Gcode 格式文件等(与相应的切片软件所匹配)，导入 3D 打印机中完成后续打印工作。

2. FDM 典型设备

近年来，桌面级 FDM 成型设备发展迅速，主要的品牌供应单位有美国的 Stratasys 公司、3D Systems 公司、MakerBot 公司、MedModeler 以及国内的北京太尔时代公司、杭州先临公司和清华大学等。

Stratasys 公司的 Mojo、Dimension、uPrint 和 Fortus 等多个产品均以 FDM 为核心技术。3D Systems 公司的 Cube 系列、MakerBot 公司的 MakerBot Replicator 系列、北京太尔时代公司的 UP 系列和杭州先临公司的 Einstart 系列等均为桌面级 FDM 成型设备的典型代表，如图 3-4 所示。

(a) Cube 系列

(b) Make Bot Replicator 系列

(c) Einstart 系列

图 3-4　基于 FDM 技术的 3D 打印机

3D 打印机本质上是一种多轴联动的数控设备，而实现多轴联动的工作原理方案有很多，因此 3D 打印机的结构种类也非常多。根据坐标系的不同，3D 打印机的结构类型可分为笛卡尔型和并联臂型。

1) 笛卡尔型

基于笛卡尔机械坐标系的 3D 打印机，其三轴运动系统用于实现 X、Y、Z 方向上的三轴直线运动。近年来，随着开源硬件及软件的发展，尤其是 Arduino 平台的出现，在共享项目代码的模式下诞生出形态各异的 3D 打印机，比如著名的 RepRap(Replicating Rapid-prototyper，自复制快速成型)类型的打印机。RepRap 一共经历了三代发展和优化，如图 3-5 所示。

(a) Darwin(达尔文)

(b) Mendel(孟德尔)

(c) Huxley(赫胥黎)

图 3-5　RepRap 类型 3D 打印机

第一代原型机命名为 Darwin(达尔文)，该打印机主要由杆件组成，杆与杆之间通过塑料连接件连接而成，整体结构较为简单。该打印机的外形尺寸最大可达 600 mm × 520 mm × 650 mm，但由于自身结构等因素，成型模型的零件尺寸不能太大，约为 230 mm × 230 mm × 100 mm。打印时，打印喷头在步进电机带动下沿着 X 轴和 Y 轴作往复直线运动，Z 轴作为驱动轴可以作上下的直线运动。由于该打印机的 Z 轴采用四根丝杠连接传动，给打印平台的校准平衡增加了难度，容易产生较大的成型误差，这也对打印的精度和质量产生了一定的影响。

对 Darwin 式打印机进行简化和改善后，产生了第二代 Mendel(孟德尔)式 3D 打印机。该打印机简化了第一代 Darwin 式的多连接杆框架的封闭式结构，使得打印平台的移动较为自由，可获得外形尺寸相对大些的模型零件(200 mm×200 mm×140 mm)。在实际的打印过程中，Mendel 式打印机将 *X* 轴和 *Z* 轴作为喷头的移动方向，将 *Y* 轴作为平台的移动方向。经过优化，Z 轴采用两根光杠作为导轨，减少了在移动时产生的误差和偏移，提高了成型质量和精度。但由于打印过程中是打印平台在移动，导致打印的物体与打印平台的黏结存在困难，影响了成型精度和质量。

通过进一步对打印机的整体框架、硬件上的部分零部件及其他软件等方面进行改进和优化，第三代 Huxley(赫胥黎)式 3D 打印机诞生了。该打印机将 *X* 轴和 *Y* 轴作为打印平台的移动方向，将 *Z* 轴作为打印喷头的移动方向，结构更加紧凑和稳固，打印速度也有所提升。

2) 并联臂型

基于 Delta 技术的 3D 打印机为并联臂型，又称三角洲型 3D 打印机。如图 3-6 所示，该机型一般是采用连杆将滑块与打印机的喷头相连接，将滑块的运动转化为喷头的运动，通过连杆本身的刚度来完成对打印喷头的牵引，进而实现对整个运动的控制。该打印机采用对称性结构设计，且不存在串联机构(*XYZ* 构架)的几何误差累积和放大的现象，打印模型的体积更大，打印速度也更快。

图 3-6　并联臂型 3D 打印机

3.2　立体光固化成型(SLA)材料及设备

立体光固化成型(Stereo Lithography Apparatus，SLA)又称为立体光刻成型，该技术主要利用了液态光敏树脂的光聚合原理，通过计算机控制紫外激光器，将树脂逐层凝固成型，能够方便、快捷、全自动地制造出表面质量和尺寸精度高、几何形状复杂的制件。立体光固化成型是目前世界上研究最深入、技术最成熟、应用最广泛的一种快速成型方法。

3.2.1　立体光固化成型(SLA)材料

由于成型材料及其相关性能会直接影响成型制件的质量及精度，且在加工过程中出现的各种变形都与成型材料有着密不可分的关系，因此，成型材料是 SLA 成型工艺中的关键问题。

1. SLA 成型材料的性能要求

立体光固化成型技术是以反应型的液态光敏树脂(又称光固化树脂，)为成型材料的。这种材料能在一定波长的光源(300～400 nm)照射下引发光聚合反应，完成液态到固态的转变。随着光固化技术的不断发展进步，具有独特性能(如收缩率小、变形小、强度高、无需二次固化等)的光固化树脂也在不断被开发出来。由于立体光固化技术成型工艺的独特性，SLA 所用树脂不同于普通的光固化树脂，有一些特殊要求。成型材料需具备两个最基本的条件：能否成型及成型后的形状、尺寸精度是否满足要求。具体来说，应满足以下条件：

(1) 固化速度快，光敏性好。

树脂的固化速度直接影响成型的效率，因此要求液态光敏树脂对紫外光线有较大的吸收和很高的响应速率，能在光照下几秒钟内快速固化；且成型后具有一定的黏结强度，可应用于要求立刻固化的场合。

(2) 固化收缩小。

快速成型制件的精度至关重要。材料的收缩变形是导致制件尺寸出现误差的一个主要原因。在 SLA 成型过程中，树脂在从液态到固态的聚合反应过程中会产生线性收缩，会导致在逐层堆积时产生层向应力，严重时会导致零件翘曲、变形、开裂等，降低制件的精度，造成成型失败。收缩性低的树脂有利于高精度制件的成型。

(3) 黏度低。

由于 SLA 成型使用的是分层制造技术，树脂成型材料的黏度不能太高，以保证加工出来的每一层都具有较好的平整性，更有利于成型中液态树脂的快速流平，同时便于树脂的添加和清洗。

(4) 一次固化程度高。

在紫外固化条件下，未经固化的固化程度被称为一次固化程度。一次固化程度高可以减小固化收缩，从而减小固化时的变形，以保证零件在激光成型过程中尺寸的稳定性，保证零件的精度。

(5) 固化产物溶胀小，耐溶剂性能好。

在 SLA 成型过程中，树脂固化后的溶胀性对制件精度有较大影响。由于 SLA 成型过程一般需要几个小时至几十个小时才能完成，在此期间，先期固化的部分长时间浸泡在液态树脂中，容易出现溶胀现象，如零件尺寸变大、近表层强度下降等，严重影响精度。因此，用于 SLA 成型的树脂材料必须具有较强的抗溶胀能力。成型后的制件表面有较多未固化的树脂需要用溶剂清洗，清洗时要求只清除未固化部分，而对制件表面不产生影响，所以要求固化物有良好的耐溶剂性能。

(6) 固化产物的力学性能好。

SLA 工艺要求成型材料固化前性能稳定，可见光照射下不易发生化学反应。最终的固化产物也应具有优良的机械强度，耐化学试剂，易于洗涤和干燥，并有良好的热稳定性。

(7) 透射深度合适。

透射深度是树脂体系固有的参数。光固化成型要求成型材料对光有一定的透射深度，以获得具有一定固化深度的层片。其透射深度要远远大于一般的涂料，否则层与层之间会因固化不完全而黏结不好。但透射深度也不能过大，否则会产生过固化，影响固化制件的强度和精度。因此，光固化树脂要求有适中的透射深度。

(8) 毒性低。

目前越来越多的 SLA 成型是在办公室完成的，因此对材料单体及预聚物的毒性有着严格的要求。毒性低有利于操作者的健康和不污染环境。

实践表明，改变材料性能是提高制件精度的根本途径，如开发低收缩、低黏度、高强度和抗溶胀的树脂。而对于同一性能的材料，深入研究快速成型工艺机理、合理优化制作工艺参数也是一条提高精度的重要途径。

2. SLA 成型材料的组成

用于光固化快速成型的材料为液态光敏树脂，主要由齐聚物、光引发剂、反应性稀释剂及少量添加剂组成。如图 3-7 所示，艺术摆件、管件、汽车模型及装饰物品等均可由光圈化材料成型而成。

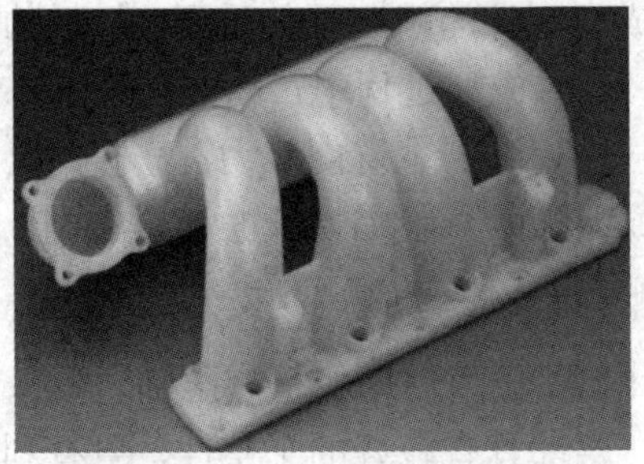

图 3-7　SLA 材料成型制件

(1) 齐聚物。

齐聚物又称低聚物或预聚物，是光固化成型材料的主体，是一种含有不饱和官能团的基料。它的末端有可以聚合的活性基团，因此可以继续聚合长大，一经聚合，其相对分子质量上升速度非常快，很快就可成为固体。齐聚物的性能在很大程度上决定了固化后材料的性能(包括基本物理性能和化学性能)，如固化后的强度、硬度、树脂的黏度、固化收缩率和溶胀性等。因此，齐聚物的合成或选择是光敏树脂配方设计中的重要环节。一般齐聚物含量大于等于 40%，类型包括环氧丙烯酸酯、聚酯丙烯酸酯和聚醚丙烯酸酯等。

(2) 光引发剂。

光引发剂是吸收紫外光能，引发聚合反应的活性中间体的物质。它是激发光敏树脂交联反应的特殊基团，当受到特定波长的光子作用时，会变成具有高度活性的自由基团，作用于基料的高分子聚合物，使其产生交联反应，由原来的线状聚合物变为网状聚合物，从而呈现为固态。光引发剂的性能决定了成型材料的固化程度和固化速度。在一定范围内，加大光引发剂的用量可以适当加快固化速度。但若超过一定范围仍继续增加用量，固化速度就会有所降低。相对于单体和齐聚物而言，光引发剂在光敏树脂体系中的浓度较低，一般不超过 10%。在实际应用中，光引发剂本身(固化后引发化学变化的部分)及其光化学反应的产物均不应该对固化后聚合物材料的物理和化学性能产生不良的影响。

(3) 稀释剂。

稀释剂是一种功能性单体，一般分为单官能度、双官能度和多官能度单体。其结构中含有不饱和双键，如乙烯基、烯丙基等，除了可以调节齐聚物的黏度，还能影响固化动力学、聚合程度以及生成的聚合物的物理性质。稀释剂单体主要起稀释作用，保证光敏树脂在室温下有足够的流动性，且不容易挥发。稀释剂用量对液面流平影响较大，增加稀释剂的用量可以使液体黏度降低，流平性好，但如果使用过量，将使各线性分子链间隔过大，导致彼此相遇发生交联的机会下降，势必影响固化速度和质量。

3. SLA 成型材料的分类

当光敏树脂中的光引发剂被光源(特定波长的紫外光或激光)照射吸收能量时，会产生自由基或阳离子，自由基或阳离子使单体和活性齐聚物活化，从而发生交联反应而生成高分子固化物。

按照光引发剂的引发机理，可以把光固化树脂分为三类：自由基型光固化树脂、阳离子型光固化树脂和混杂型光固化树脂。

(1) 自由基型光固化树脂。

目前用于 SLA 成型工艺的自由基型光固化树脂主要有三类：环氧树脂丙烯酸酯、聚酯丙烯酸酯和聚氨酯丙烯酸酯。环氧树脂丙烯酸酯聚合的速度较快，成型制件强度高，但脆性大，且产品易泛黄。聚酯丙烯酸酯流平性较好，固化好，其成型制件的性能可调节。聚氨酯丙烯酸酯可赋予产品好的柔顺性和耐磨性，但聚合速度较慢。总体来说，自由基光固化树脂具有原材料广、价格低、光响应快、固化速度快等优点，因此最早的光固化成型树脂选用的都是这类树脂。

(2) 阳离子型光固化树脂。

阳离子型光固化树脂是以阳离子聚合机理发生开环聚合反应的，其主要成分为环氧化合物。用于 SLA 成型的阳离子型齐聚物和活性稀释剂通常为环氧树脂和乙烯基醚。环氧树脂是目前最常用的阳离子型齐聚物，它具有以下优点：

① 固化收缩小，预聚物环氧树脂的固化收缩率为 2%～3%，而自由基光固化树脂的预产物丙烯酸酯的固化收缩率为 5%左右；

② 产品制件的精度高；

③ 黏度低，生成的成型制件强度好；

④ 高阳离子聚合物是活性聚合，在光熄灭后可继续引发聚合；

⑤ 氧气对自由基聚合有阻聚作用，而对阳离子树脂无影响；

⑥ 产品可以直接用于注塑模具。

(3) 混杂型光固化树脂。

自由基光固化树脂虽然成本低、固化速度快，但是固化收缩大，表层易受氧阻聚而固化不充分；而阳离子型光固化树脂虽然收缩、翘曲变形小，但也存在成本高、固化速度慢、固化深度不够的缺点。为了解决这些问题，利用混杂型光固化树脂实现两者的互补。混杂型光固化树脂是未来光固化成型树脂发展的方向。该树脂是以自由基光固化树脂为骨架结构，以阳离子型光固化树脂为填充物制成的。其主要有以下优点：

① 可以提供诱导期短而聚合速度稳定的聚合系统；

② 可以设计成无收缩的聚合物；

③ 能克服光照消失后阳离子迅速失活导致聚合终结的缺点。

3.2.2 立体光固化成型(SLA)设备

1. SLA 成型系统的组成

SLA 快速成型设备属于液态树脂光固化 3D 打印机的一种，它以激光头为光源，靠一个激光点对另一个面进行逐点扫描成型。SLA 成型系统主要由光学系统、机械系统和控制系统三部分组成，如图 3-8 所示。

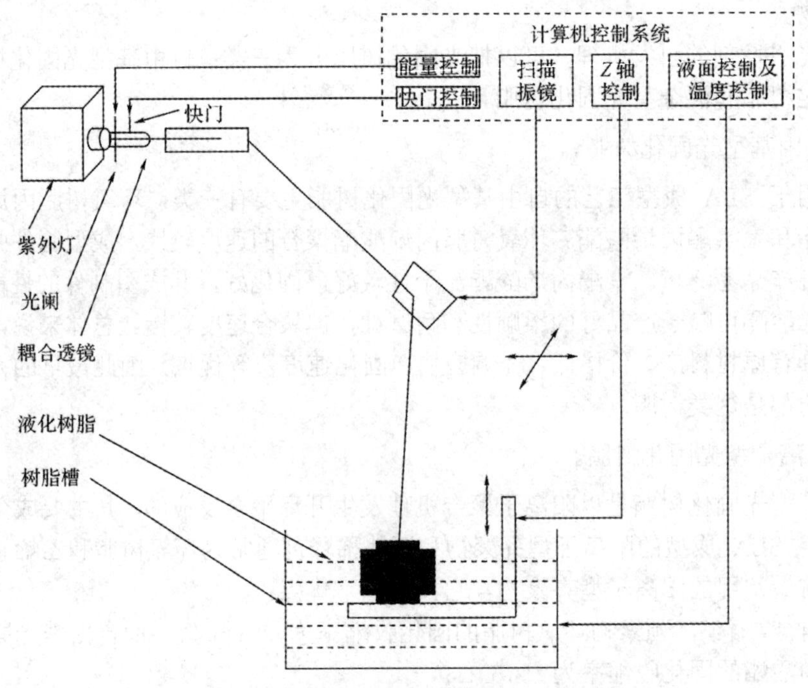

图 3-8　振镜扫描式 SLA 系统组成示意图

1) 光学系统

光学系统主要包括光源系统和光学扫描系统两大部分。

(1) 光源系统。

目前，SLA 成型工艺所用的光源系统主要是激光器。以振镜扫描式 SLA 系统为例，激光器生成激光束，通过透镜进行聚焦后照射在偏振镜上，此时偏振镜根据切片截面路径自动产生偏移，这样光束就会持续地依照模型数据有选择性地扫描液面，由于树脂的光敏特性，被照射到的液态树脂逐渐固化。激光器为紫外(UV)激光器，主要有三种：气体激光器、固体激光器和半导体激光器。

① 气体激光器。气体激光器如氦-镉(He-Cd)激光器、氩离子(Argon)激光器和氮气(N_2)激光器等。氦-镉激光器应用较多，其输出功率一般为 15～500 mW，输出波长为 325 nm(处于中紫外至近紫外波段)。氩离子激光器输出功率一般为 100～500 mW，波长为 351～365 nm。由于这两种激光器的输出是连续的，故使用寿命相对较短，约为 2000 h。氮气激光器的输出功率为 0.1～500 mW，波长为 337.1 nm，使用寿命可长达数万小时。

② 固体激光器。固体激光器的输出功率比较高，一般大于 500 mW，输出波长为 355 nm，实际使用寿命 5000 h，更换激光二极管后还能继续使用。固体激光器的光斑模式好，光斑直径为 0.05～3 mm，利于聚焦，激光位置精度可达 0.008 mm，往复精度可达 0.13 mm，成型扫描速度可达 5 m/s 以上，应用前景广泛。

③ 半导体激光器。半导体激光器是以半导体材料为工作介质的激光器，常见的有可见光半导体激光器，输出功率为 15～200 mW，输出波长有 488 nm 和 532 nm 两种，使用寿命大于 10 000 h。

激光器的选择主要根据光固化的输出功率、波长、使用寿命和价格等因素来确定。

(2) 光学扫描系统。

SLA 光学扫描系统一般有两种形式：振镜扫描式和数控 *X*-*Y* 导轨式。

① 振镜扫描式。振镜扫描式是基于检流计驱动式的扫描镜方式，其激光扫描系统主要由执行电动机、反射镜片、聚焦系统和控制系统组成。扫描系统能根据控制系统的指令，按照每一截面层轮廓的要求作高速往复摆动，从而使激光器发出的激光束反射并聚焦于液槽液态光敏聚合物的上表面，并沿此面作 *X*-*Y* 方向的扫描运动。该系统最高扫描速度可达 15 m/s，适用于制造高精度、较小尺寸的模型制件。

② 数控 *X*-*Y* 导轨式。数控 *X*-*Y* 导轨式是采用 *X*-*Y* 绘图仪的方式，由步进电动机驱动高精密同步带实现，二维导轨由计算机控制在 *X*-*Y* 平面内实现扫描，其激光束在整个扫描过程中与树脂液面呈垂直状态。该系统扫描速度相对较慢，适用于制造高精度、大尺寸的模型制件。

2) 机械系统

机械系统是整个 SLA 成型系统的骨架部分，为整个系统提供支撑，由树脂容器、升降工作台系统和涂覆刮平系统三部分组成。

(1) 树脂容器。

树脂容器又称液槽，用于盛装液态光敏聚合物。容器一般用不锈钢制作而成，其尺寸大小取决于 SLA 系统设计的最大尺寸原型，通常约为 20～200 L。

(2) 升降工作台系统。

升降工作台系统为托板可升降工作台，采用步进电机驱动、精密滚珠丝杠传导和精密导轨导向的结构，沿高度 Z 轴方向进行往复运动。最小步距可达 0.02 mm 以下。工作台上分布有许多小孔洞，是为了减少运动对液面的搅动。

(3) 涂覆刮平系统。

涂覆刮平系统主要用于完成对树脂液面的涂覆作用。常用的涂覆机构主要有三种：吸附式、浸没式和吸附浸没式。涂覆刮平系统利用水平刮板沿固定方向移动，将黏度较大的树脂液面刮成水平面，以提高涂覆效率并缩短成型时间，同时有利于提高工件的表面质量和模型制件的成型精度。

3) 控制系统

计算机控制系统包括液面及温度控制系统、控光快门系统及 Z 轴控制系统等。控制系统控制相关器件从计算机读取相关图片信息，为微镜提供电信号，最终生成掩膜图。该系统还可起到快门的作用，根据 Z 轴的运动来控制光照，保证零件的加工精度。同时，计算机控制系统还对 Z 轴的动力装置进行控制。在固化完成后，工作平台自动沿 Z 轴降低一个固定的高度(一个层厚)，水平刮板再次将液面刮平，激光再次照射固化，如此反复，直至整个模型打印完成。

2. SLA 典型设备

SLA 立体光固化成型设备最早是由美国的 3D Systems 公司研发和制造的。1988 年，3D Systems 公司推出了世界上第一台基于立体光固化成型技术的商用 3D 打印机 SLA-250，被称为“立体平板印刷机”。它的问世标志着 3D 打印商业化的起步。3D Systems 公司随后推出多个商品系列，如 SLA-250HR、SLA-350、SLA-500、SLA-3500、SLA-5000、SLA-7000 等机型。如图 3-9 所示，SLA5000 使用的是固体激光器，扫描速度为 5 m/s，成型层厚最小可达 0.05 mm；SLA7000 的扫描速度进一步提高，可达 9.52 m/s，成型层厚最小可达 0.025 mm，精度提高了一倍。随着技术的不断研发和突破，近年来又有 Viper si2 SLA、Viper Pro SLA 和 iPro 系列相继面世。Viper Pro SLA 系统装备了 2000 mW 的 YVO4 激光器，最大激光扫描速度为 25 m/s，最大模型制件的制作质量为 75 kg。

(a) SLA-5000 机型

(b) SLA-7000 机型

(c) Viper Pro SLA 机型

图 3-9 3D Systems 公司 SLA 成型设备

除了美国的 3D Systems 公司，欧洲和日本等国家也不甘落后，纷纷进行 SLA 相关技术和设备研制等方面的研究工作，如德国的 EOS 公司、Fockele & Schwarze 公司，日本的 CMET 公司、SONY/D-MEC 公司，以色列的 Cubital 公司等。

我国在 SLA 成型设备的研制方面也获得了重大进展，很多高校、研究机构和企业也开发了 SLA 系统并商业化。如图 3-10 所示，西安交通大学相继研发出 SPS(SPS250、SPS350、SPS600、SPS800B)、LPS(LPS250、LPS350、LPS600)和 CPS(CPS250、CPS350、CPS500)系列的 SLA 成型设备，以及相应配套的光敏树脂材料；华中科技大学研发的设备有 HRPL-Ⅰ、HRPL-Ⅱ机型；杭州先临三维科技有限公司的典型设备为 iSLA-650 Pro 机型；上海联泰科技有限公司开发的光固化成型设备主要有 RS-350H、RS-350S、RS-600H 和 RS-600S 等机型；北京殷华公司研制出 Auro350、Auro450 和 Auro600 系列等。

(a) SPS600 机型

(b) iSLA-650 Pro 机型

(c) RS-600S 机型

图 3-10　国内典型的 SLA 成型设备

目前，西安交通大学研制的 SPS600 型 SLA 设备已基本达到国际同类产品的水平。该机型配备的激光器功率为 300 mW，光斑直径为 0.15 mm，扫描速度为 10 m/s，加工尺寸为 600 mm × 600 mm × 500 mm，加工精度为±0.1 mm，加工层厚为 0.05～0.2 mm。该机型整体操作简便，成型制件的加工精度较高，性价比高。

3.3　选择性激光烧结成型(SLS)材料及设备

粉末材料选择性激光烧结快速成型，又称为选区激光烧结成型技术，英文名称为 Selective Laser Sintering，简称 SLS。该技术是在计算机的控制下，采用激光以一定的速度和能量密度有选择地分层烧结固体粉末材料(微米级的金属粉末或非金属粉末)，并使之层层堆积成型。SLS 的原理与 SLA 类似，主要区别在于所使用的材料及其形状。

3.3.1　选择性激光烧结成型(SLS)材料

在 SLS 成型过程中，粉末上未被烧结部分对模型的空腔和悬臂部分起着支撑作用，因此无需考虑支撑系统(硬件和软件)。SLS 技术以粉末为成型材料，与其他类型的材料相比，具有来源广泛、制备容易、制造过程简单以及材料利用率高等特点，是 SLS 工艺发展和烧结成功的关键因素。

1. 粉末材料的特性

一般粉末材料的特性对 SLS 成型制件的性能影响较大，其中粒径、粒径分布及形状等最为重要。

1) 粒径

粉末的粒径对 SLS 成型制件的成型精度、表面光洁度和烧结速率等都有影响。粒径大，不易于激光吸收，易变形，成型精度与表面光洁度差；粒径小，易于激光吸收，表面光洁度和成型精度提高，但成型效率有所降低。粉末平均粒径越小，烧结速率越大，烧结件的强度越高。

2) 粒径分布

粒径分布是指用简单的表格、绘图和函数形式等表示粉末颗粒群粒径的分布状态。增加粉床密度的一个方法是将几种不同粒径的粉末进行复合。

3) 粉末颗粒形状

粉末颗粒形状会影响 SLS 成型制件的形状精度、铺粉效果和烧结速度等。粉末颗粒形状影响粉体堆积密度，进而影响表面质量、流动性和光吸收性。规则的球形粉末具有更好的流动性，铺粉效果更好，烧结后的收缩相对较小，成型精度比不规则粉末的高。

工程上一般采用粒度的大小来划分颗粒等级，SLS 工艺采用的粉末粒度一般在 50～125 μm 之间。

2. SLS 成型材料的性能要求

SLS 成型技术所用粉末种类多样化，理论上任何被激光加热后能够在粉粒间形成原子间连接的粉末都能作为 SLS 的成型材料。其实不然，成型材料对成型速度和精度、成型制件的强度、成型工艺和设备的选择等都有着巨大影响。真正适合 SLS 技术的粉末材料需具备以下性能：

(1) 具有良好的烧结成型性能：无需特殊工艺即可快速精确地成型原型。

(2) 具有良好的力学性能和物理性能：对直接用作功能零件或模具的原型制件，其力学性能和物理性能(如刚性、强度、加工性能、导热性及热稳定性等)应满足使用要求。

(3) 便于后处理：当原型间接使用时，要有利于便捷快速的后续处理和加工工艺。

另外，粉末材料的预热温度、粉末的固化程度，材料的收缩变形等对成型精度、强度等综合性能也有着深远的影响。

3. SLS 成型材料的种类及特点

SLS 成型技术所用粉末类别繁多，目前应用广泛的有聚合物粉末材料、金属粉末材料、陶瓷粉末材料、纳米复合材料等，如图 3-11 所示。丰富的成型材料不仅能制造塑料零件，还能用于制造陶瓷、石蜡等材料的零件，特别是可以直接制造金属零件。

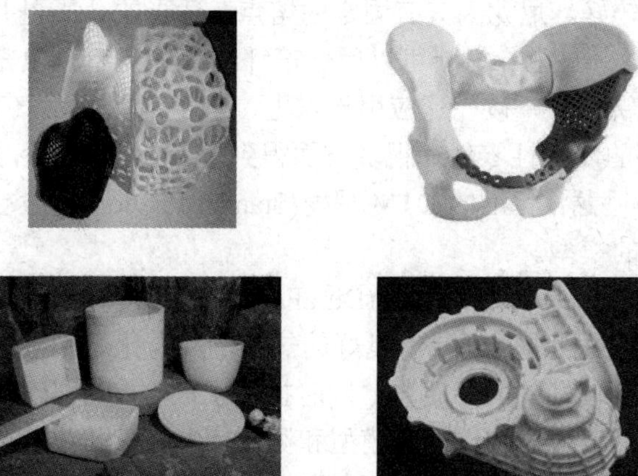

图 3-11　SLS 材料成型制件

1) 高分子材料

在高分子材料中，广泛应用于 SLS 工艺的有 ABS、PC(聚碳酸酯)、PS(聚苯乙烯)、PA(尼龙)、GF(覆裹玻璃的尼龙)等。

(1) ABS 材料。

ABS 材料与 PS 材料都属于热塑性材料，两者的烧结成型性能很接近，虽然 ABS 材料的烧结温度要比 PS 材料高出约 20℃，但其成型制件的强度较高，因而被广泛用于原型及功能件的快速制造。

(2) PC 材料。

聚碳酸酯(Polycarbonate，PC)是一种无色高透明度的热塑性工程塑料，具有高强度、耐高温、抗冲击和抗弯曲等优良性能。PC 材料热稳定性良好，可用于精密铸造。同时其表面质量好且脱模容易，被广泛应用于熔模铸造领域。PC 材料还可以制造微细轮廓以及薄壳结构，其应用领域主要包括电子消费品、家电、汽车制造、航空航天和医疗机械等行业。为了提高 PC 材料的耐应力开裂能力，降低其缺口敏感性，可以对其进行共混改性和共聚改性，如与 ABS 材料混合，制作 PC/ABS 复合材料，该材料结合了 PC 的强度和 ABS 的韧性，性能要明显优于 ABS。

(3) PS 材料。

采用聚苯乙烯(Polystyrene，PS)材料时需要用铸造蜡处理，以提高成型制件的表面质量和强度，其工艺与熔模铸造兼容。与 PC 材料相比，PS 材料烧结温度低，烧结变形小，成型性能优良，价格也比 PC 材料便宜，更适合熔模铸造，目前逐渐取代 PC 粉末在熔模铸造领域的地位。

目前，采用纯 PS 粉末进行烧结得到的原型件变形较大，因此常使用 PS 的混合粉末(PS、滑石粉、碳酸钙和氧化铝混合物)，用这样的混合粉末进行激光烧结，试样在长、宽、高方向收缩率分别为 0、0、0.1%，翘曲率为 0.1%，孔隙率为 2.8%，能够达到较好的质量。

(4) PA 材料。

聚酰胺(Polyamide，PA)，别名尼龙，是一种结晶态聚合物，具有良好的综合性能，包括力学性能、耐热性、耐磨性、阻燃性、易加工和性能稳定等，用其成型的模型表面细腻，耐蚀性和抗吸湿性均较好。尼龙因其有固定的熔点，适当的分子量并且有较高的强度，成为国际上研究的热点之一。PA 材料可以用玻璃纤维和其他填料填充增强改性，已研发出多种具有特殊性能的新品种，被广泛应用于家电、电子消费品、汽车制造等行业。PA 材料经 SLS 技术制备出的功能性零件在很多方面得到了商业化应用，具体如下：

① 标准的 DTM 尼龙。标准的 DTM 尼龙(Standard Nylon)一般被用于制作具有良好耐腐蚀性能和耐热性能的模型。

② DTM 精细尼龙。DTM 精细尼龙(DuraForm GF)是添加了玻璃珠的尼龙粉末，不仅具有与 DTM 尼龙相同的性能，还具有良好的热稳定性与化学稳定性，刚硬性及耐温性较好，尺寸稳定，可获得较好的表面质量，同时提高了成型制件的尺寸精度。DTM 精细尼龙可以制造微小特征，很适合制造概念模型和测试模型，但价格相对较高。

③ DTM 医用级的精细尼龙。DTM 医用级的精细尼龙(Fine Nylon Medi-cal Grade)具备优良的耐高温、耐高压性能，能通过五个循环的高温蒸压被蒸汽消毒。

④ 原型复合材料。原型复合材料(ProtoForm TM Composite)是 DTM 精细尼龙经玻璃强化后的一种改性材料，与未被强化的 DTM 尼龙相比具有更好的加工性能，同时也提高了耐腐蚀性能和耐热性能。

⑤ 新一代尼龙材料。新一代尼龙材料是一种类似 DTM 精细尼龙的粉末 PA3200GF，该材料可以用来制造表面粗糙度低、精度高的制件。

2) 金属粉末材料

在选择性激光烧结技术中，采用金属粉末烧结成型是激光快速成型由原型制造转向快速直接制造的趋势，应用前景广阔。目前，选择性激光烧结技术中常用的金属粉末材料，按其成分组成可分为三种：

(1) 单一成分的金属粉末材料。

对于高熔点的单一成分的金属粉末，需要在密闭的保护气体(氮气、氩气和氢气等)作用下，同时采用高功率激光器，才能在较短的时间内达到熔融温度。该成型方法烧结的制件容易变形，且存在因组织结构多孔而导致制件密度低、力学性能差等缺陷。

但近年来 SLS 技术衍生出一个重要分支：选区激光熔化成型技术(Selective Laser Melting，SLM)，两者的工作原理相似。可用于 SLM 技术的粉末材料也有单一成分的金属粉末材料，一般主要为金属钛粉末，其成型性较好，致密度可达到 98%。钛合金具有耐高温、耐高腐蚀性、高强度、低密度以及良好的生物相容性等优点，在航空航天、化工、核工业、运动器材及医疗器械等领域得到了广泛的应用。Ti6Al4 合金(TC4)是最早使用于 SLM 工业生产的一种合金，现在对其研究主要集中于抗疲劳性能和裂纹生长行为与微观组织之间的关系。

(2) 两组元金属粉末材料混合体。

两组元金属粉末材料混合体是指两种金属粉末的混合体，其中一种熔点较低，起黏结剂的作用。为了提高烧结制件的性能，一般通过提高多元金属粉末中低熔点金属的熔点来实现。目前，高熔点金属激光直接烧结成型的研究正如火如荼地进行着。

(3) 金属粉末和有机黏结剂的混合体。

SLS 工艺中常用的金属基合成粉末一般有铜粉、锌粉、铝粉、铁粉和不锈钢粉等，黏结剂粉末主要是指高分子粉末，如有机树脂。常用的合成方法是通过一定的比例将两种粉末均匀混合，然后利用激光束对混合粉末进行选择性烧结。通常有两种混合方法：

① 金属粉末与黏结剂粉末按一定比例机械混合。该方法制备比较简单，但烧结性能较差。

② 把金属粉末放到黏结剂稀释液中，制取具有黏结剂包裹的金属粉末。实践研究表明，采用该方法制得的覆膜金属粉末，虽然制备工艺复杂，但烧结效果较机械混合的粉末好，且含有的黏结剂比例较小，更有利于后处理。

总之，以金属粉末为主体合成材料制成的成型制件硬度较高，且能在较高的工作温度下使用，因此这种烧结成型制件可用于复制高温模具。

3) *陶瓷粉末材料*

与覆膜金属粉末制备工艺类似，在激光烧结陶瓷粉末工艺中，也是在陶瓷粉末中放入黏结剂，将陶瓷粉末和黏结剂粉末按照一定的比例混合均匀后，使用激光器进行扫描。激光扫描加热使混合粉末中的黏结剂熔化，这些熔化的黏结剂成为一种胶体，将周围的陶瓷粉末黏结起来，制备具有黏结剂包覆的陶瓷粉末，从而实现陶瓷制件的成型。目前，在研究的陶瓷粉末材料主要有四类：直接混合黏结剂的陶瓷粉末、表面覆膜的陶瓷粉末、表面改性的陶瓷粉末和树脂砂。常用的陶瓷材料主要有 Al_2O_3(氧化铝)、ZrO_2(氧化锆)和 SiC(碳化硅)等。黏结剂的种类也很多，如金属黏结剂、塑料黏结剂(如树脂、有机玻璃和聚乙烯蜡等)或无机黏结剂。由于陶瓷粉末熔点一般都很高，因此加入的黏结剂可选熔点相对低的。激光烧结时，熔点低的黏结剂首先熔化，然后将陶瓷粉末黏结成型，再通过一定的后处理工艺来提高陶瓷制件的相关性能。与金属粉末相比，陶瓷粉末的硬度更高，也更耐高温，因此也可用来复制高温模具。3D 打印的陶瓷制品具有耐热、不透水、可回收、无毒但易碎等特点，可以用作花瓶、餐具、瓷砖、艺术品等家具材料。

4) *覆膜砂粉末材料*

在 SLS 工艺中，利用激光烧结技术将黏结剂(如低分子量酚醛树脂等)加入锆砂(SandForm Si)、石英砂(SandFormZR Ⅱ)中便可制得覆膜砂粉末材料。该材料主要用于加工制作精度要求不高的原型制件，也可直接用作铸造用砂型(芯)来制造金属零件，尤其适用于传统加工制造技术难以加工出来的金属铸件。

5) *纳米复合材料*

对于纳米材料，因为其颗粒直径极其微小，因而表面积很大。在不是很高的激光能量冲击作用下，纳米粉末材料就会产生飞溅现象。同时纳米粉末有着很高的烧结活性，烧结一段时间后，晶粒生长将显著加速，以至使烧结后材料的纳米特性丧失、烧结密度降低。所以，在纳米材料零件激光烧结成型的过程中，关键技术还是烧结过程中，既要使纳米粉末烧结致密，又要使纳米晶粒尽量不要粗化长大而失去纳米的特性。对于单项纳米粉末材料来说，利用选择性激光烧结方法来烧结成型存在一定的难度，所以更多的是采用纳米复合粉末材料。不同的纳米材料，对于激光烧结温度的控制不同。对于聚合物纳米材料一般采用固相烧结方法，而对于陶瓷纳米粉末，通常采用液相烧结方法。对于金属纳米粉末材料而言，由于其易燃、易爆的特性，很少采用直接烧结成型。

3.3.2　选择性激光烧结成型(SLS)设备

1. SLS 成型系统的组成

SLS 成型系统主要包括光学系统、机械系统和计算机控制系统三部分，如图 3-12 所示。

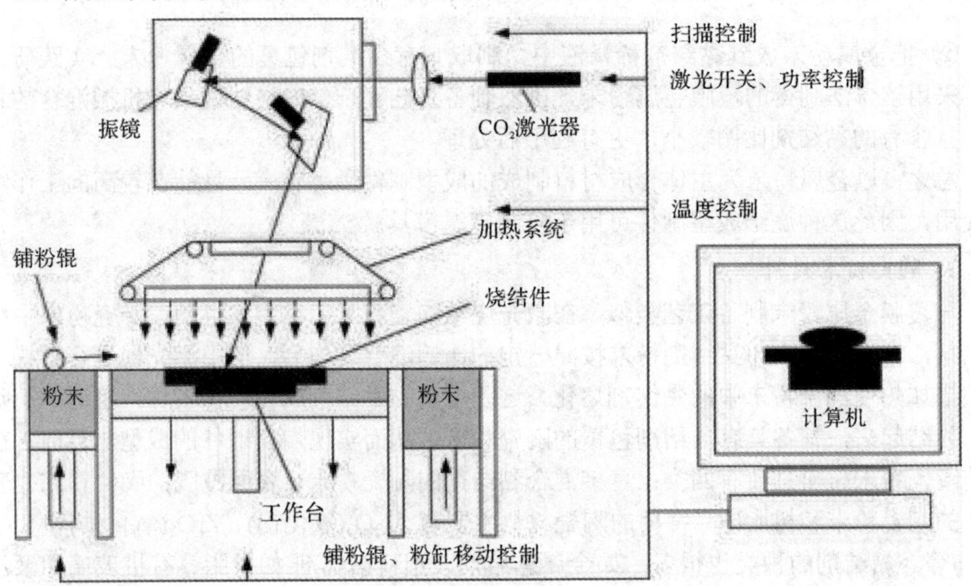

图 3-12　振镜式激光扫描 SLS 系统组成图

1) 光学系统

光学系统主要由高能激光系统和光学扫描系统两部分组成。

(1) 高能激光系统。

SLS 成型工艺采用红外激光器作能源，激光器的作用是为烧结粉末材料提供能量。一般用于 SLS 技术的激光器有两种：CO_2 激光器和 Nd-YAG 脉冲激光器。CO_2 激光器的波长为 10.6 μm，主要用于塑料粉末的烧结，具有稳定性好、可靠性高、功率稳定、寿命长以及性价比高等特点。Nd-YAG 脉冲激光器的波长为 1.06 μm，其功率在 45～200 W 之间，主要用于金属和陶瓷粉末的烧结。

(2) 光学扫描系统。

SLS 工艺采用的光学扫描系统主要有两种类型：振镜式激光扫描系统和 *X*-*Y* 直线导轨扫描系统。光学扫描系统的主要功能是将激光能量传输到待加工粉末表层，熔融固化粉末材料，形成扫描层面。

① 振镜式激光扫描系统。振镜式激光扫描系统由动态聚焦模块和 *X*-*Y* 扫描头组成。*X*-*Y* 扫描头上的两个镜子能将激光束反射到 *X*-*Y* 坐标平面上。动态聚焦模块通过控制伺服电机，可调节 *Z* 方向的聚焦，使得反射到 *X*、*Y* 坐标点上的激光束始终聚焦在同一平面上。振镜式激光扫描系统具有高速度和高精度的特点。

② *X*-*Y* 直线导轨扫描系统。*X*-*Y* 直线导轨扫描系统处理数据比较便捷，其扫描精度取决于直线导轨的精度，扫描速度相对较慢，加工效率不高，故应用较少。

激光的能量与扫描速度对 SLS 烧结成型制件的机械性能有着重要的影响。激光烧结成型过程中，为保证较好的烧结表面质量和烧结精度，一般要求扫描速度大于 6 m/min。

2) 机械系统

机械系统由机身与机壳、加热系统、供粉及铺粉系统和通风除尘装置等构成。

(1) 机身与机壳。

机身与机壳为系统提供机械支撑和所需的工作环境。

(2) 加热系统。

加热系统是为送料装置和工作缸中的粉末提供预加热，也就是将 SLS 成型机粉床上的粉末材料加热至材料熔融温度以下 2℃～3℃，为粉末材料黏结固化做准备。

(3) 供粉及铺粉系统。

供粉及铺粉系统主要包括送料工作缸、铺粉辊装置、成型工作缸和废料装置，如图 3-13 所示。

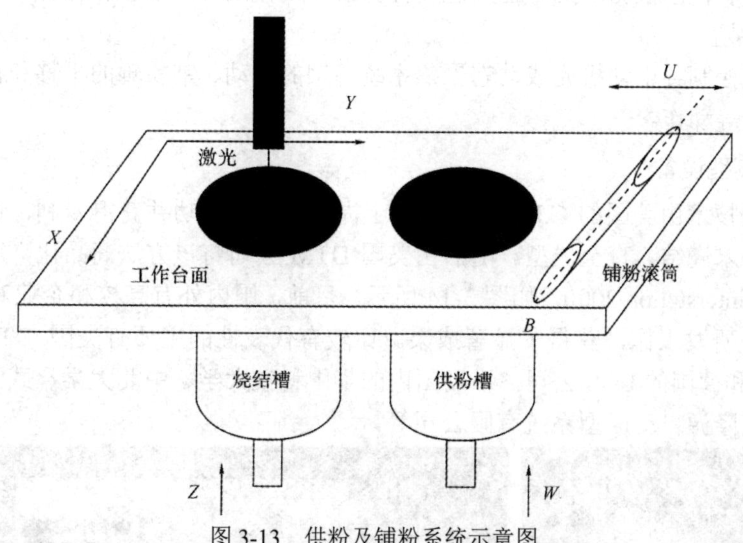

图 3-13　供粉及铺粉系统示意图

① 送料工作缸。送料工作缸也称为供粉槽，粉末材料存储在供粉槽内。供粉槽为活塞缸筒结构，通过步进电机驱动活塞上下运动来提供烧结所需要的粉末材料。打印时，供粉槽升降平台向上升起，将高于打印平面的粉末通过铺粉辊装置推压至打印平板上，形成一个很薄且平面的粉层。

② 铺粉辊装置。铺粉辊装置包括铺粉辊及其驱动装置，作用是将粉末材料均匀地平铺在工作台上。

铺粉过程可以概括为：烧结槽下降一个层厚，同时供粉槽上升一定高度；铺粉装置自右向左运动，同时铺粉滚筒正向转动，铺粉装置运动至程序设定的终点；铺粉滚筒停止转动，铺粉装置自左向右运动，按程序设定的距离返回原位。

③ 成型工作缸。成型工作缸又称为烧结槽，为活塞缸筒结构，通过步进电机驱动活塞上下运动来烧结粉末材料。

④ 废料装置。废料装置即废料桶，用于回收铺粉时溢出的粉末材料。

(4) 通风除尘装置。

通风除尘装置能及时充分地排除烟尘，避免烟尘对烧结过程和工作环境有不良的影响。

3) 计算机控制系统

计算机控制系统由计算机、应用软件、传感器和驱动装置组成。光学系统和机械系统在计算机控制系统的控制协调下工作，自动完成制件的加工成型。

(1) 计算机。

计算机包括上位机和下位机两级控制。上位机是主机，主要运行三维设计软件、切片软件、打印控制软件等。下位机是子机，主要是对成型运动进行控制，是执行机构。

(2) 应用软件。

应用软件包括三维设计软件、切片软件、数据处理软件、工艺规划软件和安全监控软件等。

(3) 传感器。

传感器属于传感检测单元，包括温度传感器和工作缸升降位移传感器。

(4) 驱动装置。

驱动装置控制各电动机完成动态聚焦系统各轴的驱动、铺粉辊的平移和自转、工作缸的上升和下降等动作。

2. SLS 典型设备

SLS 成型技术由美国的 C.R.Dechard 博士提出且研发成功并获得专利，该技术利用高强度激光将粉末烧结，直至成型。随后由美国 DTM 公司将该方法商品化，制造了第一台 SLS 成型机 Sinterstation 2000，如图 3-14 所示。目前，国内外有高校和企业对 SLS 技术做了大量深入的研发工作，获得了显著成果。比较有代表性的主要有美国 DTM 公司、3D Systems 公司和德国的 EOS 公司，以及国内的华中科技大学、中北大学、武汉滨湖机电有限公司和北京隆源自动成型系统有限公司等。

图 3-14　C.R.Dechard 博士和 Sinterstation 2000 机型

DTM 公司先后推出了 Sinterstation 2000、Sinterstation 2500 和 Sinterstation 2500 Plus 机型。其中 2500 Plus 机型相比之前的机型，成型体积增长了 10%，同时对加热系统进行了优化，从而减少了辅助时间，提高了成型速度。

3D Systems 收购 DTM 公司后，其 SLS 成型技术进一步优化。近年来，相继发布了 Sinterstation HiQ、Sinterstation Pro 140、Sinterstation Pro 230 系列成型机，激光功率高，成型速度快，充分提高材料利用率，缩短后处理时间，提高了成型制件的表面质量和精度。

EOS 公司研发制造的 SLS 成型设备主要有 Eosint S750、Eosint M250、Eosint P360 和

Eosint P700 等。Eosint S 机型用于树脂砂的直接烧结，可制造复杂的铸造砂芯和砂型；Eosint M 机型用于直接烧结金属粉末，可制造金属零件和金属模具；Eosint P 机型用于烧结热塑性塑料粉末，可制造塑料功能件及真空铸造和熔模铸造的原型。

华中科技大学已成功推出商业化的 SLS 成型设备，有 HRPS 系列(HRPS-Ⅰ、HRPS-ⅡA、HRPS-ⅢA、HRPS-ⅣA、HRPS-ⅣB、HRPS-Ⅴ)和 HRPM 系列(HRPM-Ⅰ、HRPM-Ⅱ)。HRPS-Ⅰ可用于铸造中砂型，HRPS-Ⅲ可用于高分子粉末成型。其中，HRPS-ⅢA 成型机采用 CO_2 激光器，其最大扫描速度可达 4 m/s，激光定位精度小于 50 μm，并配备了自主研发的功能强大的 HRPS'2002 控制软件，总体性能优越，可用于多种粉末材料的成型，如金属粉末、陶瓷粉末、高分子粉末和覆膜砂等。

北京隆源自动成型系统有限公司的典型 SLS 设备为 AFS 系列，先后推出了 AFS-300、AFS-320MZ、AFS-360、AFS-450 和 AFS-500 等机型。AFS-500 成型机采用激光光源为 50 W 的 CO_2 激光器，激光扫描速度为 4 m/s，最大加工尺寸可达 500 mm × 500 mm × 500 mm，成型速度快，可用于塑料件、蜡模和树脂砂的成型。

图 3-15 所示为国内外典型的 SLS 成型设备。

(a) Sinterstation 2500 Plus 机型

(b) Sinterstation iPro 机型

(c) HRPS-ⅢA 机型

(d) HRPM-Ⅱ机型

图 3-15　国内外典型的 SLS 成型设备

3.4　三维印刷成型(3DP)材料及设备

三维印刷成型(Three Dimensional Printing，3DP)是一种独特的喷墨技术。其运动方式与喷墨打印机的打印头类似，喷头在计算机控制下，有选择性地喷射黏结剂、熔融材料或光敏材料，基于堆积建造模式，实现三维实体的快速成型。

根据三维印刷成型过程中使用的材料可将 3DP 技术大致分为三类：喷墨光固化三维印

刷成型技术、熔融材料三维印刷成型技术和粉末黏结三维印刷成型技术(Three Dimensional Printing and Gluing，3DPG)。

喷墨光固化三维印刷成型技术所用的成型材料为液态光敏树脂，基于微滴喷射技术，将光敏树脂按照计算机所设计的轮廓逐层喷出，并通过紫外光迅速固化成型。该技术将光固化成型和喷射成型的优点融合在一起，大大提高了成型件的精度，也降低了成本。

熔融材料三维印刷成型技术是以熔融材料为成型材料，通过加热材料使之熔融，将其按照所设计的轮廓从喷头喷出，并逐层堆积，同时喷出相应的支撑材料成型。该技术与喷墨光固化三维印刷成型技术相比，少了紫外光固化过程，过程更加简洁。

粉末黏结三维印刷成型(又称三维喷涂黏结快速成型)是最早开发的一类三维打印成型技术，还能打印彩色原型制件，可以更大限度地适应市场的需求，应用前景广阔。粉末黏结在将固态粉末生成三维实体零件的过程中，具有诸多优势，如成型速度快、材料来源广泛、成本低、安全性较好、应用范围广等。本章节主要对该技术的材料和设备进行描述和分析。

3.4.1 三维印刷成型(3DP)材料

3DP 工艺与 SLS 工艺原理类似，均采用粉末材料成型，如陶瓷粉末和金属粉末等，且成型过程中均不需要支撑结构。两者的不同是 3DP 工艺不是通过烧结将材料粉末结成一体，而是通过喷头喷射的黏结剂，将制件的截面“印刷”在材料粉末上面。用黏结剂黏结的原型制件强度较低，表面质量较差，往往还须后处理。后处理过程主要是先烧掉黏结剂，然后在高温下渗入金属，使零件致密以提高强度。

1. 3DP 成型材料的性能要求

3DP 工艺使用的成型材料包括粉末材料、与之匹配的黏结材料以及后处理材料，为了满足成型要求，需要综合考虑粉末、相应黏结剂的成分和性能。

1) 粉末材料的性能要求

(1) 颗粒小，最好接近球形，大小均匀，无明显团聚现象。要求颗粒形貌尽量接近圆球形或圆柱形，颗粒较小，粒径大小均匀适中。颗粒粒径太小，流动性就差，黏结剂渗透难度增加，则打印过程中易扬尘，容易导致打印喷头堵塞；粒径太大，流动性虽好，但会影响黏结强度，影响打印精度。3DP 工艺采用的粉末粒度一般在 50～125 μm 之间。若粉末材料的颗粒过于粗糙，就会导致制件表面出现模糊现象，无法准确展现精细和复杂的结构。为解决这一缺陷，可在粉末材料中添加一定比例的成膜特性好的水溶性高分子聚合物材料，从而提高制件表面的清晰程度。

(2) 粉末流动性好，且尽量不含有杂质，不易使供粉系统堵塞，能铺成薄层。粉末材料的细致度也应该控制在一定的范围内，使用颗粒均匀、流动性好、与辊子的摩擦系数低的粉末材料，可有效改善制件表面的质量。

(3) 黏结剂喷射到粉末材料表面时不会产生凹陷、溅散和孔洞。粉末材料应具有一定的质量，以免黏结剂喷射在粉末材料表面后出现凹凸不平的小坑或飞溅等现象，从而造成模型表面质量降低。

(4) 粉末材料能迅速与黏结剂相互黏结并快速固化。

(5) 粉末材料应该保证无毒、无污染，价格低廉。

2) 黏结剂的性能要求

(1) 黏结剂为易于分散、性能稳定的液体，可以长期储存。

(2) 黏结剂对喷头的材料无腐蚀作用。

(3) 黏结剂不易干涸，能延长喷头的抗堵塞时间。黏结剂中应添加少量抗固化成分，以免喷头易堵塞而需频繁更换。

(4) 黏结剂黏度足够低，表面张力足够高，能按预期设计的流量从喷头中喷射出，且易于粉末材料的迅速黏结。

(5) 黏结剂必须和成型材料粉末具有很好的界面相容性和渗透性。若黏结剂和粉末材料的界面相容性较差，则黏结效果差。为了实现黏结剂的快速渗透和润湿，黏结剂的流动性能也非常重要。可以选择黏度足够低、表面张力足够高、流动性足够好的黏结剂，提高黏结剂的粘连效果。

(6) 黏结剂材料要求无毒、无污染，价格低廉。

3) 后处理材料的性能要求

(1) 后处理材料与成型制件相匹配，不破坏制件的表面质量。

(2) 后处理材料能够迅速与成型制件作用，处理速度快。

(3) 后处理材料是稳定、能长期储存的液体。

(4) 后处理材料应该无毒、无污染，价格低廉。

2. 3DP 成型粉末材料的种类及特点

3DP 工艺使用的成型粉末材料来源广泛，包括金属粉末、陶瓷粉末、石膏粉末、彩色砂岩粉末和功能性粉末等材料。

1) 金属粉末材料

使用 3DP 工艺制造金属零件时，金属粉末材料(如铁基合金、钛合金、镍基合金和铝合金等)被一种特殊的黏合剂黏结成型，将制件从成型设备中取出后，再放入熔炉中烧结，即可得到金属零件成品，如图 3-16 所示。

图 3-16　金属粉末材料及其成型制件

3DP 成型工艺中的金属粉末材料应用市场非常广阔，服务领域包括模具、刀具、密封件等制造行业。使用 3DP 工艺可以将铸造用砂制成模具，用于传统的金属铸造，是一种间接制造金属产品的方式。与 SLS、SLM 技术相比，3DP 成型方法能耗低，设备成本低。金属材料的 3DP 成型工艺近年来逐渐成为整个 3D 打印行业内的研究重点，尤其是在航空航天、国防等一些重大领域。直接用金属粉末烧结成型三维零件是快速成型制造的最终目标之一。

随着 3D 打印技术的成熟，金属材料的形态也越来越丰富，如粉状、丝状、带状等，金属材料将在生物医学、航空航天等领域具有广阔的应用前景和生命力。根据不同的用途，金属材料制备的工件要求强度高、耐腐蚀、耐高温、比重小、具有良好的可烧结性等。同时，还要求材料无毒、环保，性能要稳定，能够满足打印机持续可靠运行。材料功能应该越来越丰富，例如现在已对部分材料提出了导电、水溶、耐磨等要求。

2) 陶瓷粉末材料

普通陶瓷材料采用天然原料，如黏土、长石和石英等烧结而成，是典型的硅酸盐材料，主要组成元素是硅、铝、氧，如图 3-17 所示。3D 打印制品属于特种陶瓷的范畴。特种陶瓷采用高纯度人工合成的原料，利用精密控制工艺烧结成型，一般具有某些特殊性能，以适应各种市场需求。特种陶瓷根据用途不同可分为工具陶瓷、结构陶瓷、功能陶瓷。陶瓷材料性能优势明显(具体如表 3-2 所示)，陶瓷粉末三维打印成型对于模具工业、微细加工以及医学工程等方面具有重要的意义，服务领域包括汽车、生物乃至航空航天等。

(a) 氧化铝粉末

(b) 氮化硅粉末

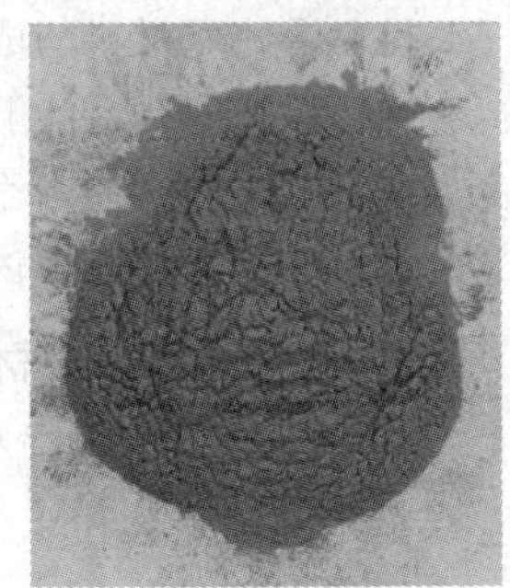

(c) 碳化硅粉末

图 3-17　陶瓷粉末材料

表 3-2　陶瓷材料的性能优势

陶瓷材料性能	优势及应用
硬度	是工程材料中刚度最好、硬度最高的材料，硬度大多在 HV1500 以上
强度	抗压强度较高，但抗拉强度较低，塑形和韧性很差
熔点	一般具有很高的熔点(大多在 2000℃以上)，并且能够在高温下呈现出极好的化学稳定性
隔热性	良好的隔热材料，导热性低于金属材料，同时陶瓷的线膨胀系数比金属低，当温度发生变化时，陶瓷具有良好的尺寸稳定性
抗腐蚀性能	在高温下不容易氧化，并对酸、碱、盐具有良好的抗腐蚀能力
光学性能	独特的光学性能，可用作光导体纤维材料、固体激光器材料、光储存器等。透明陶瓷可用于高压钠灯管等
磁性	磁性陶瓷(铁氧体如：$MgFe_2O_4$、$CuFe_2O_4$、Fe_3O_4)在录音磁带、唱片、变压器铁芯、大型计算机记忆元件方面有着广泛的应用

3) *石膏粉末材料*

石膏粉末的化学本质是硫酸钙，属于六方晶系，粒径约在 100 μm 左右，是 3DP 成型工艺中应用较早、较为成熟的粉末之一，如图 3-18 所示。石膏粉末的应用领域主要包括食品加工、生物医学、工艺品等行业。

图 3-18　石膏粉末材料

相对于其他 3D 打印材料而言，石膏粉末材料具有诸多优势：

(1) 颗粒精细，直径易于调整；

(2) 价格低廉，无毒无污染；

(3) 成型速度快，成型精度和强度好；

(4) 模型表面呈沙粒感、颗粒状，有一定的视觉效果，满足艺术创作需要；

(5) 材料本身为白色，打印模型可实现彩色；

(6) 唯一支持全彩色打印的材料，可用于建筑模型。

4) *彩色砂岩粉末材料*

砂岩是一种沉积岩，主要由砂粒胶结而成，其中砂粒含量大于 50%。绝大部分砂岩是由石英或长石组成的。砂岩的颜色和成分有关，常见的颜色有红色、黄色、灰色、白色和棕色。用彩色砂岩制作的真彩色 3D 模型，其表面具有颗粒感，色彩感也较强，颜色层次和分辨率都很好，普遍用于制作模型、人像、建筑模型等室内展示物，如图 3-19 所示。作为 3D 打印材料，彩色砂岩亟待解决的问题是其材质较脆，易碎，不利于长期保存，也不适宜打印一些常置于室外或极度潮湿环境中的对象。

图 3-19　彩色砂岩粉末材料成型制件

5) 功能性粉末材料

除了上述粉末材料外，功能性的复合材料和新材料也逐渐成为3DP成型工艺研究和应用的热点，如ZCast501材料、ZP14材料、弹性收缩材料、高性能复合材料、功能梯度材料和石墨烯等。

3. 3DP成型黏结剂材料的种类及特点

3DP成型工艺所使用的黏结剂大致分为液体和固体两类。另外，实践研究表明，针对不同类型的黏结剂，增加一定的增溶剂、增流剂和表面活性剂等添加剂，可以增加黏结剂的溶解，调节溶液表面张力，提高喷头的使用寿命。

1) 液体黏结剂材料

(1) 以下液体黏结剂不具备黏结作用：

① 淀粉基复合粉末所采用的黏结剂是水溶性混合物粉末，例如水溶性聚合物、碳水化合物、糖、糖醇，以及一些有机/无机混合物等。淀粉基复合粉末可采用水基黏结溶液，其溶剂一般是水、乙醇等。适当的增流剂可选择异丙醇、水溶性聚合物等。湿润剂有甘油、多元醇等。

② 石膏粉末可选择一定量的聚乙烯醇和甲基纤维素作为黏结剂，蒸馏水为溶液，甘油、乙二醇为湿润剂，速凝剂为少量硬石膏，分散剂为少量白炭黑，在三维打印成型中具有良好的效果。

(2) 以下液体黏结剂具有黏结作用：

UV胶等液体黏结剂有黏结作用，可应用于金属粉末、陶瓷粉末、砂岩粉末和复合材料等。

(3) 以下液体黏结剂与粉末反应：

有些黏结剂能与粉末发生反应，如酸性硫酸钙等，添加剂有甲醇、乙醇、聚乙二醇、丙三醇、柠檬酸、硫酸铝钾、异丙醇等，可应用的粉末类型有陶瓷粉末和复合材料粉末。

2) 固体粉末黏结剂材料

固体粉末黏结剂应用范围不如液体粉末广泛，可作为黏结剂的有聚乙烯醇(PVA)粉、糊精粉末、速溶泡花碱等，添加剂包括柠檬酸、聚丙烯酸钠、聚乙烯吡咯烷酮(PVP)，也可作用于陶瓷粉末、金属粉末和复合材料粉末。

为满足不同打印产品的性能要求，不同的打印材料所适用的黏结剂的类型也有所不同，这使得三维喷涂黏结快速成型技术对黏结剂的要求也越来越高。为了制作出模型精度和表面质量都较好且不易变形的模型制件，要求对原有的黏结剂进行性能改善，不断开发出新型黏结剂。

3.4.2 三维印刷成型(3DP)设备

1. 3DP成型系统组成

3DP成型系统主要由喷墨系统，X、Y、Z运动系统和机械系统三部分组成，如图3-20所示。

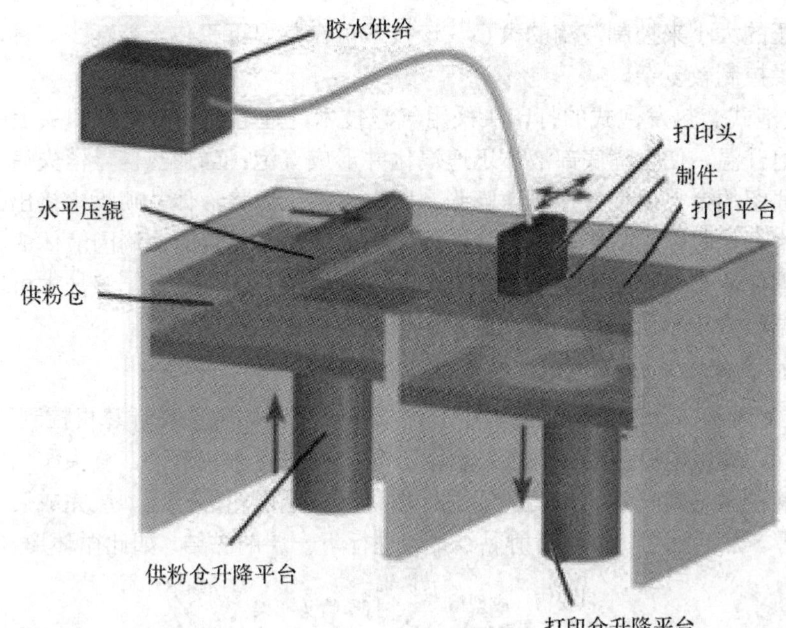

图 3-20　3DP 成型系统组成图

1) 喷墨系统

3DP 工艺的喷墨系统采用与喷墨打印机类似的技术，但由于 3DP 技术的特殊性，喷头喷射出的不是普通墨水，而是一种黏结剂，要求把黏结剂作为墨水打印以黏结成型材料。目前，主要的喷墨系统有两种：连续式(Continuous Ink Jet，CIJ)和点滴式(Drop-On-Demand ink Jet，DOD)。

(1) 连续式喷墨系统。

连续式喷墨系统主要是利用压电驱动装置对喷头中的墨水加以固定压力，使其连续喷射。液滴发生器中的振荡器发出振动信号，激励射流生成均匀的液滴；液滴在极化电场中获得定量的电荷，当通过外加偏转电场时，液滴落下的轨迹被精确控制，液滴沉积在预定位置。而不带电的液滴将积于集液槽内回收，进入下一个循环。三维喷涂黏结快速成型工艺中，其喷嘴一般具有多个，具有多喷嘴的连续式喷墨系统的成型速度每层可达 0.025 s(假设每层面积 0.5 mm × 0.5 mm)。

(2) 点滴式喷墨系统。

点滴式喷墨系统又称为按需滴落式喷墨系统，该技术根据需要有选择地喷射液滴，即根据系统控制信号，在需要产生喷射液滴时，系统给驱动装置一个激励信号，喷射装置产生相应的压力或位移变化，从而产生所需要的液滴。具有多喷嘴的点滴式喷墨系统的成型速度每层可达 5 s (假设每层面积 0.5 mm × 0.5 mm)。常用的点滴式喷墨系统主要有压电式和热发泡式两类。

① 压电式。压电式主要是根据电压直接转换原理，利用压电陶瓷的压电效应。当压电陶瓷的两个电极加上电压后，振子会发生弯曲变形，使得腔体内的液体产生一个压力，且这个压力以声波的形式在液体中传播。在喷嘴处，若该压力的作用大于液体的表面张力，其能量足以形成液滴的表面能，则在喷嘴处的液体就能脱离喷嘴而形成液滴。该技术可以

通过控制电压的大小来控制液滴的大小。该技术可在常温下工作，能耗少，寿命长，但喷射速度较慢，控制较复杂。

② 热发泡式。热发泡式的打印头采用气泡技术，通过加热喷墨打印头上的电加热元件，使其迅速升温，使喷嘴底部液体迅速汽化并形成气泡；当加热信号消失后，加热元件冷却降温，残留的余热促使气泡迅速膨胀，所产生的压力将液体从喷嘴中挤出。加热元件冷却后热气泡开始收缩，喷头前端的液滴因挤压而喷出，后端的液滴因液体的收缩开始分离，气泡收缩使液滴与喷嘴内的液体完全分开，完成一个喷墨过程。该技术可以通过改变加热元件的温度来控制所喷出的液滴的量，以保证一定的打印精度。

2) *X*、*Y*、*Z* 运动系统

如图 3-21 所示，*X* 轴和 *Y* 轴组成平面扫描运动框架，喷头在计算机控制下在 *X*-*Y* 平面作扫描运动，伺服电机驱动控制工作台沿 *Z* 轴方向进行垂直运动。喷头作扫描运动的同时喷射微熔滴，微熔滴喷射出来后瞬间固化堆积形成层面轮廓。当一层完成后，工作台再下降一个层厚，然后铺粉，继而喷射黏结剂，进行下一层的黏结，如此循环形成原型制件。

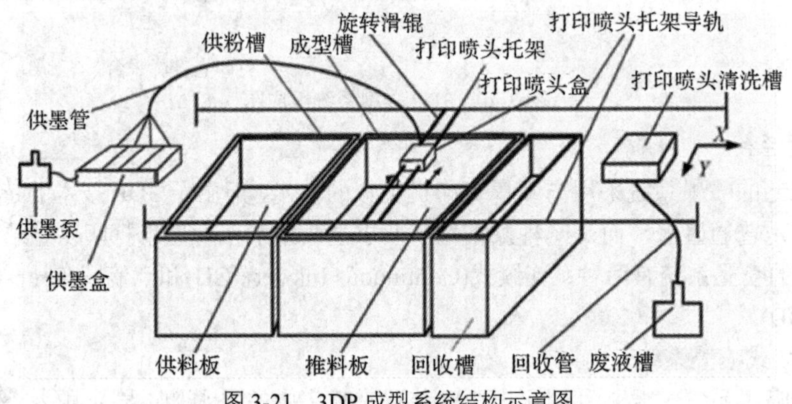

图 3-21　3DP 成型系统结构示意图

扫描机构几乎不受载荷，由于其运动速度较快，具有运动惯性，因而具有良好的随动性。*Z* 轴也应具备一定的承载能力和运动平稳性。

3) 机械系统

机械系统主要包括成型工作缸、供料工作缸、铺粉辊装置和余料回收系统等结构。当上一层黏结完毕后，成型工作缸平台向下移动一定距离(等于层厚)，供粉工作缸上升一高度，推出若干粉末，并被铺粉辊推到成形工作缸，铺平并被压实。铺粉辊铺粉时多余的粉末被余料回收系统收集。如此周而复始地送粉、铺粉和喷射黏结剂，层层递进，最后得到的零件整体是由各个横截面层层重叠起来的，最终完成一个三维粉体的黏结。

2. 3DP 典型设备

3DP 成型技术由美国麻省理工学院(MIT)的 Emanual Saches 教授于 1989 年申请专利。1995 年，美国的 Z Corporation 公司获得 MIT 授权，改进了 3DP 技术，随后推出一系列 3DP 成型设备，如图 3-22 所示 Z150、Z510、Z650 等机型。除 Z150 机型制作白色模型以外，其余 Z 系列的 3D 打印机可通过对墨盒数量及颜色的控制打印彩色原型制件，可以更大限度地适应市场需求，应用范围更加广泛。Z Corporation 公司成为彩色快速成型技术领域的先行者和领导者。

(a) Emanual Saches 教授

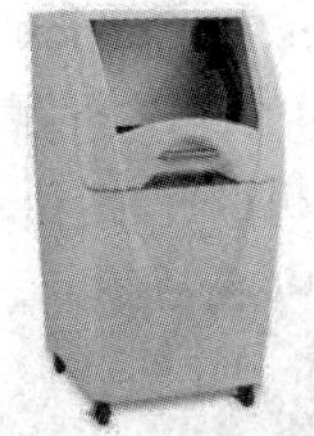

(b) Z150 机型

(c) Z510 机型

(d) Z650 机型

图 3-22　Emanual Saches 教授和 Z Corporation 公司 Z 系列的 3DP 成型设备

除 Z Corporation 公司以外，目前，3DP 成型技术与设备的国外典型代表还有美国的 3D Systems 公司(后期收购了 Z Corporation 公司)、Solidscape 公司(后期被 Prodways Group 公司收购)和以色列的 Objet Geometries 公司等。

如图 3-23 所示，3D Systems 公司目前主要推出 Personal Printer 系列与 Professional 系列。Personal 3DP 设备主要是面向小客户，如 Glider、3D Touch 和 ProJet 1000、ProJet 1500、V-Flash 等个人打印机。其中，3D Touch Printer 增加了触摸屏，型号类型多样化，有单头、双头和三头等，价格适中。ProJet 1000、ProJet 1500 和 V-Flash 个人打印机具有更高的打印速度和分辨率，打印的模型制件耐久性更好，色彩也更加明亮。该公司还开发了专业级 ProJet SD3000、ProJet CPX3000、ProJet 5000、ProJet 6000 等高端系列打印机。

(a) 3D Touch Printer 机型

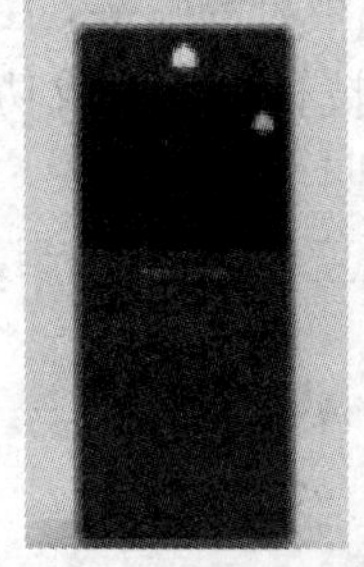

(b) ProJet CPX3500 机型

(c) ProJet 6000 机型

图 3-23　3D Systems 公司典型的 3DP 成型设备

Objet Geometries 公司典型的 3DP 成型设备主要有 Eden 系列、Connex 系列和桌上型 3D 打印机等。如图 3-24 所示，Eden 系列主要型号有 Eden350V、Eden350 和 Eden500V™ 等，Eden350V、Eden350 打印的模型制件质量高，可制作精细超薄结构，Eden500V™ 制作的模型制件曲面轮廓持久如新，非常精细，表面质量高，可制作大尺寸模型，且在同一托盘上可同时制作多个模型，提高了打印效率。Connex™ 系列有 Connex500™、

Connex350^{TM}和 Objet260 Connex^{TM}等，其中，Connex500^{TM}机型是有史以来第一台支持多种模型材料同时打印的 3D 打印机，开创了混合材料打印的先河。桌上型 3D 打印机有 Objet24、Objet30 等机型，具有体积小、质量轻、操作方便等优点，适合家用和办公。

(a) Eden350V 机型

(b) Connex350^{TM}机型

(c) Objet260 Connex^{TM}机型

(d) Objet30 机型

图 3-24　Objet Geometries 公司典型的 3DP 成型设备

我国在 3DP 成型技术与设备的研发中也取得了一定的研究成果，典型代表有清华大学、中国科技大学、西安交通大学、河南筑诚电子科技有限公司和上海富奇凡机电科技有限公司等。中国科技大学自行研制出八喷头组合液滴喷射装置，西安交通大学研制出一种基于压电喷射机理三维印刷成型机的喷头，上海富奇凡机电科技有限公司研制出 LTY 粉末黏结打印机，河南筑诚电子科技有限公司成功研制出 DMP 系列打印机等，如图 3-25 所示。其中，DMP 系列打印机配备四个打印喷头，成型材料为特定配方的石膏粉与黏结剂，可以成型全彩模型，打印成型速度快，制件精度较高。

(a) LTY 粉末黏结打印机

(b) DMP 系列打印机

图 3-25　国内典型的 3DP 成型设备

3.5　分层实体制造成型(LOM)材料及设备

薄层材料分层实体制造成型，又称叠层实体制造技术，英文名称 Laminated Object Manufacturing，简称 LOM。该技术本质上是一种薄片材料叠加技术，是在计算机控制下，通过热压装置使材料逐层黏结在一起来成型制件。LOM 成型技术是目前最为成熟的快速成型制造工艺之一。通过 LOM 工艺得到的模型制件无内应力，制件翘曲变形小，且无需支撑材料，成本低廉，成型制件精度较高。

3.5.1　分层实体制造成型(LOM)材料

LOM 分层实体制造成型工艺中的成型材料包括三个方面：薄层材料、黏结剂和涂布工艺。LOM 成型中的成型材料为单面涂覆有热熔性黏结剂的薄层材料，层与层之间的黏结是靠热熔胶保证的。LOM 材料一般包含薄层材料和黏结剂两部分。图 3-26 所示为 LOM 材料成型制件。

1. LOM 成型材料的性能要求

为保证成型零件的质量，同时又考虑成本，需要综合考虑材料品质的优劣，如强度、硬度、黏结性能、可剥离性和防潮性能等。

1) 薄层材料性能要求

(1) 抗湿性。抗湿性保证纸原料(卷轴纸)不会因时间长而吸水，从而保证热压过程中不会因水分的损失而产生变形和黏结不牢。薄层材料容易吸潮变形，需要调节环境的湿度，或进行防潮后处理。在快速成型过程中和成型之后，材料纸会不断地吸收空气中的水分，从而导致 Z 方向上的尺寸不断增大，因此，当剥离废料获得成型制件后，应立即在制件表面喷上一层薄铝，防止水分继续侵入，可以保持制件长期稳定不变形。

(2) 浸润性。薄层材料应保证良好的浸润性和涂胶性能。

(3) 抗拉强度。薄层材料应保证加工过程中不会被拉断。

(4) 收缩率小。薄层材料应保证热压过程中不会因水分的损失而产生变形，可用纸的收缩率参数计量。

(5) 剥离性能好。在成型制件加工完成后，剥离时的破坏发生在薄层材料(如纸)内部，因此要求薄层材料的垂直方向抗拉强度不是很大。

(6) 易打磨，表面光滑。薄层材料易打磨，且成型制件表面光滑。

(7) 稳定性。薄层材料应保证成型零件可以长时间保存。

LOM 成型过程中，对基体薄层材料的总体要求是厚薄均匀，与黏结剂有较好的涂挂性和黏结能力，且力学性能良好。

2) 黏结剂材料性能要求

(1) 热熔冷固性能。黏结剂材料应具有良好的热熔冷固性能，约 70℃～100℃开始熔融，室温下即能固化。

(2) 力学性能。为保证制件的形状和尺寸，黏结而成的制件的硬度要高。

(3) 物理化学性能。在反复熔融、固化的过程下，黏结剂材料应具有较好的物理化学性能。

(4) 涂挂性和涂匀性。黏结剂材料熔融状态下与薄片材料有较好的涂挂性和涂匀性。

(5) 黏结性能。黏结剂材料与薄层材料(如纸)具有足够的黏结强度，其黏结强度要大于纸张的内聚强度，即在进行黏结破坏时，纸张发生内聚破坏，而黏结层不发生破坏。

(6) 良好的废料分离性能。成型制件与废料之间具有良好的分离性能。

(7) 工艺性能。黏结剂材料工艺性能良好，在纸张表面进行涂布时其涂布性要好，在热压过程中防止发生起层现象。

LOM 成型过程中，对黏结剂材料的基本要求是，通过热压装置的作用能使得材料逐层黏结在一起，成型所需制件。

2. LOM 成型粉末材料的种类及特点

1) *薄层材料*

根据对原型件性能要求的不同，薄片材料可分为：纸片材、陶瓷片材、金属片材、塑料薄膜和复合材料片材。因为涂覆纸价格较为便宜，纸片材应用最多。LOM 工艺所用的纸一般是在其背面涂布了热熔树脂胶。这种类型纸的成本较低，基底在成型过程中不发生状态改变，始终保持固态形状，因此其成型制件的翘曲变形小，非常适合于大、中型零件的成型制作，如图 3-26 所示。

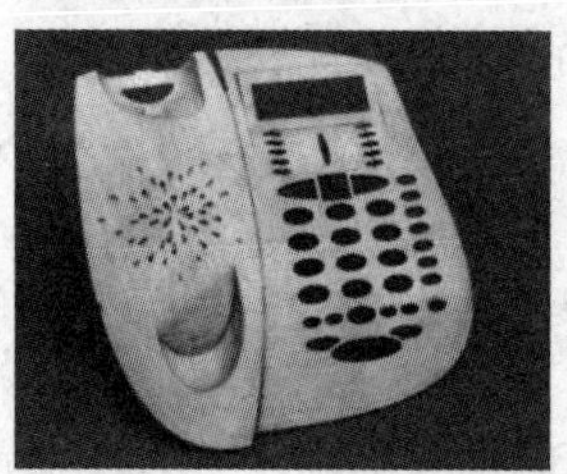

图 3-26　LOM 材料成型制件

LOM 成型工艺中选择纸材时应遵循以下基本要求：

(1) 形状为卷筒纸，可保证成型材料能够被可靠地送入设备，便于系统工业化地连续加工。

(2) 纤维的组织结构好，质量好的纸纤维长且均匀，纤维间保持一定间隙。

(3) 纸的厚度要适中，根据成型制件的精度及成型时间的要求综合确定。

(4) 涂胶后的纸厚薄必须均匀。若纸的厚薄不均匀，制件高度方向上的精度较难以保证。可以通过改进涂胶方法，提高材料纸厚的均匀程度。

(5) 力学性能好。纸在受拉力的方向必须有足够的抗张强度，便于纸的自动传输和收卷。由于主要采用纸片材作为基体，又需要剥离废料，因此制作复杂的薄壁件非常困难，需要注意提高制件的强度和刚度。

2) 黏结剂材料

常用于 LOM 涂覆纸的黏结剂材料一般为含有某些特殊添加剂组分的热熔胶。按基体树脂划分，主要有乙烯-醋酸乙烯酯共聚物型热熔胶、聚酯类热熔胶、尼龙类热熔胶或其混合物。

目前 EVA 型热熔胶需求量最大，应用最广。EVA 型热熔胶由共聚物 EVA 树脂、蜡类、抗氧剂和增粘剂等组成。加入适量的蜡类，能够降低共聚物的熔融黏度，改善热熔胶的湿润性和流动性，同时防止热熔胶出现存放结块或表面发黏等状况。抗氧剂的作用是防止热熔胶热分解、胶变质和胶接强度下降，延长胶的使用寿命。加入适量的增黏剂可以增加对被黏物体的表面黏附性和胶接强度，同时改善热熔胶的扩散性和流动性，提高黏结面的初黏性和湿润性。

3) 涂布工艺

涂布工艺涉及两个方面，分别是涂布形状和涂布厚度。

涂布形状指的是涂布方式，有两种：均匀式涂布和非均匀式涂布。前者采用狭缝式刮板进行涂布，后者采用条纹式和颗粒式两种涂布方式。非均匀涂布形状多样，可以减少应力集中现象，但一般其涂布设备较为昂贵。

涂布厚度是指在纸材上所涂的热熔胶的厚度。其选择原则是在保证层与层制件可靠黏结的情况下，尽可能涂得薄，即厚度值为最小，防止出现成型制件有变形、错移和溢胶等缺陷。

3.5.2　分层实体制造成型(LOM)设备

1. LOM 成型系统的组成

LOM 成型系统主要由以下几部分构成：切割系统、升降系统和数控系统、加热系统、原料供应与回收系统，如图 3-27 所示。

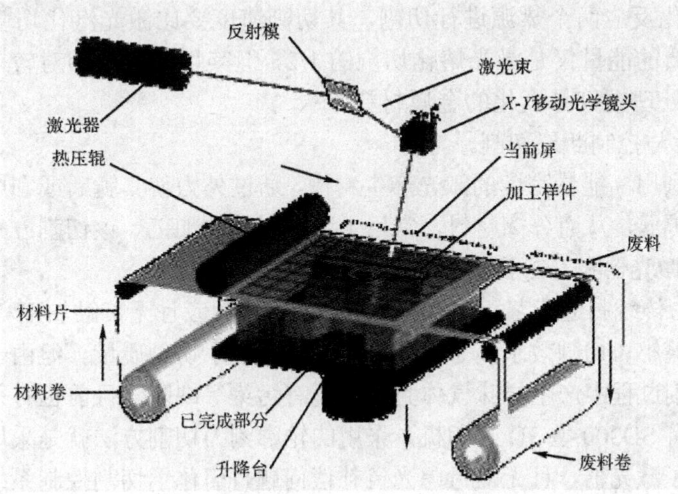

图 3-27　LOM 成型系统组成图

1) 切割系统

LOM 成型工艺中的轮廓切割主要采用激光切割系统。该系统主要由 CO_2 激光器、激光头、电动机和外光路等组成。激光器功率一般为 20～50 W。激光能量的大小直接影响切割材料的厚度和切割速度。激光头在 *X*-*Y* 平面上由两台伺服电动机驱动作高速运动。为保证激光束能够恰好切割当前层的材料而不损伤已成型的部分，激光切割速度与功率自动匹配控制。外光路由一组集聚光镜和反光镜组成，切割光斑的直径范围是 0.1～0.2 mm。激光切割系统按照计算机提取的横截面轮廓线，逐一在工作台上方的刚黏结的新层材料上切割出零件截面轮廓线和工件外框，并将截面轮廓与外框之间多余的区域内切割出上下对齐的小方网格，以便在成型之后能剔除废料。切碎网格尺寸的大小直接影响着废料剥离的难易和原型的表面质量。网格尺寸的大小也影响制作效率。

激光切割可分为激光汽化切割、激光熔化切割、激光氧化切割和激光划片与控制断裂切割四种。

(1) 激光汽化切割。

激光汽化切割是利用高能量密度的激光束加热工件，使材料在非常短的时间内汽化，形成蒸气。这些蒸气的喷出速度很大，在蒸气喷出的同时，在材料上形成切口。一般来说，激光汽化切割时要有足够高的功率密度，可达 10^8 W/cm^2，约为激光熔化切割功率密度的 10 倍。激光汽化切割常用于切割较薄的金属材料和非金属材料(如陶瓷材料等)。

(2) 激光熔化切割。

激光熔化切割时，用激光加热使金属材料熔化，然后通过与光束同轴的喷嘴喷吹辅助气体(如高压氮气)或其他惰性气体，依靠气体的强大压力使液态金属排出，形成切口。激光熔化切割时所需激光束的功率密度仅为激光汽化切割的 1/10 左右，常用于不易氧化的材料或者不活泼金属的切割，如不锈钢、钛、铝及其合金等。

(3) 激光氧化切割。

激光氧化切割是用激光作为预热热源，用氧气等活性气体作为切割气体。喷吹出的气体一方面与切割金属作用，发生氧化反应，放出大量的氧化热；另一方面把熔融的氧化物和熔化物从反应区吹出，在金属中形成切口。相当于激光氧化切割是利用激光热能和辅助气体的氧化反应两个热源进行切割，其切割速度要比激光汽化切割和激光熔化切割快得多，所需要的能量仅是激光熔化切割的 1/2，但其切割质量相对较差，主要用于碳钢、钛钢以及热处理钢等易氧化的金属材料。

(4) 激光划片与控制断裂切割。

激光划片是利用高能量密度的激光产生沟槽，通过外力使其脆断或利用激光诱导热应力，并控制裂纹扩展，从而分离材料，常用于脆性材料的加工。该切割方式所使用的激光器一般为 Q 开关激光器和 CO_2 激光器。

总体来说，与传统制造工艺相比，激光切割采用热效应且无接触加工，具有热变形小、能量密度高、切缝小、切割效率高等优势，有效地保证了切割质量。但由于激光切割系统成本高、激光切割过程中产生异味气体且对环境有污染等缺陷，目前也有采用刻刀切割的形式，典型代表有 SD300 型 3D 打印机，采用的轮廓刻刀切割方法就是采用机械刻刀。这种切割方式取消了激光器，且无需考虑光斑补偿问题，简化了切割控制系统，降低了设备成本，同时也提高了切割质量。

2) *升降系统和数控系统*

可升降工作台用于支撑模型工件。激光切割每完成一层加工，工作台就会自动下降相应的高度(一个层厚，约 0.1～0.2 mm)，数控系统执行计算机发出的指令，控制材料的送进，将材料逐步送至工作台的上方，然后黏合、切割，最终形成三维工件原型。

3) *加热系统*

加热系统又称热碾压机构，由热压辊或热压板、温控器、步进电机等组成。温控器包括温度传感器和控制器，用于温度测量和进行闭环温度控制。热压辊或热压板温度与压力的设置应根据原型层面尺寸大小、薄层材料厚度及环境温度来确定。薄层材料单面涂覆一层热熔胶，通过热压辊或热压板的压力和传热作用使材料表面熔化，使薄层材料黏合在一起。每当送料机构送入新的一层材料后，热碾压机构就往返工作一次。

4) *原料供应与回收系统*

原料供应系统工作原理图如图 3-28 所示。原料供应系统包括原材料储存及送料机构，将存于其中的原材料(如底面有热熔胶和添加剂的纸材)逐步送至工作台的上方。该机构由直流电动机、原材料存储辊、送料夹紧辊、导向辊、废料辊等组成。原料纸套在原材料存储辊上，材料的一端经过送料夹紧辊、导向辊黏于废料辊上。送料时，送料电动机旋转一定角度，带动纸料行走。在完成当前层的铺覆工作后，送料机构就会重复上述动作，铺设下一层材料。原料回收系统一般为收纸辊部件。电动机驱动收纸辊轴转动，使收纸辊旋转，实现收纸。

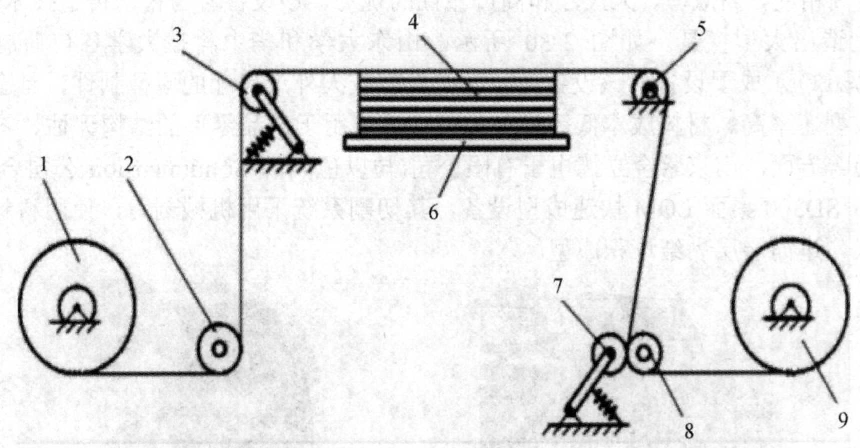

1—收纸辊；2—调偏机构；3—张紧辊；4—切割后的原型

5、8—支撑辊；6—工作台；7—压紧辊；9—送纸辊

图 3-28　原料供应系统工作原理图

2. LOM 典型设备

1984 年，LOM 技术由美国的 Michael Feygin 公司研发并申请专利。后由其组建的 Helisys 公司(后为 Cubic Technologies 公司)于 1992 年研发出第一台商业化 LOM 快速成型设备 LOM-1015 机型(如图 3-29 所示)，成为快速成型技术商业化应用的先驱。该公司后续推出了 LOM-2030 成型设备，其最大加工范围为 810 mm × 555 mm × 500 mm，成型时间比早期生产的设备缩短了 30%。

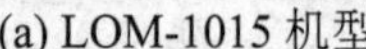

(a) LOM-1015 机型

(b) LOM-2030 机型

图 3-29　Helisys 公司典型的 LOM 成型设备

LOM 成型方法和设备问世以来得到迅速发展。目前从事 LOM 工艺研究与设备制造的公司除了 Helisys 公司以外，国际上还有日本的 Kira 公司、瑞典的 Sparx 公司、新加坡的 Kinergy 精技机电有限公司(如 ZIPPY 型薄形材料选择性切割成型机)和韩国理工学院。日本的 Kira 公司的典型 LOM 设备为 PLT 系列薄层材料成型设备，如 PLT-A4 机型采用了一种超硬质刀切割和选择性黏结的方法。韩国理工学院研发的 LOM 技术中，成型制件在成型后极易去除废料。

我国的清华大学、华中理工大学、山东大学、华中科技大学、南京紫金立德电子有限公司、上海富奇凡机电科技有限公司和北京殷华激光快速成型与模具技术公司等机构也在进行 LOM 成型设备的相关研制工作。清华大学研制了两种 LOM 成型设备，分别为 SSM-500 机型和 SSM-1600 机型。其中，SSM-1600 机型适合制造特大规格尺寸的原型制件，具有高精度、高效率、大尺寸和高可靠性的优势。该设备若与精密铸造技术相结合，可生产制造出大型模具。如图 3-30 所示，山东大学和华中科技大学各自研制生产了 HRP-Ⅲ型 LOM 成型设备，该设备适合制作具有较大外形尺寸的原型制件，具有制件精度高、成型速率高、材料成本低等优势，可广泛应用于产品零件的结构评估、零部件的装配检验等方面。南京紫金立德电子有限公司(与以色列的 Solidimension 公司合作)推出的 Solido SD300 桌面 LOM 快速成型设备，其切割系统采用机械刻刀，使用材料为工程塑料薄膜，进而层层黏结堆积成型。

(a) HRP-ⅢA 机型

(b) Solido SD300 机型

图 3-30　国内典型的 LOM 成型设备

3.6　其他快速成型技术的材料及设备

近年来，在传统的快速成型工艺基础上，快速成型技术在新材料的开发和新设备的研制等多方面都取得了重大进步。随着新材料的不断涌现和利用，也使相应快速成型设备的结构、成型制件的品质以及成型效益等方面产生质的飞跃。特别是特殊材料在快速成型技术中得到应用和推广。目前，可通过改进原有快速成型技术中所用的材料性能，使其尽可能接近工程材料；或者开发新的材料，如智能材料、功能梯度材料、纳米材料和复合材料(高分子复合材料、陶瓷复合材料和金属复合材料)等。未来，快速成型材料的种类、形态将得到进一步拓展，价格会持续下降，而精度、强度、稳定性、安全性也会更加有保障。随着快速成型技术的不断研发，快速成型技术正向着高性能、系列化和商品化的方向快速发展。

3.6.1　金属材料快速成型技术

金属零件快速成型技术是 3D 打印体系中最为前沿和最具潜力的技术，是目前先进制造技术的重要发展方向。金属材料的快速成型技术在航天航空、生物医疗、模具制造及艺术领域有着广泛应用。目前，应用比较成熟的金属材料快速成型技术主要有激光选区熔化制造技术(SLM)、电子束熔化成型技术(EBM)、电子束选区熔化制造技术(EBSM)、电子束熔丝制造技术(EBF3)、形状沉积制造技术(SDM)、激光近净成型技术(LENS)等。

1. 金属 3D 直接打印成型材料

金属 3D 直接打印成型技术仍属于增材制造的范围，材料利用率极高。目前该技术的金属材料主要有黑色金属、有色金属等。其中，黑色金属包括不锈钢和高温合金等，有色金属包含铝及其合金、钛及其合金、铜基合金等。

1) 黑色金属

(1) 不锈钢。

不锈钢具有耐腐蚀性、耐高温氧化和不易损坏等优点，同时不锈钢坚硬，而且有很强的牢固度，是最廉价的金属 3D 直接打印成型材料。不锈钢粉末采用 SLS 技术进行 3D 烧结，可以选用白色、银色以及古铜色的颜色。经过 3D 打印成型所得的不锈钢制件存在容易生锈、制品表面略显粗糙等缺陷，故只可用于中小型雕塑、工艺品以及功能构件等领域。不锈钢材料如图 3-31 所示。

图 3-31　不锈钢材料

(2) 高温合金。

高温合金强度高，化学性质稳定，同时具有不易成型加工、用传统加工工艺成本较高的缺陷，因此利用金属 3D 直接打印技术来成型制备金属零件具有明显优势，主要应用于航空航天、化工零件、牙冠和骨科植体等领域。目前应用于金属 3D 打印的高温合金主要有镍基合金(IN625、IN718)和钴基合金(F75、HS188)等。以钴基合金中的钴铬合金为例，其具有高强度、耐腐蚀性强、良好的生物相容性以及无磁性等优势，可作为外科植入物(包括合金人工关节、膝关节和髋关节等)，也可应用于发动机部件以及时装、珠宝等行业。高温合金材料及其模型制件见图 3-32 所示。

图 3-32　高温合金材料及其模型制件

2) 有色金属

(1) 铝及其合金。

铝是强度低、塑性好的金属。快速成型除应用部分纯铝外，为了提高强度或综合性能，一般配成合金。应用于金属 3D 打印的铝合金主要有 AlSi12 和 AlSi10Mg，具有质量轻、强度高、良好的热性能等优点，可用作薄壁零件如换热器或其他汽车零部件，还可应用于航空航天及航空工业级的原型及生产零部件等。如日本佳能公司制作的顶级单反相机壳体上具有特殊曲面的镁铝合金顶盖，就是利用金属 3D 打印技术成型的。

(2) 钛及其合金。

应用于金属 3D 打印的钛合金主要有钛合金 5 级和钛合金 23 级两种。钛及其合金具有强度高、密度小、机械性能好、韧性和耐腐蚀性好、低比重和生物相容性等优势，广泛服务于航空航天、汽车制造、生物医学植入物等领域。如 rvnDSGN 团队利用金属 3D 打印成型技术，将一只手表的主壳体、边框和表带配件用钛粉打印而成。

(3) 铜基合金。

应用于金属 3D 打印的铜基合金主要有青铜粉，其具有良好的导热性和导电性，可制作半导体器件，也可用于微型换热器。

有色金属材料模型制件如图 3-33 所示。

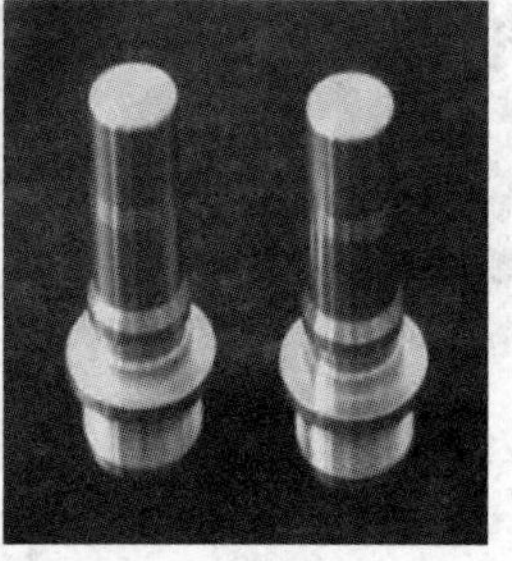

图 3-33　有色金属材料模型制件

2. SLM 快速成型技术

激光选区熔化(Selective Laser Melting，SLM)成型技术，是在加工的过程中利用激光的高能光束对材料有选择地扫描，使金属粉末吸收能量后温度迅速升高，发生熔化并接着进行快速固化，实现对金属粉末材料的激光加工，SLM 成型原理如图 3-34 所示。该成型工艺不需要黏结剂便可获得冶金结合。成型零件材料致密性接近 100%，具有一定的尺寸精度和表面粗糙度。该技术成型的精度和力学性能都比 SLS 工艺要好。

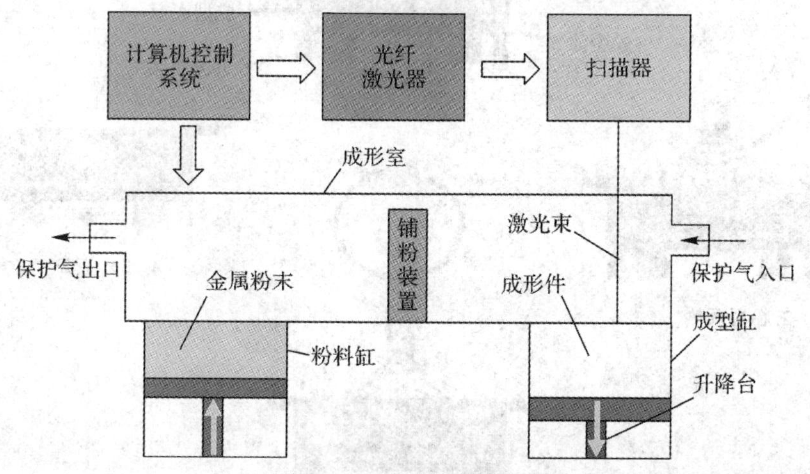

图 3-34　SLM 成型原理图

激光选区熔化成型技术的材料选取范围广泛，理论上能够被激光加热后能互相黏结的粉末材料都可作为 SLM 的成型材料。目前应用比较成熟的金属粉末材料有黑色金属(不锈钢 309L、不锈钢 316L、工具钢、镍及镍合金)、有色金属(铝及其合金、钛及其合金、铜)和铁等。

SLM 成型技术解决了传统制造技术难以解决的多孔、镂空、点阵等轻量化复杂结构零件的加工制造问题，适合加工形状复杂的零件，尤其是具有复杂内腔结构和具有个性化需求的零件，适合小批量生产。可利用 SLM 成型技术制作航空发动机叶片。SLM 成型技术模型制件如图 3-35 所示。

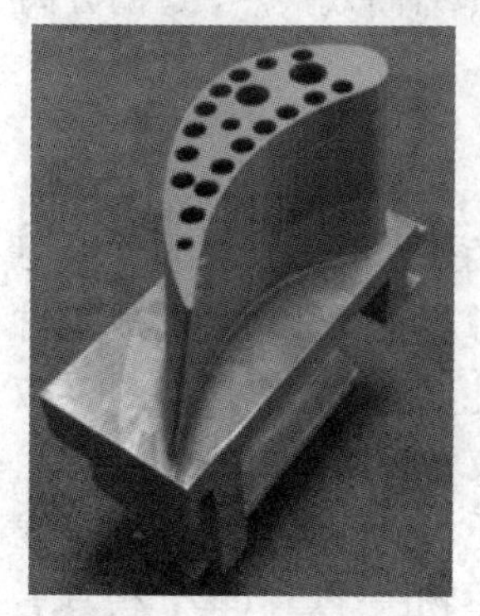

图 3-35　SLM 成型技术模型制件

3. EBM 快速成型技术

电子束熔化成型英文名称 Electron Beam Melting，简称 EBM。EBM 原理与 SLS 类似，

如图 3-36 所示。该技术是采用电子束在计算机控制下，按零件截面轮廓的信息有选择地熔化金属粉末，并逐层堆积成型，最后除去多余粉末，最终得到与三维实体模型相同的三维金属零件。

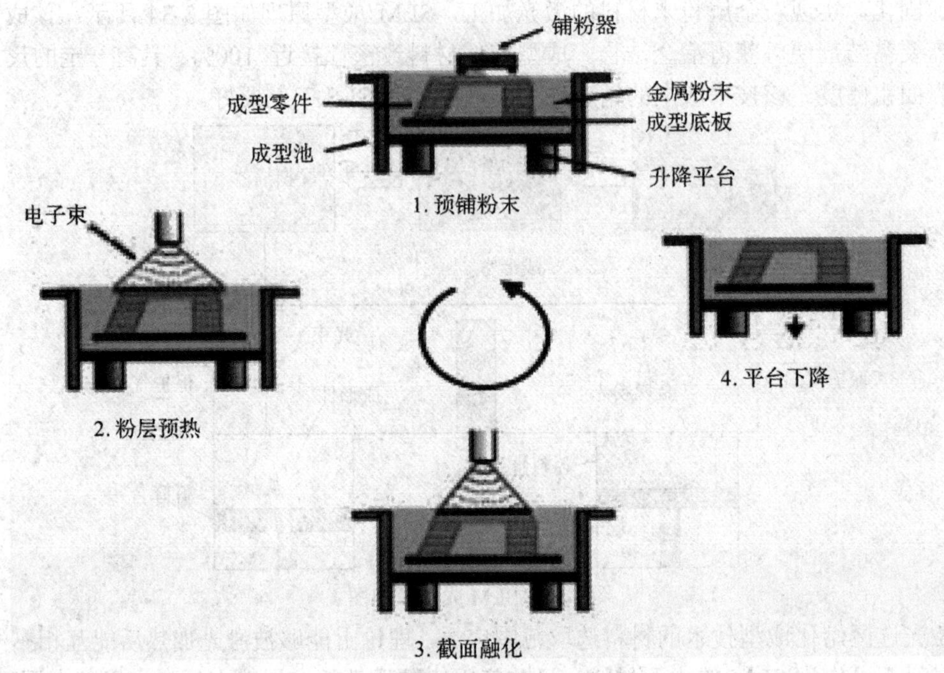

图 3-36　EBM 成型工艺过程图

应用于电子束熔化成型技术的成型材料主要以钛合金最广泛，同时还包含有不锈钢、镍基高温合金、铝合金、铜合金、TiAl 金属间化合物、Co-Cr-Mo 合金等多种金属和合金材料。以 TC4 钛合金为例，EBM 成型后的 TC4 钛合金制件在室温下的塑性、拉伸强度、断裂韧性和抗疲劳强度等力学性能指标均能达到锻件标准。经过等静压处理后可使其各向异性基本消失，分散性大幅下降，性能完善并优化。

电子束熔化成型技术主要应用于航空航天、生物医疗和其他领域(高效换热、过滤分离和减震降噪等)。

4. EBSM 快速成型技术

电子束选区熔化成型(Electron Beam Selective Melting，EBSM)技术类似于激光选区熔化 SLM 成型技术，是在真空环境下采用高能高速的电子束为热源，选择性地轰击成型材料金属粉末，从而使得粉末材料通过逐层熔化叠加，获得金属零件，EBSM 原理如图 3-37 所示。EBSM 成型过程一般不需要额外添加支撑。与 SLM 成型技术相比，EBSM 具有能量利用率高、扫描速度快、功率密度高、低残余应力、真空环境无污染和运行成本低等优点，适合活性、难熔、脆性金属材料的直接成型，在航空航天、生物医疗、汽车、模具等领域具有广阔的应用前景，如可利用 EBSM 成型技术进行航空飞行器复杂结构的精密制造(如发动机叶轮、发动机尾椎)，也可应用于生产医用钛合金关节头。

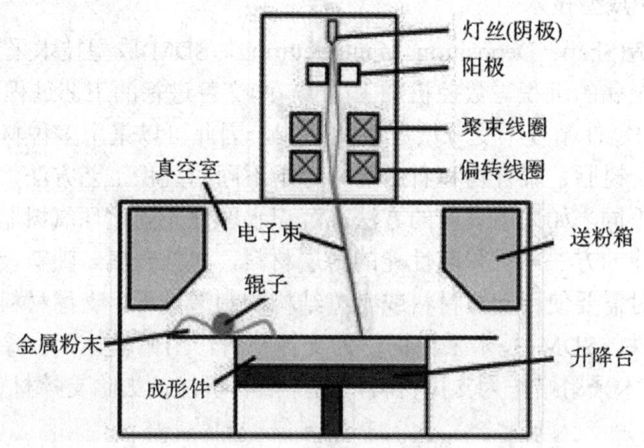

图 3-37　EBSM 成型原理图

EBSM 成型技术具有加工材料广泛、材料吸收率高且稳定等优点，适合制造复杂的钛合金零件、脆性金属间化合物零件及多孔性金属零件，如可利用 EBSM 制备金属多孔材料应用于生物医学植入体方面；同时可针对 EBSM 技术特点制备专用合金成分，也可从单一金属或合金材料向复合材料、功能性材料方向转移发展。

5. EBF3 快速成型技术

电子束熔丝沉积制造技术(Electron Beam Freeform Fabrication，EBF3)又称电子束自由成型制造技术，是近年来发展起来的一种高效率金属结构直接制造增材技术。其原理如图 3-38 所示，其利用真空环境下具有高能量的电子束作为热源，将成型材料金属丝材熔化，并按路径逐层堆积并成型三维实体金属零件。

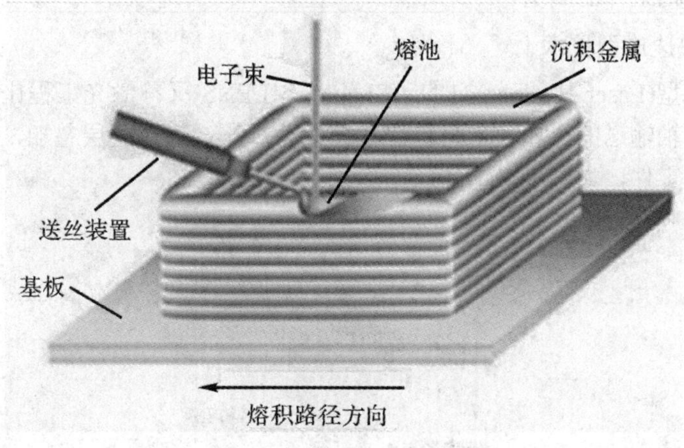

图 3-38　EBF3 成型原理图

电子束熔丝沉积制造技术的原材料仅仅使用金属丝材(线材)，其成本远低于金属粉末材料且可全部进入熔池，材料利用率高。EBF3 成型工艺可打印大部分合金材料(包含熔点高的材料)，且致密性和力学性能良好。同时，该技术还具有成型速度快、保护效果好和能量转化率高等特点，适合大中型活性金属零件(如铝合金、钛合金等)的成型制造与结构修复，如可利用 EBF3 成型技术制作 F35 联合攻击战斗机机翼组件(最长尺寸可达 7.2 m)。

6. SDM 快速成型技术

形状沉积制造(Shape Deposition Manufacturing，SDM)成型技术采用独特的添加/去除材料的方法，是金属的沉积与数控机加工(如铣削)交替进行的工艺过程，如图 3-39 所示。SDM 工艺制造的零件精度不受分层厚度的影响，因此可以采用多种材料制造零件，包括金属材料、陶瓷、树脂、聚合物和石蜡等。对于不同的沉积工艺方法，沉积过程中添加的具体零件材料也不同。如采用喷射的方法，沉积水融性光固化环氧树脂，支撑材料可采用蜡材料；用热喷涂的方法来沉积高性能的薄层材料，包括金属、塑料及陶瓷，可以得到较高的沉积速度。对需要使用支撑材料或支撑结构的制造过程，支撑材料的去除过程是关键问题。对金属零件，SDM 技术采用铜作为支撑材料，用硝酸蚀刻去除支撑材料。对树脂类零件，SDM 技术采用蜡作为支撑材料，用加热有机溶剂去除支撑材料。

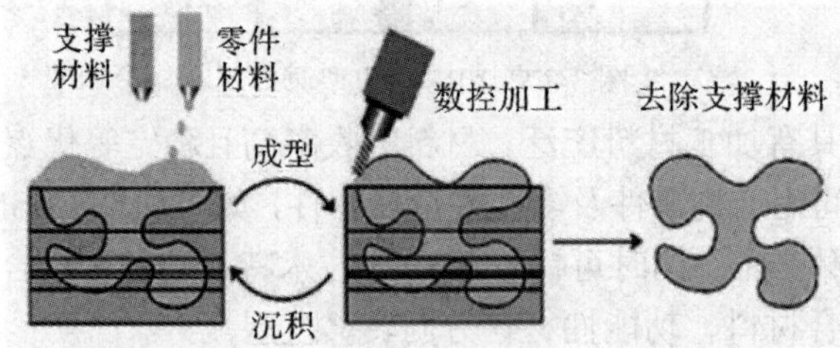

图 3-39　SDM 的材料沉积与成型

形状沉积制造技术既有生长成型的特点，又最大程度利用了机械加工的优势，制件具有很高的表面质量和精度。由于形状沉积制造具有分层灵活及不受沉积材料限制的特点，不但可以直接制造功能零件，还可以采用多种材料的组合来制造零件及活动机构，使得该技术可用于非常广泛的制造领域，包括功能零件的直接快速制造、模具的快速制造、预装配机构和嵌入结构组件的制造。

7. LENS 快速成型技术

激光近净成型(Laser Engineered Net Shaping，LENS)又称激光工程化净成型，是利用高功率激光将同轴输送的金属粉末材料快速熔化并凝固，通过逐层叠加，最后得到净成型的三维金属实体零件，如图 3-40 所示。

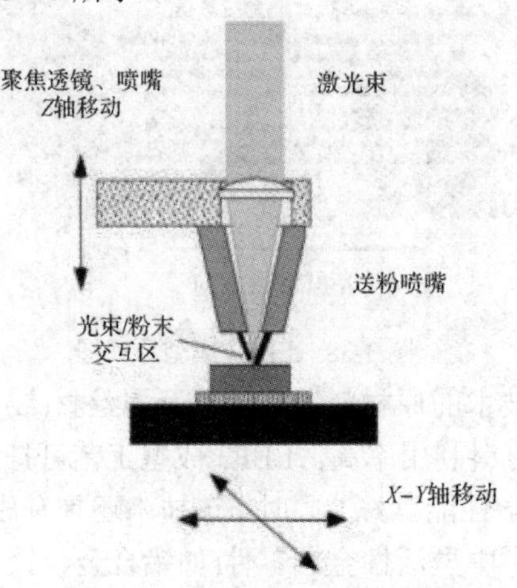

图 3-40　LENS 成型工艺过程图

LENS 材料包括基板材料和成型材料。

1) 基板材料

由于 LENS 技术是在基板上进行逐层熔覆扫描成型的，故基板材料至关重要。基板材料一般为金属材料，具有以下性能要求：

(1) 润湿性良好。基板与成型材料之间应形成良好的润湿性，否则连接不可靠。

(2) 结合界面无剧烈反应。基板材料与成型材料结合界面若存在剧烈的反应，会极大削弱两者的结合稳定性。

(3) 热膨胀系数相近。基板材料与成型材料热膨胀系数相近，可避免过多的相互作用力。

2) 成型材料

LENS 的成型材料主要包括金属合金粉末(自熔性合金粉末)、陶瓷粉末、复合材料粉末和稀土及其氧化物粉末。自熔性合金粉末一般是指加入 Si、B 等元素的熔覆用合金粉末，可防止熔覆层氧化，提高制件表面质量。常用于激光熔覆的自熔性合金粉末有铁基、镍基、钴基等合金粉末。陶瓷粉末按化学成分不同可分为氧化物粉末、碳化物粉末、氮化物粉末和硼化物粉末，具有高熔点、高硬度、低韧性的特点。复合材料粉末是指由两种或两种以上不同性质的固相物质颗粒经过机械混合而形成的颗粒，其实现了性能与组织的优化。按成分可分为金属与金属粉末、金属与陶瓷粉末、陶瓷与陶瓷粉末。研究较多的稀土及其氧化物粉末有 Ce、La、Y 等，加入适量的稀土及其氧化物粉末可明显改善激光熔覆层的组织与性能。LENS 材料的总体适应性强，可以加入铁、铝、镍、钛等多种金属粉末及其混合粉末，能够通过改变粉末的成分制造功能梯度材料。

激光近净成型技术能实现多种材料以任意方式组合的零件成型，制件有很高的力学性能和化学性能，应用范围广，如航空工业领域(装备制造、装备维修等)、快速模具制造(金属注射模、修复模具)和医疗卫生(专业手术器械、骨科植入体)等领域。如战斗机上钛合金外挂架翼的 3D 打印整体模具设计，上半部分产品采用 LENS 技术，下半部分采用传统机加工艺。目前，激光工程化净成型技术还可应用于制造大型金属零件、大尺寸薄壁外形的整体结构零件，也可用于加工活性金属如钛、镍、钽、钨、铼及其他特殊金属，如图 3-41 所示。

图 3-41　LENS 成型技术模型制件

8. 金属材料 3D 打印设备

1) 国外金属 3D 打印机主要生产厂家及代表机型

(1) 德国 EOS 公司。

德国 EOS 公司成立于 1989 年，在金属 3D 打印领域处于全球领先地位。该公司生产的金属3D打印机的代表机型有EOSINT M280和EOS M290(如图3-42所示)，均采用SLM成型工艺。EOSINT M280增材制造设备的最大成型尺寸为205 mm × 205 mm × 325 mm，层厚是20～100 μm，激光器发射类型为Yb-fibre镱光纤激光发射器200 W或400 W，最大功率为8500 W。该设备采用了“纤维激光”的新系统，可形成更加精细的激光聚焦点以及很高的激光能量，能将金属粉末直接烧结而得到最终产品，大大提高了生产效率。EOS M290是EOSINT M280机型的升级版，为目前全球装机量最大的金属3D打印机。该设备采用直接粉末烧结成型技术，利用红外激光器对各种金属材料，如模具钢、钛合金、铝合金以及CoCrMo合金、铁镍合金等粉末材料直接烧结成型。EOS M290机型提升了打印过程中的监控能力，保证了打印模型制件的高精度和高质量，可以满足航空航天和医疗等高精尖领域的要求。

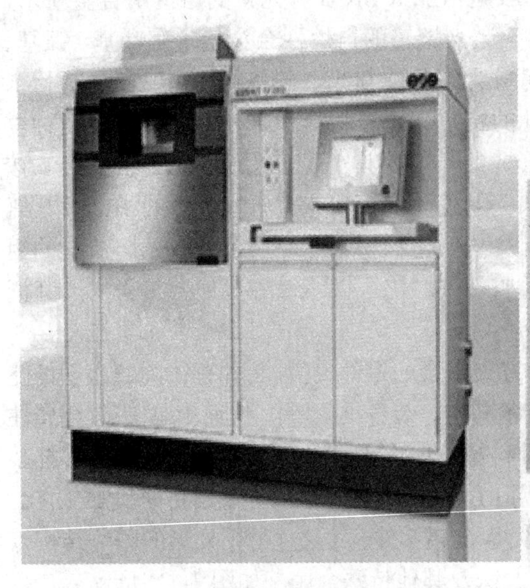

(a) EOSINT M280机型

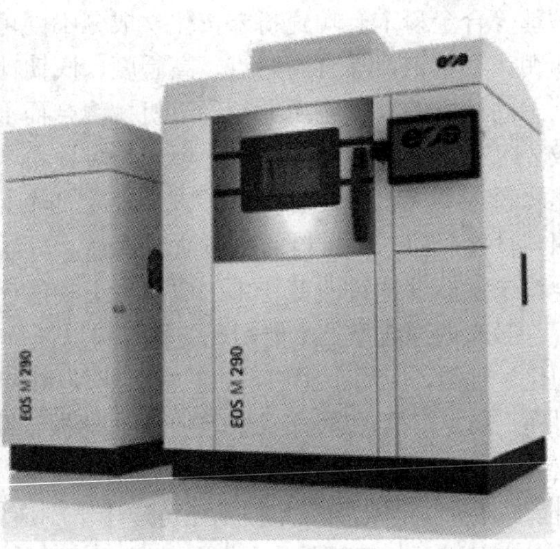

(b) EOS M290机型

图3-42　EOS公司典型的SLM成型设备

(2) 德国Concept Laser公司。

德国Concept Laser公司在激光融化技术领域处于领先地位，是世界上主要的金属激光熔铸设备生产厂家之一，该公司持有Laser CUSING®技术专利。该公司目前已经开发了四代金属零件激光直接成型设备：M1、M2、M3和Mlab。该系列设备的独特之处在于它没有采用振镜扫描技术，而使用*XY*轴数控系统带动激光头行走，因此其成型零件范围不受振镜扫描范围的限制，成型尺寸大，且成型精度同样能控制在50 μm之内。Concept Laser公司的典型代表为X系列1000R工业级金属3D打印机，如图3-43所示，其最大成型尺寸为630 mm × 400 mm × 500 mm，层厚是30～200 μm，激光器最大功率为1000 W(核心部件是弗恩霍夫激光技术研究所FILT研发的激光光学系统)。该设备可打印的材料为CL31AL铝合金(AISI10Mg)、CL41TIELI钛合金(TIAI6V4ELI)、CL100NB镍基合金(inconel 718)等，可用于汽车和航空航天大尺寸部件的快速制造。目前该公司又推出新一代X系列2000R机型，其最大成型尺寸为800 mm × 400 mm × 500 mm，可用于航空航天和汽车领域。

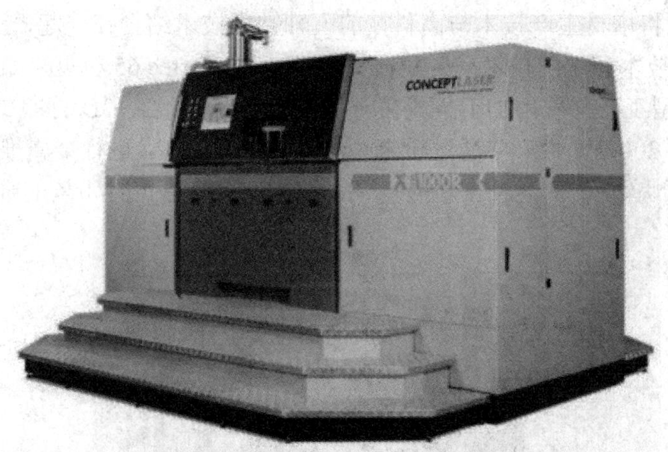

图 3-43　Concept Laser 公司的 X line1000R 金属 3D 打印机

(3) 德国 ReaLizer GMBH 公司。

德国 ReaLizer 公司于 2004 年正式成立，公司专利为选择性激光熔融——Selective Laser Melting(SLM™)，公司主要产品有 SLM 50 桌面型金属 3D 打印机，以及 SLM 100、SLM 250、SLM300 等型号的工业级金属 3D 打印机，如图 3-44 所示。其中，SLM 50 机型是全球第一台桌面型金属 3D 打印机，其成型空间尺寸为：平台最大直径 ϕ70 mm，高度 80 mm，激光器类型为光纤激光器 20～120 W。该公司生产的 SLM 设备可生产成型致密度均接近 100%的零件，尺寸精度、表面粗糙度均为业内最高水平，并且可实现全自动制造，可日夜工作，有很高的制造效率。成型材料有铁粉、钛、铝合金、钴铬合金、不锈钢以及其他定制材料。Realizer 公司的 SLM 设备目前在轻量化金属零件制造、金属模具制造、多孔结构制造及医学植入体领域有较为成熟的应用。

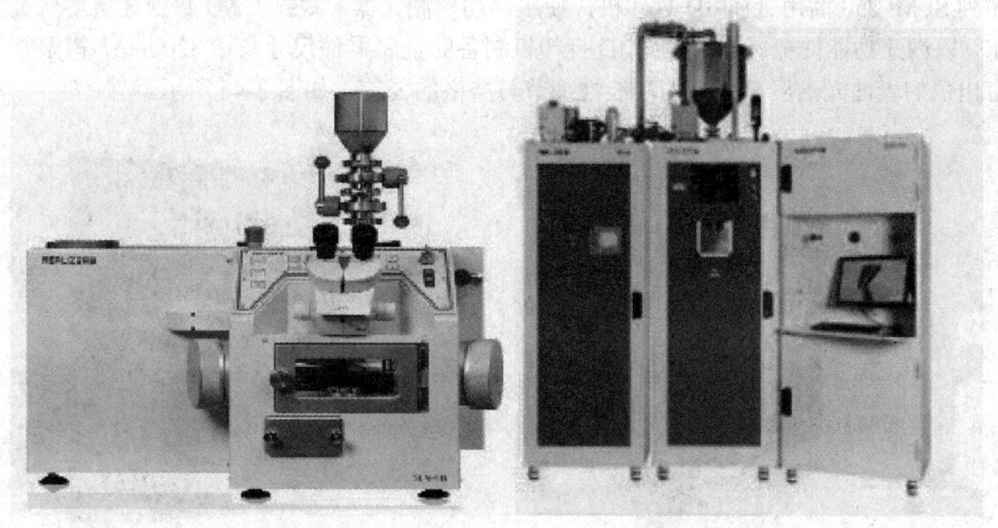

(a) SLM 50 机型　　(b) SLM 250 机型

图 3-44　ReaLizer 公司典型的 SLM 成型设备

(4) 德国 DMG 公司。

德国 DMG MORI SEIKI 集团是切削机床的全球领先制造商，其子公司 SAUER

LASERTEC 首次将增材生产技术与高科技的五轴铣削技术结合在一起，它在一台机床中兼有激光金属堆焊技术和铣削技术。典型设备为 DMG Lasertec 65 机型，如图 3-45 所示。它将 LENS 3D 成型工艺与铣削加工集成在一起，形成五轴加工+3D 打印二合一模式，激光功率为 100 W 或 200 W，生产中通过粉末喷涂方式近似成型，进行金属堆焊，速度比 SLS、SLM 工艺最高可快 20 倍，这种创新的复合系统是迄今为止世界市场的唯一产品。

图 3-45　DMG 公司的 DMG Lasertec 65 机型

(5) 美国 3D Systems 公司。

美国的 3D Systems 公司作为世界上市值最大的 3D 打印公司，使用的是用激光烧结金属粉末层的技术，可用的材料包括不锈钢、钛、钴铬合金及工具钢等。该公司推出的 sPro 系列 SLM 250 商用金属 3D 打印机，使用高功率激光器，根据 CAD 数据逐层熔化金属粉末，以创建功能性金属部件。该 3D 打印机制备的金属零件尺寸长达 320 mm，模型制件具有出色的表面光洁度、精细的功能性细节与严格的公差，如图 3-46 所示。

(a) sPro SLM 250 机型

(b) ProX 400 机型

图 3-46　3D Systems 公司的典型金属 3D 打印机

(6) 美国 Sciaky 公司。

美国 Sciaky 公司成立于 1939 年，于 2009 年开发了一种新型的电子束直接生产制造技术(Electron Beam Direct Manufacturing，EBDM)，可使用的金属材料包括钛、不锈钢和镍铬合金等。Sciaky 公司的典型金属 3D 打印机如图 3-47 所示。该技术独特之处在于：它将打印材料直接送进打印头，用电子束直接在机头熔融并打印材料。其模型制件具有高精度和高质量的优势，且基本不产生任何废料，大大节约原材料，降低了成本。

图 3-47　Sciaky 公司的典型金属 3D 打印机

(7) 瑞典 Arcam 公司。

瑞典 Arcam 公司于 1997 年成立，采用的是电子束快速成型技术(EBM)，2001 年该公司将电子束作为能量源，并申请了国际专利。与激光相比，电子束的能量大，能量转换效率高，更节省能源，同时电子束需要在真空环境中使用，技术要求更为复杂。Arcam 公司主要致力于电子束选区熔化(EBSM)设备的制造和研发，金属 3D 打印机的典型代表有 EBM-S12、EBSM R2、Arcam A 系列和 Q 系列，如图 3-48 所示。这类设备主要针对的是航天工业和医疗外科整形市场，同时提供多种型号的钛合金粉末和钴铬合金粉末。

(a) Arcam A2X 机型

(b) EBSM R2 机型

(c) Arcam Q^{10} 机型

图 3-48　Arcam 公司的典型金属 3D 打印机

(8) 其他公司。

国外还有很多致力于研制金属 3D 打印技术和设备的厂家，如德国的 SLM Solutins GmbH 公司(代表机型为 SLM 500)、美国的 Optomec LENS 公司(代表机型有 LENS 850-R)、美国的 PHENIX 公司、英国的雷尼绍 Renishaw 公司(代表机型有 AM250)、法国的 BeAM 公司、日本的沙迪克 Sodick 公司(代表机型为 OPM250L)和日本的 TRUMPF 公司等。典型机型如图 3-49 所示。

(a) SLM 500 机型

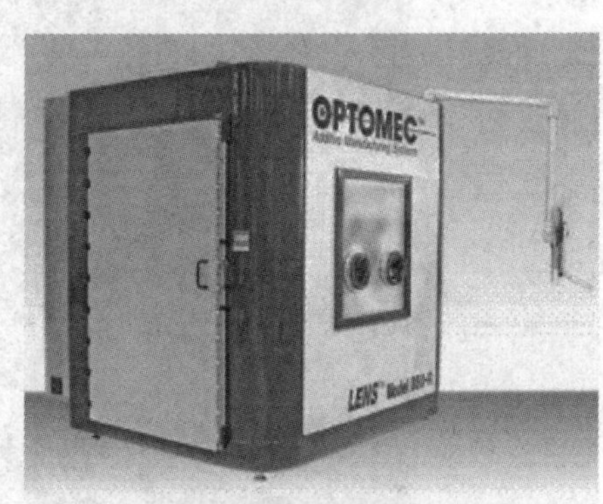

(b) LENS 850-R 机型

(c) AM250 机型

(d) OPM250L 机型

图 3-49　国外公司的典型金属 3D 打印机

2) 国内金属 3D 打印机主要生产厂家及代表机型

(1) 武汉滨湖机电技术产业有限公司。

武汉滨湖机电技术产业有限公司是一家集科工贸于一体的高新技术企业。该公司于 1991 年开始快速成型技术的研究，1994 年成功研制出我国第一台参加展览的薄材叠层快速成型系统样机 HRP-Ⅰ。随后该公司又相继推出各种 HRP 系列的商品化快速成型设备，典型机型有 HRPM-Ⅱ等，如图 3-50 所示。HRPM-Ⅱ机型采用选区激光熔化(SLM)技术，激光器类型为光纤激光器 200 W 或 400 W，成型尺寸为 250 mm × 250 mm × 250 mm，层厚是 0.02～0.2 mm。该设备可成型的材料有不锈钢、钨合金、钛合金和镍基高温合金等金属粉末材料。

图 3-50　HRPM-Ⅱ型金属 3D 打印机

(2) 南京中科煜宸激光技术有限公司。

南京中科煜宸激光技术有限公司成立于 2013 年，属于国家级高新技术企业。该公司从事金属 3D 打印、激光切割、激光修复、激光智能焊接和智能激光制造等装备及相关服务以及激光核心器件和材料的研发与生产。该公司生产的金属 3D 打印机的典型代表有 RC-SLM525 和 RC-LMD8060 等，如图 3-51 所示。其中，RC-LMD8060 机型的激光器类型为光纤激光器，功率为 2000～10 000 W，可使用的成型材料有钨合金、钛合金、镍基高温合金和不锈钢等金属粉末材料。

(a) RC-SLM525 机型

(b) RC-LMD8060 机型

图 3-51　RC-SLM525 和 RC-LMD8060 型金属 3D 打印机

(3) 其他公司。

国内还有很多从事研制金属 3D 打印技术和设备的高校和厂家，如华中科技大学、华南理工大学、西北工业大学、北京航空制造研究所、西安铂力特(代表机型 S200)、杭州先临三维科技有限公司(代表机型 EP-M250)、湖南华曙高科有限公司、江苏永年激光成型技术有限公司、光韵达三维科技有限公司、无锡银邦精密制造科技有限公司、潍坊赛迪精密机械制造有限公司、上海托能斯信息技术有限公司等。典型设备如图 3-52 所示。

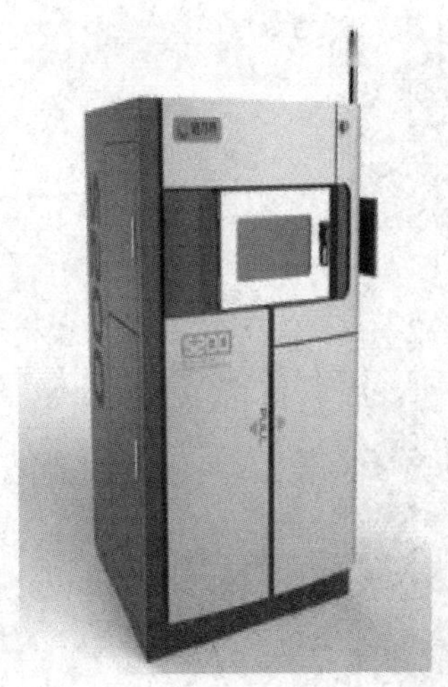

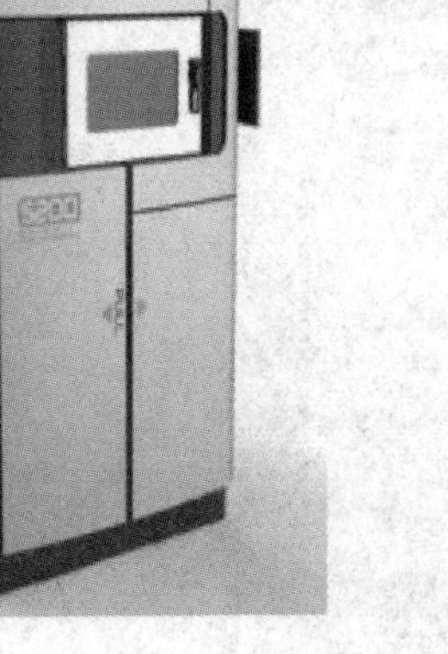

(a) S200 机型　　(b) EP-M250 机型

图 3-52　国内公司的典型金属 3D 打印机

3.6.2　生物材料快速成型技术

近年来，随着 3D 打印技术的发展，以及生物医疗水平的进步，将 3D 打印技术与生物材料相结合的生物医学工程逐渐成为科学研究热点。3D 生物打印技术(3D Bioprinting)是一种新的材料加工方法，是基于计算机三维模型，并通过离散堆积的原理，根据仿生形态、生物体的功能及细胞微环境等方面的要求，最终制造出人造器官和生物医学产品的新科技手段。

3D 生物打印技术有其特有的材料成型优势，可实现个性化定制，分辨率高，且打印速度较快。在生物医学领域中，3D 打印技术在组织再生工程、口腔材料和药物输送等领域具有非常广阔的前景。目前已尝试采用 3D 生物打印技术制造人工骨骼、人工皮肤、人工肾脏等人体器官。

1. 生物打印技术的分类

根据工作原理的差异性，可将 3D 生物打印技术分为三种类型：喷墨生物打印、微挤压成型生物打印和激光生物打印。

1) 喷墨生物打印

喷墨生物打印(Inkjet Bioprinting)又称微滴法(drop-by-drop)，是以液滴形式的生物材料(又称生物墨水，由细胞、细胞培养液或凝胶前驱体溶胶三者的混合体构成)作为打印原料，依靠声波或热的作用使生物材料滴落，层层堆积形成三维立体，如图 3-53 所示。

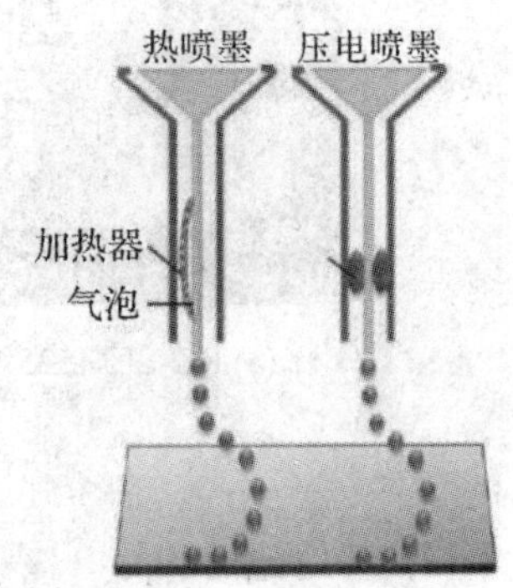

图 3-53　喷墨生物打印

目前，用于喷墨生物打印的技术主要分为两类：压电喷墨打印技术和热喷墨打印技术。喷墨生物打印细胞存活率较高，可达 85%，且其打印速度快，打印分辨率高(约 50～300 μm)，打印机成本低，适合大型器官制造。

2) 微挤压成型生物打印

微挤压成型生物打印(Microextrusion Bioprinting)是将热熔性生物材料加热熔融，并将黏流态的生物材料(细胞、具有生物相容性且可降解的水凝胶、生长因子等多种材料)依据计算机分层数据的控制路径，在指定位置处沉积并与周围材料粘连、凝固成型，如图 3-54 所示。

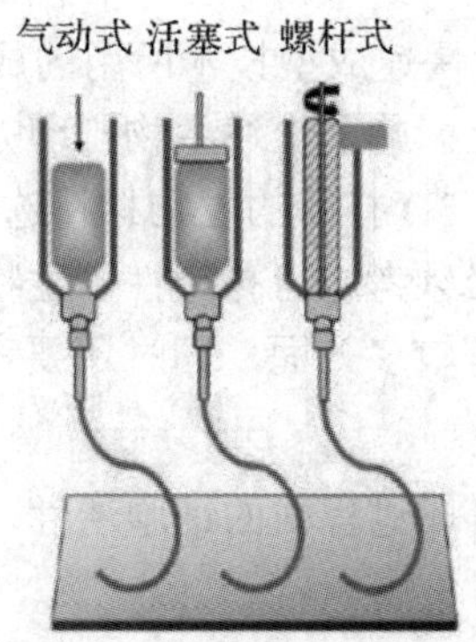

图 3-54　微挤压成型生物打印

微挤压成型生物打印可打印出连续的线条而非液滴。打印过程中生物材料由熔融态转变为固态，其中含有的细胞等微粒很容易失去活性，造成细胞的存活率较低。微挤压成型生物打印总体打印速度慢，但其打印分辨率高(100μm～1 mm)，打印机成本价格适中。

常用微挤压成型生物打印技术分为三种：气动式、活塞式和螺杆式。气动式微挤压成型生物打印系统中的压缩气体会产生滞后现象，而活塞式生物打印机则直接控制材料的挤出。螺杆式生物打印机可打印黏度相对更高(材料黏度可达(30～6×10^7)MPa/s)的材料，打印出的三维实体的空间结构更稳定。

3) 激光生物打印

激光生物打印(Laser Bioprinting)是利用激光对微量物质的光镊效应和热冲击效应来沉积细胞液滴。其工作过程是利用激光脉冲在吸能层上产生液泡，将细胞以及支架材料推到成型平台，如图 3-55 所示。

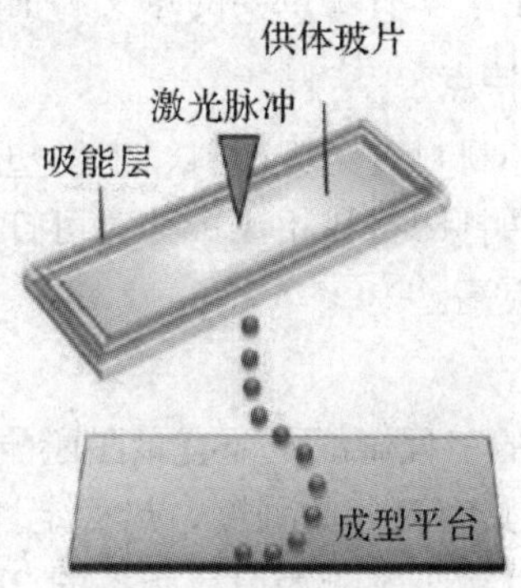

图 3-55　激光生物打印

根据其采用的细胞沉积原理，激光打印可分为两种类型：激光诱导转移(Laser Induced Forward Transfer，LIFT)和激光诱导直写(Laser Guided Direct Writing，LGDW)。

由于打印喷头是开放式的，因此避免了喷头堵塞现象，细胞受到的损伤也相对较小，细胞存活率高(大于 95%)，打印分辨率也较高(大于 20 μm)。但如果以各类型细胞混合材料为打印原料，则难度较大，打印速度慢，打印效率较低，打印机价格也较为昂贵，临床应用受到影响。

2. 生物打印材料的性能要求

3D 打印生物材料不同于其他快速成型技术所用的成型材料，有其独特的性能要求。材料的黏度、成型方式很大程度上影响了上述生物打印方法的适用范围。近年来，生物材料的多样性和适用范围逐步提高，3D 打印的生物材料选择和设计也更加科学。

对于生物打印材料的选择，必须考虑可打印性、生物相容性、生物可降解性、材料结构和机械性质以及材料仿生性能等较多方面，同时还要考虑经济效益。

1) 可打印性

生物打印时，要尽可能提高打印过程中的细胞活性，且可以精确地按照所需的时间和空间来控制打印，保证打印适用性。

2) 生物相容性

材料还需具备可靠的生物相容性，要求植入材料与内源性组织不发生任何能影响局部或全部的不良反应，有利于促进细胞生长形成具有一定功能的组织。

3) 生物可降解性

材料的降解动力学必须可控，需要控制降解速率，可以配合细胞本身产生细胞外基质的形成速度，同时要控制降解副产物，即降解过程中应当避免有毒副作用的产生。

4) 材料结构和机械性质

生物打印材料必须具备合适的交联机制来完成所需结构体成型，因此材料本身的力学性能应当符合所需的环境，才能维持三维打印结构的完整性。其中，力学性能需要保证诸如孔隙率、内部通道以及网络等重要结构不易破坏。

5) 材料仿生性能

材料应当能模拟并满足所需组织的静态以及动态力学性能，结合生物仿生成分的生物打印技术对于组织工程学和再生医学有着重要的意义和前景。

3. 生物打印材料的种类及特点

目前，正在应用的生物打印材料有工程塑料、生物塑料、光敏树脂、金属材料和水凝胶材料等。生物打印材料与普通打印材料相比，其对可打印性、生物相容性、可降解性、结构以及力学性能等方面要求更高。

1) 工程塑料

应用于医用 3D 生物打印的工程塑料主要有聚醚醚酮(PEEK)、聚酰胺和丙烯腈-丁二烯-苯乙烯共聚物等。工程塑料具有良好的强度、热稳定性，同时有一定的韧性和耐用性，一般用来制作假牙、假肢等。以聚醚醚酮为原料制备的 3D 打印体热稳定性良好，因其具备良好的生物相容性，而成为理想的人工骨替换材料。

2) 生物塑料

3D 打印生物塑料主要有聚己内脂(PCL)和聚(乙二醇)二丙烯酸酯等。该生物塑料具有良好的生物相容性和可降解性，广泛应用于打印生物工程支架，如骨支架和心脏支架等。研究表明，使用微粒过滤法过滤后得到的聚己内酯和聚乙烯醇的混合粉末可作为生物墨水材料进行 3D 生物打印，制备的骨组织工程支架具有足够的韧性，连通性能好，孔隙率较高，基本满足了骨组织工程支架的三维多孔要求。

3) 光敏树脂

光敏树脂由预聚物(Prepolymer)、光引发剂(Photoinitiator)、单体(Monomer)和少量添加剂(Additive)等组成。目前主要用来铸造医学模型，便于医用教学和临床手术等，如用 SLA 快速成型方法可制备近似于二维结构的树脂支架。

4) 金属材料

用于 3D 生物打印的金属材料有钛合金、钴铬合金、钼钛合金以及钴铬钼合金等，多用于人体植入物，在满足人体安全性的前提下，还需满足生物相容性、生物功能性、力学性能(如强度和可塑性)和抗腐蚀性等要求。如口腔种植技术目前已逐步成熟，并广泛应用于临床方面。口腔种植体的材料主要是纯钛和钛合金材料，钛的强度高，重量轻，耐腐蚀，具有金属光泽，生物相容性好。

5) 水凝胶材料

水凝胶材料具有生物相容性，因其水溶性和溶胀性较高，且满足组织工程支架的机械强度和功能性等要求，非常适合进行 3D 生物打印。

水凝胶材料主要有两种类型：天然聚合物(Naturally Derived Polymer)和人工合成高分子(Synthetic Molecules)。这些材料都是在 3D 生物打印领域应用较为广泛的生物医用高分子材料，在黏度和表面张力等方面都能够满足生物墨水的性能要求。

(1) 天然聚合物材料。

天然聚合物(即天然水凝胶)是指来源于动物或人体组织的聚合物，如胶原蛋白(Collagen)、纤维蛋白(Fibrin)、丝素蛋白(Silk Fibroin)、明胶(Gelatine)、基质胶(Matrigel)、海藻酸钠(Sodium Alginate)、壳聚糖(Chitosan)、琼脂糖(Agarose)和透明质酸(Hyaluronic Acid)等。相对于生物塑料，天然水凝胶具有更好的生物相容性以及与人体软组织相仿的力学性能。被用作生物工程支架材料时，能促进细胞黏附和生长，生物降解性好，可用于药物的可控释放。研究表明，可用胶原蛋白水凝胶作为生物支架材料，结合干细胞和生长因子，打印人体肾脏、耳、鼻等器官；还可利用胎牛血清、胶原蛋白和水凝胶打印细胞外基质，用于疾病模型的研究；同样，丝素蛋白和壳聚糖都具有良好的生物相容性、抗拉伸强度和降解性能，壳聚糖被应用于促进凝血和伤口愈合；纤维蛋白打印的组织工程支架能促进皮肤再生；琼脂糖纤维材料打印出的人工血管模型可较好模仿人体内微循环、血液渗透等生命过程。

(2) 人工合成高分子材料。

人工合成高分子(即合成水凝胶)则是指利用化学手段合成的高分子聚合物，有聚羟乙基丙烯酸甲酯(Polyhydroxyethyl Methacrylate，PHEMA)、聚乙二醇(Polyethylene Glycol，PEG)、聚乙烯醇(Polyvinyl Alcohol，PVA)以及普兰尼克(Pluronic)等。研究表明，聚(乙二醇)二丙烯酸酯生物相容性好、亲水性高，广泛应用于组织工程领域，如可利用该材料打印三维血管模型，用于研究肿瘤细胞的迁移；聚乙烯醇具有良好的水溶性和可降解性，以 PVA

细丝为原料，以荧光素钠盐为标准装载药物，可打印出不同填充比例的、符合生物医药要求的、可实现个性定制的药物片剂，以实现药物的可控或缓控释放，具有很强的实用性。

随着快速成型技术和现代生物医疗事业的发展，3D 生物打印逐渐致力于人造器官和器官移植的研究，为人类的健康带来福音。图 3-56 所示为生物打印材料模型制件。将 3D 生物打印与生物细胞学、生物材料学和计算机辅助设计等多个领域结合起来，构建将生物材料、细胞或生长因子打印出兼具复杂结构和功能的生物功能活性材料是生物医学领域的研究热点和重要的发展方向。

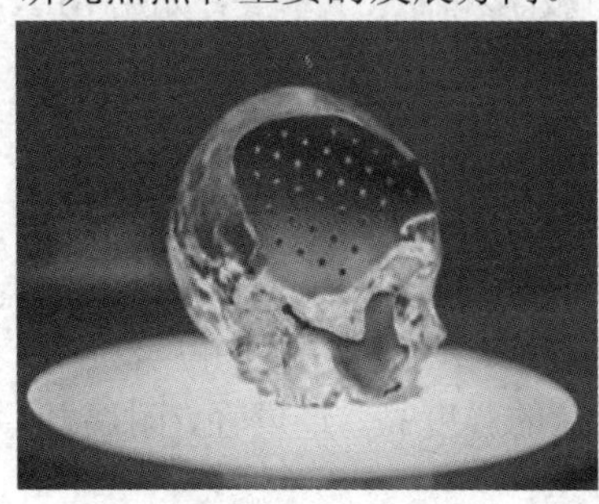
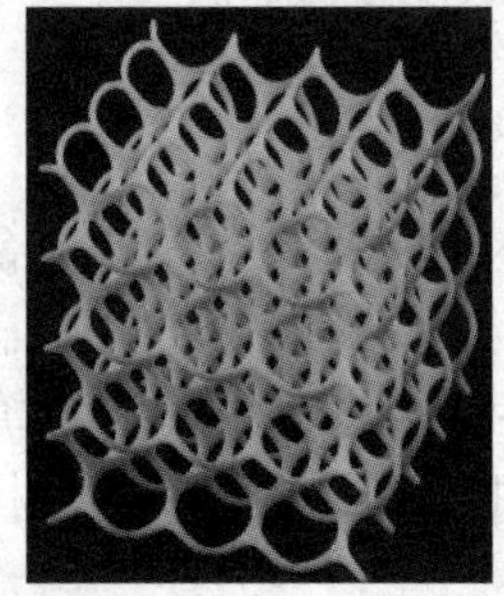
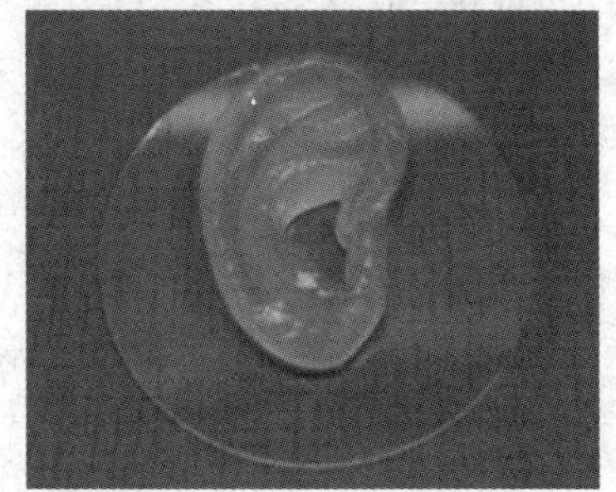

图 3-56　生物打印材料模型制件

4. 3D 生物打印设备

3D 生物打印设备是一种能够在数字三维模型驱动下，按照增材制造原理定位装配生物材料或细胞单元，制造医疗器械、组织工程支架和组织器官等制品的装备。

目前，致力于 3D 生物打印机的相关研究工作的国内外研究机构有：美国的 Organovo 公司(代表机型为 NovoGen MMX 生物打印机)、Advanced Solutions 公司、Drexel 大学(代表机型为直写式三维生物打印机)、Cornell 大学(代表机型为 Fab@Home 打印机)、瑞士的苏黎世联邦理工学院(代表机型为 RegenHU 3D)、德国的 Envision TEC 公司(代表机型为 3D-Bioplotter)、俄罗斯的 3D Bioprinting Solutions 公司以及国内的清华大学、杭州电子科技大学、四川蓝光英诺生物科技股份有限公司和杭州捷诺飞生物科技股份有限公司(代表机型为 Regenovo 3D Bio-Architect)等。典型三维生物打印机如图 3-57 所示。

2002 年左右，清华大学颜永年教授率先在国内开展 3D 生物打印技术研究。2010 年美国 Organovo 公司研制出了全球首台 3D 生物打印机。该打印机可以帮助用户制造生物组织用于研究和开发，能够使用人体脂肪或骨髓组织制作出新的人体组织，使得 3D 打印人体器官成为可能。2013 年，Regenovo 公司与杭州电子科技大学等高校的科学家合作，成功研制出可同时打印生物材料和活细胞的 3D 打印机。科学家们使用生物医用高分子材料、无机材料、水凝胶材料或活细胞，已在这台打印机上成功打印出较小比例的人类耳朵软骨组织、肝脏单元等。2014 年，Organovo 推出了其可商用的 3D 打印机打印人体肝脏组织，用于临床前药物测试。2015 年， Regenovo 公司推出第三代生物 3D 打印工作站。利用这款生物 3D 打印设备，成功批量“打印”出肝脏单元用于药物筛选。同年，四川蓝光英诺生物科技股份有限公司成功研制出世界首创的 3D 生物血管打印机。2017 年，美国肯塔基州的 Advanced Solutions 公司开发出一种新型生物快速成型机 BioAssemblyBot，这款机器操作一个六轴机器人臂，能够实现可移植人体器官的直接成型。

随着科技的发展，利用生物三维打印技术实现具有新陈代谢特征的生命体的成型和制造，包括实质性器官打印在未来是可行的。

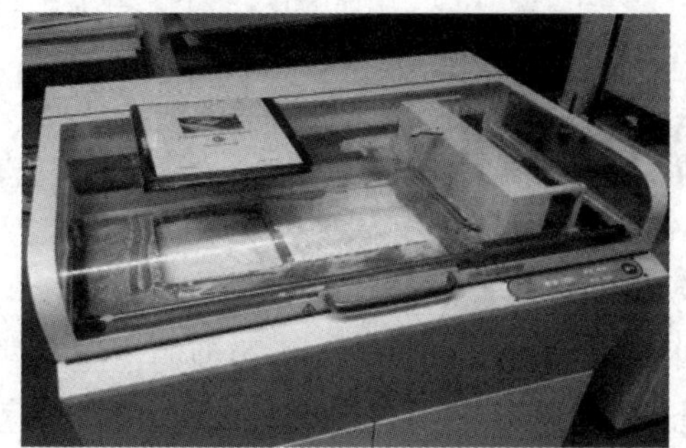

(a) 喷墨 3D 打印机

(b) Organovo 公司生物打印机

(c) 复杂组织器官生物打印机

(d) RegenHU 3D 机型

图 3-57　典型三维生物打印机

思 考 与 练 习

1. 简述 PLA 材料和 ABS 材料的异同点。
2. 简述 FDM 成型系统的组成。
3. 光固化树脂主要分为几大类？
4. 光固化成型的支撑结构的类型有哪些？支撑的作用是什么？
5. 举例说明 SLA 工艺的典型应用。
6. 选择性激光烧结粉末材料有哪些？
7. 三维印刷成型材料的性能要求是什么？
8. 当前开发出来的叠层实体快速成型材料主要有几种？其中常用的是什么？
9. 对比选区激光熔化工艺与选区激光烧结工艺的异同。
10. 金属 3D 打印的典型设备有哪些？
11. 通过查阅文献，试列举几种常用的生物打印材料及生物打印的典型应用。

第 4 章　3D 建模及数据处理

采用快速成型技术进行产品的制作和加工时，首先要完成产品三维模型的建立。借助三维模型数据，经过恰当的数据处理(如切片处理)后，直接驱动 3D 打印设备进行快速加工与制作。三维建模的软件主要有 UG、Pro/E、SolidWorks 以及 CATIA 等，切片软件主要有 CURA、Slic3r 和 Repetier-Host 等。本章以 UG 软件和 Pro/E 软件为例进行三维模型构建，以 CURA 软件为例进行模型切片处理。

4.1　3D 建模软件的种类

3D 建模软件种类繁多，通常可分为两大类：通用 3D 建模软件和行业 3D 建模软件。以下分别介绍这两大类软件的种类。

1. 通用 3D 建模软件

1) Maya 软件

Maya 软件是 Autodesk 公司的著名三维建模和动画软件之一。Maya 软件主要应用于电影、电视及游戏等领域开发、设计与制作，其应用极其广泛。

Maya 功能完善，易学易用，且制作效率很高，渲染真实感强，是电影级别的高端制作软件。图 4-1 所示为 Maya 软件的工作界面。它不仅包括特殊的视觉效果和三维制作功能，而且还与建模、三维数字化模拟、运动匹配及毛发渲染等技术相结合，尤其是 Maya2015 版本的 CG(Computer Graphics，电脑图形)功能十分全面，建模、粒子系统、植物创建及衣料仿真等为三维模拟、建模、着色和渲染提供了极为便捷的途径。

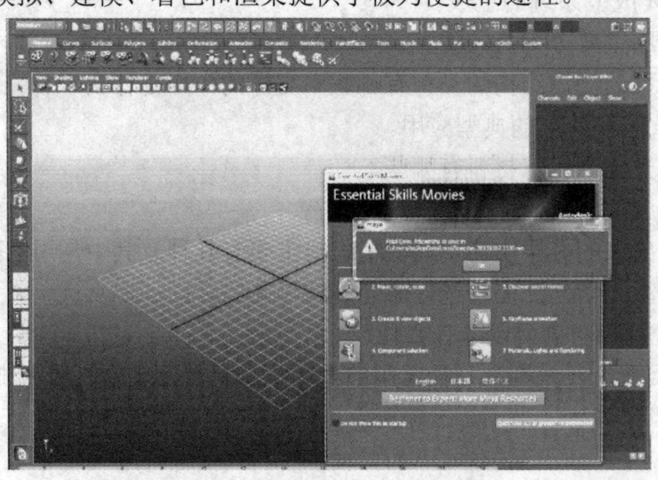

图 4-1　Maya 软件的工作界面

2) 3DS Max 软件

3DS Max 软件是目前 Autodesk 公司基于 PC 系统的三维动画渲染和制作、性价比很高的软件，功能强大且价格低廉，因而可大大降低作品的制作成本，并且上手容易，现广泛应用于建筑设计、三维动画、影视、工业设计、多媒体制作等领域。3DS Max 集成了 Subdivision 表面和多边形几何模型，并且集成了 Active Shade 及 Render Elements 功能的渲染能力，大大提高了用户的制作效率，使设计者在更短的时间内即可制作出所需模型、动画或更高质量的图像。同时，3DS Max2013 以上的版本增加了与其他三维软件的交互模式，使得三维软件之间的互操作性得到了很大提高。3DS Max2014 版本更增加了点云(Point Cloud)显示、支持 3D 立体摄影机显示等与行业建模软件相通的功能。图 4-2 所示为 3DS Max 软件的工作界面。

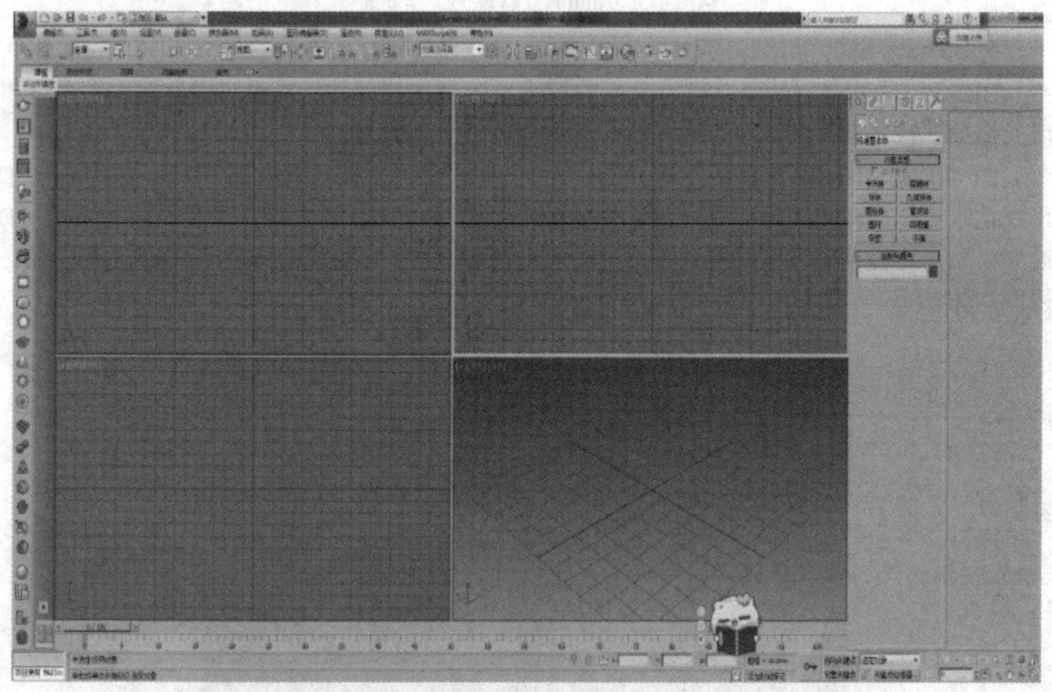

图 4-2　3DS Max 软件的工作界面

3) Rhino 软件

Rhino 软件是由美国 Robert McNeel 公司研发的专业 3D 造型软件,它是基于 NURBS(Non- Uniform Rational B- Spline，非均匀有理 B 样条曲线)的三维建模软件，是一款“平民化”的高端软件，现已广泛应用于三维动画制作、工业制造、科学研究以及机械设计等领域。

图 4-3 所示为 Rhino4.0 软件的工作界面。此软件的最大特点是可以快速创建、编辑、分析和转换 NURBS 曲线、曲面和实体，并且在复杂度、角度和尺寸方面没有任何限制；同时它也支持多边形网格和点云等数据，并可以建立极其复杂的三维模型。此外，它能轻易整合 3DS Max 与 Softimage 的模型功能部分，能输出 OBJ、DXF、IGES、STL 等多种不同的文件格式，几乎可以与所有 3D 软件进行对接与转换。

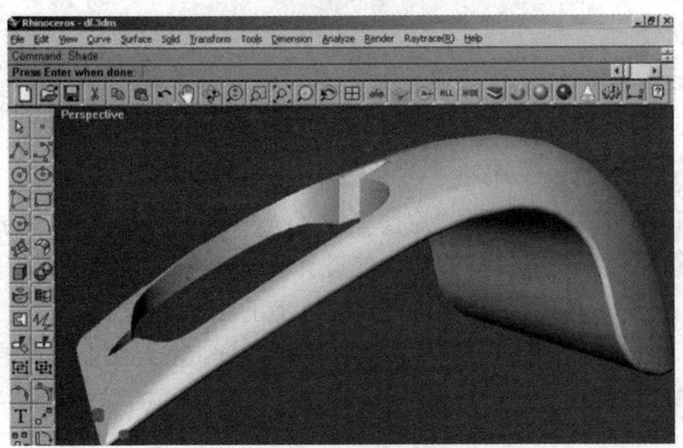

图 4-3　Rhino4.0 软件的工作界面

4) Blender 软件

Blender 软件是一款可以称为全能的三维动画制作软件，能提供三维建模、动画、材质及渲染，甚至音频处理及视频剪辑、动画短片制作等功能。

图 4-4 是 Blender 软件的工作界面，Blender 软件可以被用来制作 3D 数据模型及 3D 可视化项目，同时也可以制作广播和电影级品质的视频，其最大特点是具有内置实时 3D 游戏引擎，可轻便制作出独立回放的 3D 互动内容。因此，它不仅支持各种多边形建模，也能制作动画。

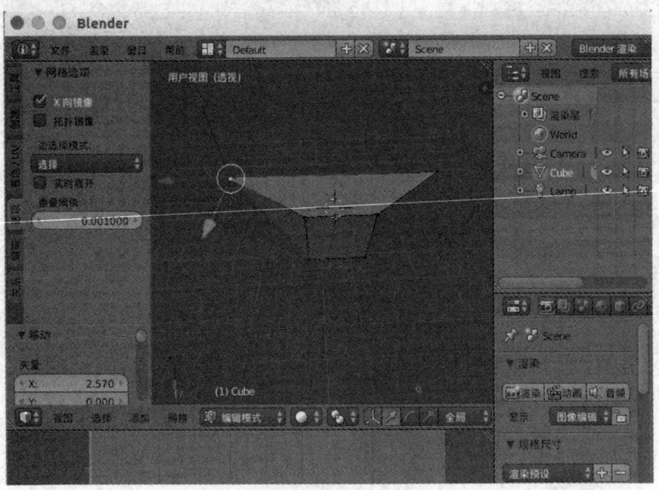

图 4-4　Blender 软件的工作界面

5) Sketchup 软件

Sketchup 软件是一款直接面向设计草方案创作过程的设计软件。它可以完全满足设计师在创作过程中实时与客户交流的需要，并使得设计师可以直接在电脑上进行十分直观的构思与设计，能直接、实时地在电脑上表达出设计师的设计灵感。它是一款易于接受及使用的 3D 设计软件，被公认为设计中的“电子铅笔”。

Sketchup 软件的最大特点是：具有独特简洁、短期内易掌握的工作界面；适用范围广阔，可应用在建筑、园林、景观及工业设计等多个领域；通过任一图形就可以方便地进行复杂的三维建模；与 AutoCAD、3DMax 等软件结合使用方便，并可快速导入和导出 DWG、DXF、JPG、3DS 等格式文件，同时提供 AutoCAD 设计工具的插件。

2. 行业 3D 建模软件

1) Pro/ Engineer 软件

Pro/Engineer(简称 Pro/E，2010 年更名为 Creo)是美国参数技术公司(PTC)研发的，基于 CAD/CAM/CAE 一体化的三维设计软件。它目前在三维造型设计领域中占有非常重要的地位，在国内产品的设计领域中也占据了相当重要的位置。

Pro/E 第一个提出了参数化设计的概念，并且采用了单一数据库来解决特征的相关性问题，具有“牵一发即可动全身”的功能。另外，它采用模块化方式，用户可以根据自身的需要进行选择，而不必安装所有模块。

Pro/E 基于特征的建模方式能够将设计与生产全过程集成到一起，实现并行工程设计。Pro/E 采用了模块方式，可以分别进行草图绘制、零件制作、装配设计、钣金设计、加工处理等，用户可以按照自己的需要进行选择使用。正因为 Pro/E 软件具有其他三维建模软件所没有的特殊性能(引入参数化设计、基于特征建模将多个数据库统一在一个层面上)，所以深受设计行业专业人士的青睐。图 4-5 所示为 Pro/E5.0 软件的工作界面。

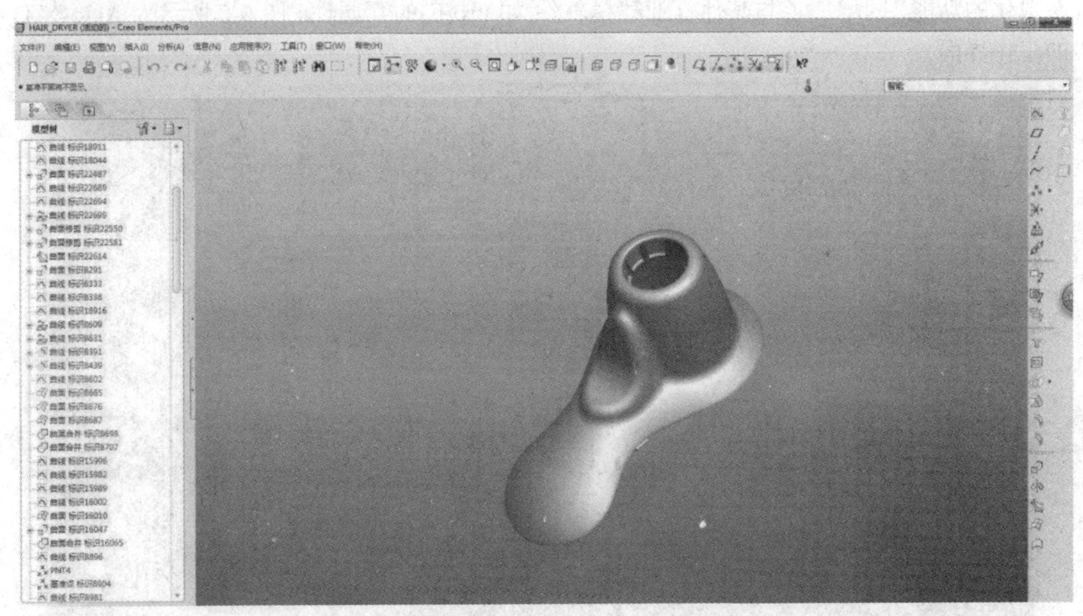

图 4-5　Pro/E5.0 软件的工作界面

2) SolidWorks 软件

SolidWorks 软件是世界上第一个基于 Windows 开发的三维 CAD 系统。它具有功能强大、易学易用和技术创新等三大特点，这使得 SolidWorks 软件成为领先的、主流的三维 CAD 解决方案之一。

SolidWorks 软件功能强大且组件繁多。它能为设计人员提供不同的设计方案，减少设计过程中的错误以及提高产品质量。使用 SolidWorks 进行设计比较简便，易学易用，并且整个产品设计可随时进行编辑与调整，零件设计、装配设计和工程图之间也是完全相关的，因而可使设计人员大大缩短设计与修改时间，从而使得新产品能够快速、高效地投入市场。

近年来，国内外许多高校，如美国的麻省理工学院、斯坦福大学已经把 SolidWorks 列为制造专业的必修课，国内的清华大学、中山大学、北京航空航天大学、北京理工大学、浙江大学、华中科技大学等也在应用 SolidWorks 进行相关教学。

3) AutoCAD 软件

AutoCAD(Auto Computer Aided Design)是美国 Autodesk 公司于1982年开发出来的自动计算机辅助设计软件。它可用于二维绘图和基本三维设计，现已经成为国际上广为流行的绘图工具。AutoCAD 具有良好的用户界面、交互菜单或命令行，无需懂得编程也可学会制图，并且它具有广泛的适应性，可用于各种操作系统支持的微型计算机和工作站运行，因此被广泛应用于土木建筑、装饰装潢、工业及工程制图、电子工业及服装加工等多方面领域。

AutoCAD 的另一大优点就是它针对不同的行业具有不同的版本，如针对机械行业有 AutoCAD Mechanical 版本，针对电子电路设计行业有 AutoCAD Electrical 版本，针对勘测、土方工程与道路设计行业有 Autodesk Civil 3D 版本，针对我国教学与培训方面有 AutoCAD Simplified Chinese 版本，以及一般没有特殊要求的行业选用的 AutoCAD Simplified 版本。近期，AutoCAD 2014 版本在点云功能、支持地理位置等方面都有较大的增强，更增加了参数化的功能，即增加了与其他行业建模软件(如 Pro/E)的互通性。图 4-6 所示为 AutoCAD 的工作界面。

图 4-6　AutoCAD 的工作界面

4) CATIA 软件

CATIA 软件是法国达索飞机公司开发的高档 CAD/CAM 软件，在飞机、汽车、轮船等行业的设计领域享有很高的声誉。它具有强大的曲面设计功能，能提供极丰富的造型工具来支持用户的造型需求。例如，其特有的高次 Bezier 曲线曲面功能能满足特殊行业对曲面光滑性的精确要求。

达索公司近期推出的 CATIA V5 版本可运行于多种平台。使用此款软件，设计者能够节省大量的硬件成本，并且友好的用户界面让人更容易使用。CATIA 软件的发展方向代表着当今世界 CAD/CAM 软件向智能化、支持数字化制造企业和产品的整个生命周期的发展方向。

5) UG 软件

UG(Unigraphics，现更名为 NX)是德国 Siemens PLM Software 公司研发的一款用于解决产品工程的软件。UG 是一个在二维和三维空间无结构网格上使用自适应多重网格方法开发的、一个灵活的数值求解偏微分方程的软件工具，具有一个交互式 CAD/CAM(计算机辅助设计与计算机辅助制造)系统。UG 为用户的产品设计、加工过程以及虚拟产品设计和工艺设计提供了便利的数字化造型和验证手段。

此外，UG 功能的强大还在于它具有三个设计层次，即结构设计(Architectural Design)、子系统设计(Subsystem Design)和组件设计(Component Design)。在结构和子系统层次上，UG 采用模块设计方法，即所有陈述的信息被分布于各子系统之间。设计者借助 UG 软件，可以轻松实现和获取各种复杂的三维数据资料。UG 现已经成为模具行业三维设计的一个主流应用。图 4-7 所示为 UG 的工作界面。

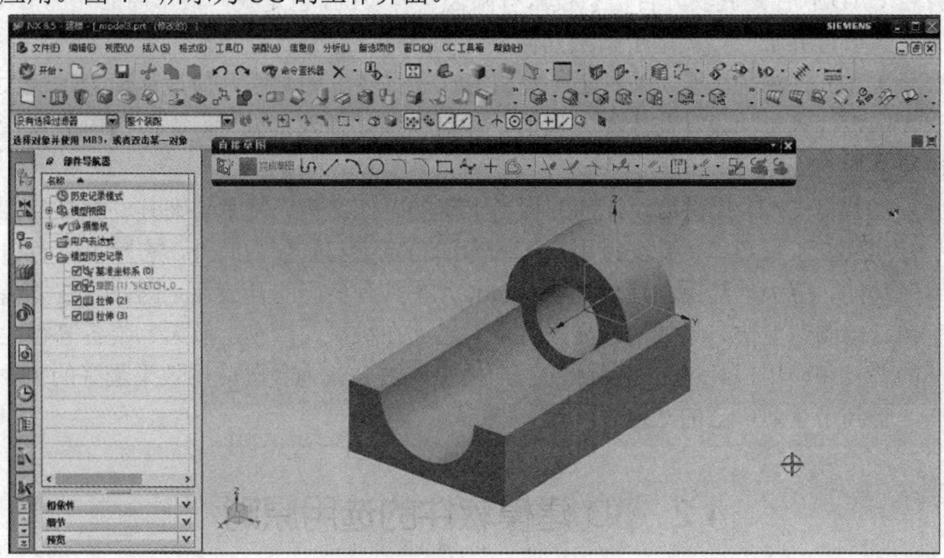

图 4-7　UG 的工作界面

6) Cimatron 软件

Cimatron 软件是以色列 Cimatron 公司研发的产品。目前，Cimatron 软件的 CAD/CAM 解决方案已成为一部分企业装备中不可或缺的工具，它能为模具、工具提供全面的、性价比最高的软件解决方案，使制造循环流程化，可加强制造商与销售商的协作，极大地缩短了产品交付时间。

Cimatron 软件有两个最大的特点：一是混合建模技术，具有线框造型、曲面造型和参数化实体造型手段；二是可实现三维模具设计的自动化，能自动完成所有单个零件、装配产品及标准件的设计和装配，用户可以方便地定义模型分型的型芯、型腔、嵌件及滑块的方向。Cimatron 的另一优点是可支持几乎所有当前三维建模的标准数据格式(IGES、VDA、DXF、STL、STEP、PRT、CATIA 和 DWG 等)。

现在，全世界有四千多用户在使用 Cimatron 的 CAD/CAM 制造方案，涵盖了汽车、航空航天、计算机、军事、光学仪器、通信电子、消费类商品和玩具等行业。

7) CAXA 软件

CAXA 软件是北京数码大方科技股份有限公司(CAXA)研发的国内唯一一款集工程设计、创新设计与协同设计于一体的新一代 3D CAD 系统软件。此款国产软件的最大特点是全中文界面，便于轻松学习和操作，兼容性强并且价格较低。它包含三维建模、分析仿真和协同工作等功能，并且操作性和设计速度与国外三维软件相比，更容易上手。借助 CAXA 制造工程师，用户可以生成 3～5 轴的加工代码,可用于加工具有复杂三维曲面的零件。

除了具备上述优点，CAXA 软件还集成了 CAXA 电子图板，设计者可在同一软件环境下自由地进行 3D 和 2D 设计，无需转换文件格式就可以直接读写 DWG/DXF/EXB 等数据，把三维模型转换为二维图样，并实现二维图样和三维模型的联动。此外，其与国产相关软件的数据交互能力也较强，方便设计人员之间的交流和协作。

8) 开目 CAD 软件

开目 CAD 软件是武汉开目信息技术有限公司开发的，也是我国最早商品化的 CAD 软件，它是当今世界唯一一款基于画法几何设计理念的工程设计绘图软件。

开目 CAD 软件是基于“长对正、宽相等、高平齐”的画法几何设计理念，最大限度地符合我国设计人员的设计与绘图习惯的一款国内成功研发的软件，因此国内的设计师们容易快速掌握与应用。

此外，开目 CAD 提供给设计师们相当丰富的零件结构、轴承与夹具、螺钉及螺母等国标和行业标准工程图库，并支持用户对图库的自定义与扩展。此外，它除了具有自己特色的编辑功能、强大的绘图功能外，与 AutoCAD 具有良好的开放性。因此，它凭借着学习上手快、绘图速度快、见效快等显著特点，迅速在机械、汽车、航天、装备等行业得到了广泛的普及和应用，经过工程实际的长期检验，被公认为我国应用效果最好的 CAD 软件之一，受到了企业广泛的欢迎。

4.2　3D 建模软件的选用原则

不论哪一款通用和行业 3D 建模软件，都能直接或间接地达到设计人员进行 3D 建模的目的，只是每款软件都有自己的优势。设计师可结合自身的实际情况以及设计领域，有的放矢地选择与应用 3D 建模软件。

1. 通用 3D 建模软件的选择原则

1) 快速掌握原则

在通用三维建模软件 Maya、3DS Max、Rhino、Blender、SketchUp 中，最为简单易学的要属 3DS Max、Rhino、SketchUp 软件，因为它们可以让使用者很快上手，使用者在短时间内即能掌握最基本的建模功能。

2) 专业特长原则

Maya 软件的最大优势是三维建模、着色和渲染、动画及影视制作，因此若想制作高端的动画片、电影电视广告及游戏动画等，可选择使用 Maya 软件。

3DS Max 软件的三维建模与渲染功能以及 3D 立体摄影机功能是所有三维建模软件中不可替代的，因此它在三维建筑效果图、建筑动画制作方面的优势较强。

Rhino 软件在创建、编辑、转换 NURBS 曲线及曲面方面功能非常强大，并支持多边形网格和点云的创建，因而可用于机械制造、工业设计等方面新产品的快速研发。

Blender 软件在音频处理及视频剪辑方面能处理得非常恰当到位，它能提供从建模、动画、材质及渲染，到后期的视频剪辑、音频处理等一系列动画片制作及解决方案，但设计者需花费一定的时间才能掌握此软件。

SketchUp 软件尤其适用于建筑设计师，它就像一支铅笔，设计师们可凭借这只特殊的“电子铅笔”进行任何复杂图形的简单绘制，也可以方便地将其转换成复杂的三维数据模型。

3) 应用范围原则

Maya 软件擅长于电影制作、动画片制作、电视栏目包装、电视广告、游戏动画等方面；3DS Max 软件则擅长游戏动画、建筑动画及效果图的制作；Rhino 软件更多用于三维动画制作及工业制造、机械设计等领域的三维设计与建模；Blender 软件在虚拟现实领域中通过自带的 Python API 函数调用 Blender 建模引擎，可实现虚拟场景三维模型的自动生成，这提升了 Blender 软件在虚拟现实领域中的拓展与应用；SketchUp 软件则在建筑效果草图设计领域具有较强的优势。

2. 行业三维建模软件的选择原则

1) 快速掌握原则

在行业三维建模软件 Pro/E、SolidWorks、AutoCAD、CATIA、UG、Cimatron、CAXA、开目 CAD 中，最为简单易学的要属 SolidWorks、CAXA 和开目 CAD 软件，它们可以让使用者很快上手，使用者在短时间内即能掌握最基本的三维建模功能。

2) 专业特长原则

Pro/E 软件的最大特点是参数化、基于特征和全尺寸相关的建模特色，可使设计者同时进行同一产品的设计与制造工作。此外，它可进行模拟装配和可行性分析，从而缩短设计周期，降低生产成本。

SolidWorks 软件具有强大的绘图自动化功能，能使设计师无需加载每一个部件到内存就能创建装配图，只需拖拽并释放一个装配件到工程图中即可完成装配。因此，设计者能在很短的时间内生成上万个组件装配的 2D 图。

AutoCAD 软件的最大优点是具有强大的图形编辑功能；可以采用多种方式进行二次开发或用户定制；可以进行多种图形格式的转换，具有较强的数据交换能力；支持多种硬件设备及操作平台，并且具有通用性、易用性。因此，工程技术人员进行设计研究时，可将 AutoCAD 软件作为首选软件。

CATIA 软件提供了完备的设计对象混合建模技术，即无论是实体还是曲面，都可做到真正的互操作。此外，设计者在设计过程中，可以不必考虑参数化设计目标，因为它提供了其他软件所没有的变量驱动及后参数化能力。CATIA 软件的另一优点，就是它能提供智能化的树结构，通过这个树结构，设计者即使在设计的最后阶段需要做重大修改，都能便捷地进行整个设计方案的重新整合与修改工作，而这可使新产品的设计周期大大缩短。

UG 软件不仅具有强大的实体与曲面造型、虚拟装配和产生工程图等设计功能，还可在设计过程中进行有限元及机构运动分析、动力学分析和仿真模拟，从而提高设计的可靠性。此外，UG 还可以将三维数据模型直接生成数控代码，并将其用于产品的加工及后处理程序。因此，它支持多种类型的数控机床进行数控加工。

Cimatron 软件是目前世界上公认的最优秀的 NC 加工软件之一，它可以满足数控加工所需要的各项功能，具有刀路计算快、NC 文件短等优点，并具有人性化、智能化的特点。此外，其新增加的快速预览功能更能大大地缩短程序编制的时间，而且其编程操作简单易用。

CAXA 和开目 CAD 软件是国产的优秀的 CAD 软件，深受我国工程设计人员的喜爱。这两款软件的共同特点是：对机械的国家标准罗列的比较全面，绘图效率比较高。此外，这两款 CAD 软件在绘制图形时简单易学，而且价格便宜。唯一的局限性，就是它们都有各自的图形文件格式，自成体系，在与其他国外相关软件进行转换时，有些图素的属性会发生变化。

3) *应用范围原则*

上述行业三维建模软件(如 Pro/E、SolidWorks、AutoCAD、CATIA、UG、Cimatron、CAXA、开目 CAD 等)的具体应用范围大致如下：Pro/E 软件在草图与装配设计方面具有长处，因而主要应用于机械、模具、工业设计、汽车、航天、家电、玩具等领域；CATIA、UG 软件各方面功能都要比 Pro/E 强大，因而普遍应用于航空航天及汽车领域；Cimatron 软件目前在国内的制鞋领域应用较为普遍；CAXA、开目 CAD 软件由于其具有符合我国设计人员的设计习惯且价格便宜等特性，较普遍应用于我国的机械、汽车、航天及装备领域。

总之，设计者在选用 3D 建模软件时，要综合考虑各方面因素(如自身的财力及可接受能力)，再决定选用哪款 3D 建模软件，或根据以上各 3D 软件的介绍，同时选用几款 3D 软件，以便有选择地对其相关设计功能进行互补，以达到将设计理念完美地付诸于所需的 3D 数据的目的。

4.3 快速成型中的数据处理

采用快速成型技术进行产品或模型的加工与制作，首先需要准备好三维 CAD 数据模型。目前几乎所有的快速成型的加工制造方法都是借助三维 CAD 数据模型，经过恰当的切片处理后来直接驱动快速成型设备进行快速加工与制作的。三维 CAD 数据模型资料须处理成快速成型系统所能接受的数据格式，才能进入快速成型系统进行特定的切片处理工作。所以，在准备采用 RP 技术之前以及原型制件的制作过程中，都需要进行大量的数据准备及处理工作，并且数据的准备和处理工作直接决定着原型制件的成型效率、表面质量和精度。因此，在整个 RP 技术的实施过程中，三维 CAD 数据的处理是十分必要和相当重要的工作。

三维 CAD 数据处理的软件不同，所采用的数据格式也不同，即不同的 CAD 系统所采用的数据格式各不相同。同时，不同的快速成型系统也采用各自不同的数据格式与文件，这些都会给数据的交换、资源的共享造成一定的障碍。因此，要寻找一种 RP 工艺系统能有效识别的中间数据格式。

4.3.1　STL 数据文件及处理

目前，快速成型系统能接受以下几种中间数据格式：IGES、STEP、DXF、STL、SLC、CLI、RPI、LEAF 等。其中，美国 3D System 公司开发的 STL 文件格式几乎被大多数快速成型系统所接受，因此被认为是快速成型数据的准标准。

1. STL 文件的格式

STL 文件的主要优势在于表达简单清晰，文件中只包含相互衔接的三角形片面节点坐标及其外法向量。STL 数据格式的实质是用许多细小的空间三角形面来逼近还原 CAD 实体模型，这类似于实体数据模型的表面有限元网格划分，如图 4-8 所示。STL 模型的数据是通过给出三角形法向量的三个分量及三角形的三个顶点坐标来实现的。STL 文件记载了组成 STL 实体模型的所有三角形面，它有二进制(BINARY)和文本文件(ASCII)两种形式。

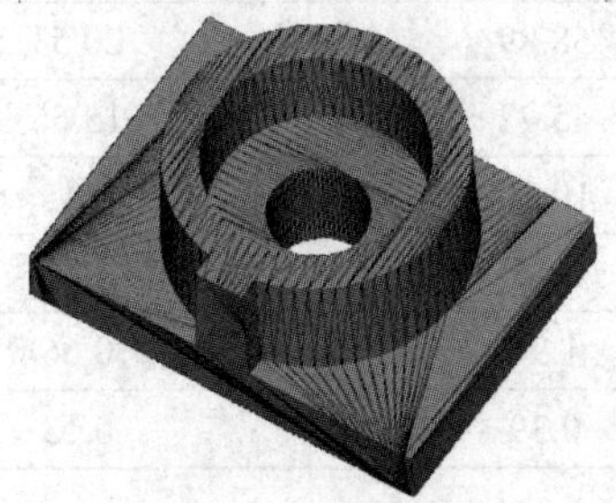

图 4-8　采用 STL 数据格式描述的 CAD 模型

2. STL 文件的精度

STL 文件的数据格式是采用小三角形来近似逼近三维实体模型的外表面，小三角形数量的多少直接影响着近似逼近的精度。显然，精度要求越高，选取的三角形应该越多。但是，快速成型制造所要求的 CAD 模型的 STL 文件，过高的精度要求可能会超出快速成型制造系统所能达到的精度指标，而且三角形数量的增多会引起计算机存储容量的加大，同时带来切片处理时间的显著增加，有时截面的轮廓会产生许多小线段，不利于激光头的扫描运动，导致低的生产效率和表面不光洁。所以，从 CAD/CAM 软件输出 STL 文件时，选取的精度指标和控制参数应该根据 CAD 模型的复杂程度以及快速原型精度要求的高低进行综合考虑。

不同的 CAD/CAM 系统输出 STL 格式文件的精度控制参数是不一致的，但最终反映 STL 文件逼近 CAD 模型的精度指标理论上是小三角形的数量，实质上是三角形平面逼近曲面时的弦差的大小。弦差指的是近似三角形的轮廓边与曲面之间的径向距离。从本质上看，用有限的小三角形面的组合来逼近 CAD 模型表面，是原始模型的一阶近似，它不包含邻接关系信息，不可能完全表达原始设计的意图，离真正的表面有一定的距离，而在边界上有凸凹现象，所以无法避免误差。

下面以具有典型形状的圆柱体和球体为例，说明选取不同三角形个数时的近似误差，如表 4-1、表 4-2 所示。从弦差、表面积误差以及体积误差的本身对比和两者之间的对比可以看出：随着三角形数目的增多，同一模型采用 STL 格式逼近的精度会显著地提高；而不同形状特征的 CAD 模型，在相同的精度要求条件下，最终生成的三角形数目的差异很大。

表 4-1　用三角形近似表示圆柱体的误差

三角形数目	弦差/%	表面积误差/%	体积误差/%
10	19.1	6.45	24.32
20	4.89	1.64	6.45
30	2.19	0.73	2.90
40	1.23	0.41	1.64
100	0.20	0.07	0.26

表 4-2　用三角形近似表示球体的误差

三角形数目	弦差/%	表面积误差/%	体积误差/%
20	83.49	29.80	88.41
30	58.89	20.53	67.33
40	45.42	15.66	53.97
100	19.10	6.45	24.32
500	3.92	1.31	5.18
1000	1.97	0.66	2.61
5000	0.39	0.13	0.53

3. STL 文件的纠错处理

1) STL 文件的基本规则

(1) 取向规则。

STL 文件中的每个小三角形面都是由三条边组成的，而且具有方向性。三条边按逆时针顺序由右手定则确定面的法矢指向所描述的实体表面的外侧。相邻的三角形的取向不应出现矛盾。

(2) 点点规则。

每个三角形必须也只能跟与它相邻的三角形共享两个点，也就是说，不可能有一个点会落在其旁边三角形的边上。

(3) 取值规则。

STL 文件中所有的顶点坐标必须是正的，零和负数是错的。然而，目前几乎所有的 CAD/CAM 软件都允许在任意的空间位置生成 STL 文件，唯有 AutoCAD 软件还要求必须遵守这个规则。

STL 文件不包含任何刻度信息，坐标的单位是随意的。很多快速成型前处理软件是以实体反映出来的绝对尺寸值来确定尺寸的单位。STL 文件中的小三角形通常是以 Z 增大的方向排列的，以便于切片软件的快速解算。

(4) 合法实体规则。

STL 文件不得违反合法实体规则，即在三维模型的所有表面上，必须布满小三角形平面，不得有任何遗漏(即不能有裂缝或孔洞)，不能有厚度为零的区域，外表面不能从其本身穿过等。

2) 常见的 STL 文件错误

像其他的 CAD/CAM 常用的交换数据一样，STL 也经常出现数据错误和格式错误，其中最常见的错误如下：

(1) 遗漏。

尽管在 STL 数据文件标准中没有特别指明所有的 STL 数据文件所包含的面必须构成一个或多个合理的法定实体，但是正确的 STL 文件所含有的点、边、面和构成的实体数量必须满足如下的欧拉公式：

$$F-E+V=2-2H$$

其中，F(Face)、E(Edge)、V(Vertix)、H(Hole)分别指面数、边数、点数和实体中穿透的孔洞数。

如果一个 STL 文件中的数据不符合该公式，则该 STL 文件就有漏洞。在切片软件进行运算时，一般是无法检测该类错误的，这样在切片时就会产生某一边不封闭的后果，直接造成在快速成型制造中激光束或刀具行走时漏过该边。

(2) 退化面。

退化面是 STL 文件中另一个常见的错误。不像遗漏的错误，它不会造成快速成型加工过程的失败。

尽管退化面并不是很严重的问题，但这并不是说它就可以忽略。一方面，该面的数据要占空间；另一方面，也是更重要的，这些数据有可能使快速成型前处理的分析算法失败，并且使后续的工作量加大和造成困难。图 4-9 所示便是由划分三角形面而产生的无穷多的退化面的例子。

图 4-9　由划分三角形面而产生无穷多的退化面

(3) 模型错误。

模型错误不是在 STL 文件转换过程中形成的，而是由于 CAD/CAM 系统中原始模型的错误引起的，这种错误将在快速成型制造过程中表现出来。

(4) 错误法矢面。

进行 STL 格式转换时，会因未按正确的顺序排列构成三角形的顶点而导致计算所得法矢的方向相反。为了判断是否错误，可将怀疑有错的三角形的法矢方向与相邻的一些三角形的法矢加以比较。

4.3.2 三维模型的切片处理

快速成型系统中的切片处理极为重要。切片的目的是要将模型以片层方式来描述。通过这种描述，无论零件多么复杂，对每一层来说却是很简单的平面。切片处理是将计算机中的几何模型变成轮廓线来表述。这些轮廓线代表了片层的边界，轮廓线是由一系列的环路来组成的，由许多点来组成一个环路。切片软件的主要任务是接受正确的 STL 文件，并生成指定方向的截面轮廓线和网格扫描线，如图 4-10 所示。

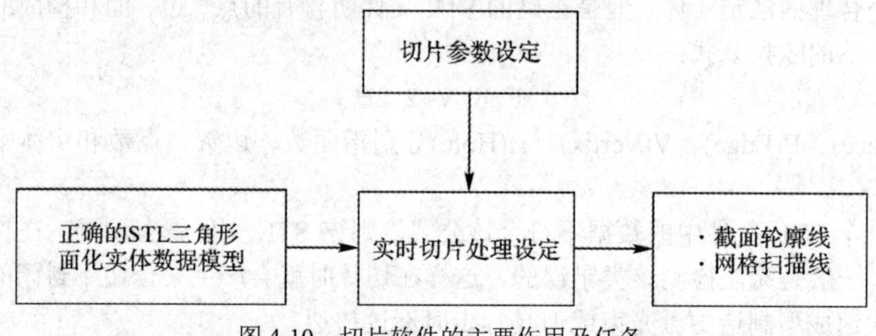

图 4-10　切片软件的主要作用及任务

1. 切片方法

快速成型工艺中的主要切片方式一般有 STL 切片和直接切片两种方式。

1) STL 切片

(1) 直接 STL 切片。

1987 年，3D Systems 公司的 Albert 顾问小组鉴于当时计算机软硬件技术相对落后，便参考 FEM(Finite Elements Method)单元划分和 CAD 模型着色的三角化方法对任意曲面 CAD 模型作小三角形平面近似，开发了 STL 文件格式，并由此建立了从近似模型中进行切片获取截面轮廓信息的统一方法，沿用至今。多年以来，STL 文件格式受到越来越多的 CAD 系统和 RP 设备的支持，成为快速成型行业事实上的标准，极大地推动了快速成型技术的发展。它实际上就是三维模型的一种单元表示法，它以小三角形面为基本描述单元来近似模型表面。

切片是几何体与一系列平行平面求交的过程，切片的结果产生了一系列曲线边界表示的实体截面轮廓，组成一个截面的边界轮廓环之间只存在两种位置关系：包容或相离。切片算法取决于输入几何体的表示格式。STL 格式采用小三角形平面近似实体表面，这种表示法最大的优点就是切片算法简单易行，只需要依次与每个三角形求交即可。

在实际操作中，对于单个小三角形面，可能遇到四种边界表示的情形：零交点、一个交点、两个交点、三个交点。在获得交点后，可以根据一定的规则，选取有效顶点组成边界轮廓环。获得边界轮廓后，按照外环逆时针、内环顺时针的方向描述，为后续扫描路径生成中的算法处理做准备。

STL 文件因其特定的数据格式而存在数据冗余、文件庞大及缺乏拓扑信息等，也因数据转换和前期的 CAD 模型的错误，有时出现悬面、悬边、点扩散、面重叠、孔洞等错误，诊断与修复困难。同时，使用小三角形平面来近似三维曲面还存在下列问题：曲面误差；大型 STL 文件的后续切片将占用大量的机时；当 CAD 模型不能转化成 STL 模型或者转化后存在复杂错误时，重新造型将使快速原型的加工时间与制造成本增加。正是由于这些原因，不少学者发展了其他切片方法。

(2) 容错切片。

容错切片(Tolerate Errors Slicing)基本上避开了 STL 文件三维层次上的纠错问题，直接对 STL 文件切片，并在二维层次上进行修复。由于二维轮廓信息十分简单，并具有闭合性、不相交等简单的约束条件，特别是对于一般机械零件实体模型而言，其切片轮廓多为简单的直线、圆弧、低次曲线组合而成，因而能容易地在轮廓信息层次上发现错误，依照以上多种条件与信息，进行多余轮廓去除、轮廓断点插补等操作，可以切出正确的轮廓。对于不封闭轮廓，采用评价函数和裂纹跟踪处理，在一般三维实体模型随机丢失 10%三角形的情况下，都可以切出有效的边界轮廓。

(3) 定层厚切片。

快速成型制造技术实质上是分层制造、层层叠加的过程，分层切片是指对已知的三维 CAD 实体数据模型求某方向的连续截面的过程。切片模块在系统中起着承上启下的作用，其结果直接影响加工零件的规模、精度和复杂程度，它的效率也关系到整个系统的效率。切片处理的数据对象只是大量的小三角形平面，因此切片的问题实质上是平面与平面的求交问题。由于 STL 三角形面化模型代表的是一个有序的、正确的且唯一的 CAD 实体数据模型，因此对其进行切片处理后，每一个切片截面应该由一组封闭的轮廓线组成。

(4) 适应性切片。

适应性切片(Adaptive Slicing)根据零件的几何特征来决定切片的层厚，在轮廓变化频繁的地方采用小厚度切片，在轮廓变化平缓的地方采用大厚度切片。与统一层厚切片方法比较，可以减小 X 轴误差、阶梯效应与数据文件的长度。

2. 直接切片

在工业应用中，保持从概念设计到最终产品的模型一致性是非常重要的。在很多例子中，原始 CAD 模型本来已经精确表示了设计意图，STL 文件反而降低了模型的精度。而且使用 STL 格式表示方形物体精度较高，表示圆柱形、球形物体精度较差。对于特定的用户，生产大量高次曲面物体时，使用 STL 格式会导致文件巨大、切片费时，迫切需要抛开 STL 文件，直接从 CAD 模型中获取截面描述信息。在加工高次曲面时，直接切片(Direct Slicing)明显优于 STL 方法。相比较而言，采用原始 CAD 模型进行直接切片具有如下优点:

(1) 能减少快速成型的前处理时间。

(2) 可避免 STL 格式文件的检查和纠错过程。

(3) 可降低模型文件的规模。

(4) 能直接采用 RP 数控系统的曲线插补功能，从而可提高工件的表面质量。

(5) 能提高原型件的精度。

直接切片的方法有多种，如基于 ACIS 的直接切片法和基于 ARX SDK(AutoCAD Runtime eXtension Software Development Kit)的直接切片法等。ACIS 是一种现代几何造型系统，它以开放面向目标的结构(Open Object-oriented Architecture)，提供曲线、表面和实体造型功能。基于 ARX SDK 的直接切片法可以针对 AutoCAD 模型直接进行切片。这两种切片方法的共同点是，经过一个未作近似处理的中间文件——ACIS 或 ARX SDK，对 CAD 模型进行直接切片。

4.4 三维软件 UG 建模实例

UG(Unigraphics NX)是 Siemens PLM Software 公司出品的一款明星产品，它为用户的产品设计及加工过程提供了数字化造型和验证手段。它是一个交互式 CAD/CAM 系统，功能强大，可以轻松实现各种复杂实体及造型的建构。

UG 建立在为客户提供无与伦比的解决方案的成功经验基础之上，这些解决方案可以全面地改善设计过程的效率，削减成本，并缩短进入市场的时间。通过再一次将注意力集中于跨越整个产品生命周期的技术创新，UG 的成功已经得到了充分的证实。

本节以如图 4-11 所示卡通企鹅为例，将该模型分为主体、嘴巴、手、脚、围巾、眼睛六部分，简单介绍 UG 建模过程。

图 4-11 卡通企鹅模型

1. 企鹅主体的建立

进入 UG 软件，新建文件，进入建模环境并设置显示基准坐标系。

(1) 单击“插入”，选择“设计特征—回转”命令，选择 *Y*-*Z* 基准平面，绘制如图 4-12 所示主体草图。

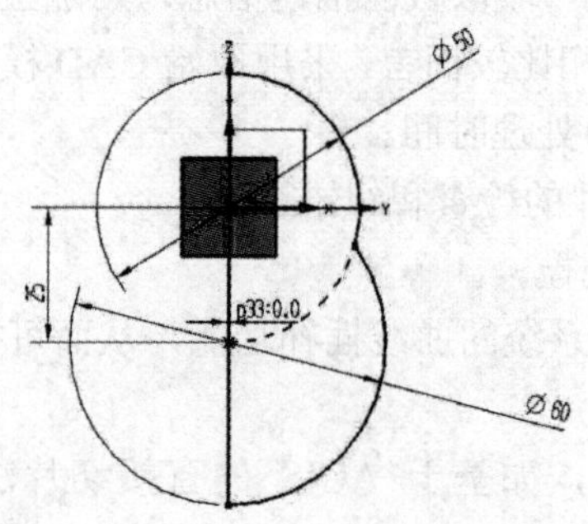

图 4-12 主体草图

(2) 指定 *Z* 轴为旋转轴，360° 旋转，得到如图 4-13 所示主体部分。

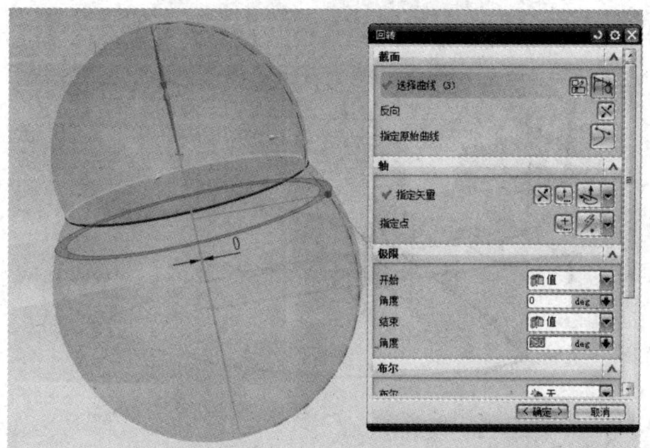

图 4-13　主体部分

2. 企鹅嘴巴的建立

(1) 单击“插入”，选择“任务环境中的草图”，选择 X-Y 基准平面，绘制如图 4-14 所示的圆弧。

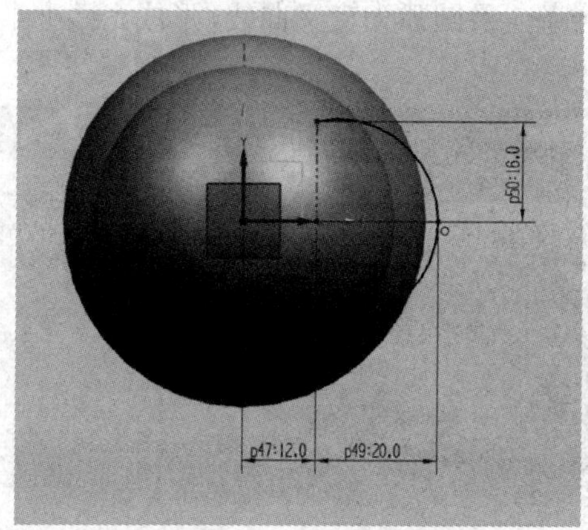

图 4-14　圆弧

(2) 单击“插入”，选择“任务环境中的草图”，选择 X-Z 基准平面，绘制如图 4-15 所示的艺术样条 1。

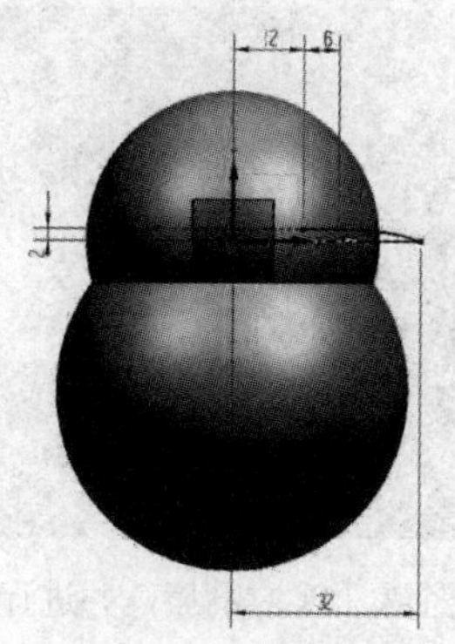

图 4-15　艺术样条 1

(3) 单击“插入”，选择“任务环境中的草图”，选择圆弧及艺术样条 1 的端点，绘制如图 4-16 所示的艺术样条 2。

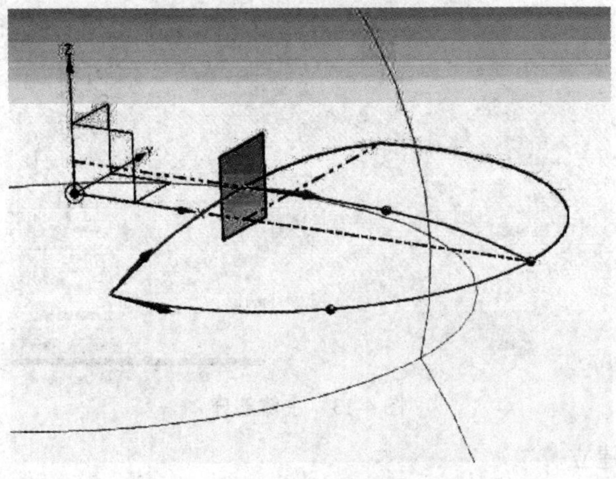

图 4-16　艺术样条 2

(4) 单击“插入”，选择“网格曲面—通过曲线网格”，选择艺术样条 1 的终点及艺术样条 2 作为主曲线，艺术样条 1 及圆弧为交叉曲线，形成企鹅上半左部嘴唇实体，如图 4-17 所示。

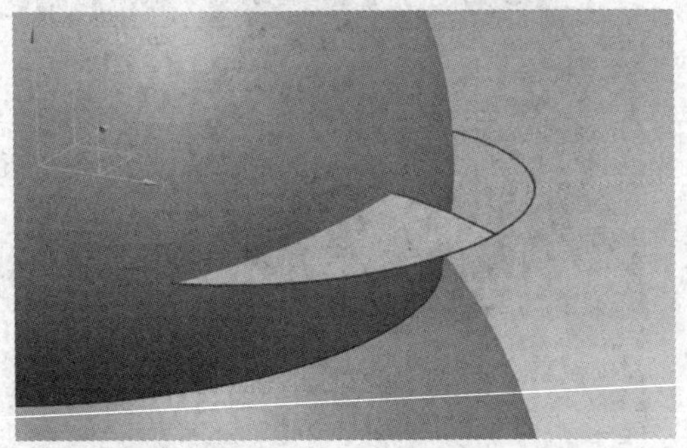

图 4-17　企鹅上半左部嘴唇

(5) 重复步骤(4)的方法，生成企鹅上半右嘴唇，并进行缝合生成片体，如图 4-18 所示。

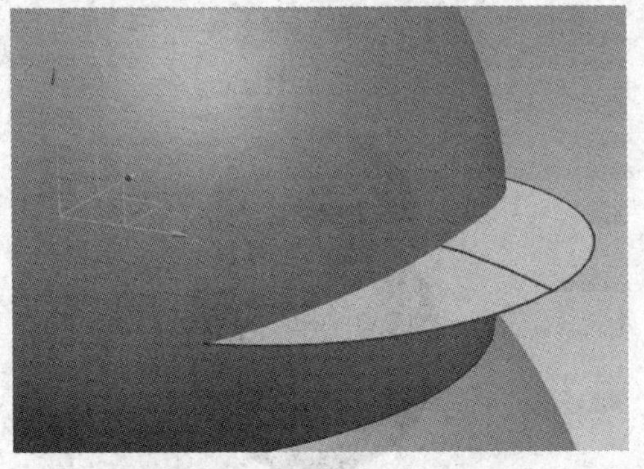

图 4-18　生成企鹅上半右嘴唇，并进行缝合生成片体

(6) 单击“编辑—变换—通过平面镜像”，选择(5)中片体，生成嘴巴下半部分，插入有界平面并缝合，如图 4-19 所示。

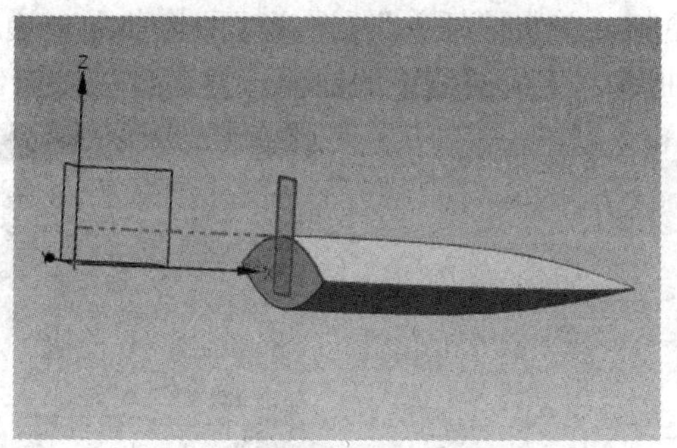

图 4-19　生成嘴巴下半部分

3. 企鹅手的建立

(1) 圆弧平面绘制。单击“插入”，选择“任务环境中的草图”，选择 *Y*–*Z* 基准平面。绘制如图 4-20 所示的圆弧，并在垂直于圆弧的平面上建立小半径 3 mm，大半径 6 mm 的椭圆，旋转 90° 并 4 等分段。

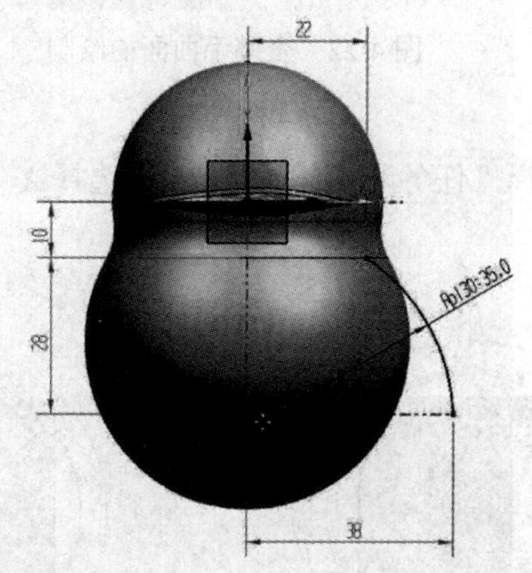

图 4-20　绘制圆弧平面

(2) 艺术样条的绘制。单击“插入”，选择“任务环境中的草图”，选择 *Y*–*Z* 基准平面。分别以椭圆上、下顶点为起点，圆弧末端为终点，通过艺术样条命令绘制出两条引导线。如图 4-21 所示。

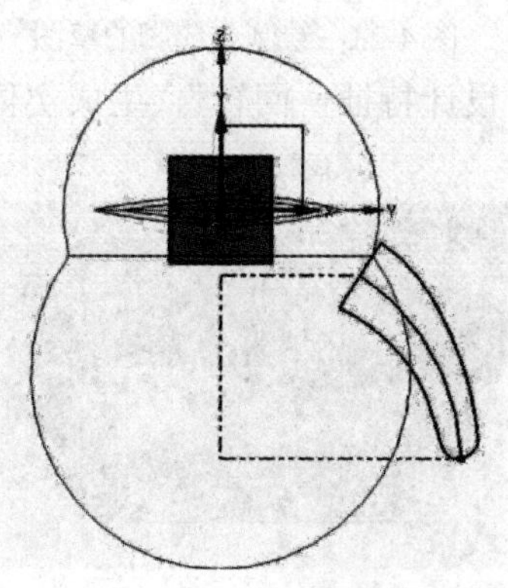

图 4-21　艺术样条的绘制

(3) 企鹅手曲面的绘制。单击“插入”，选择“网格曲面—通过曲线网格”。选择如图 4-22 所示主曲线及交叉曲线，生成曲线手的曲面。并通过“镜像”命令生成另外一只手。

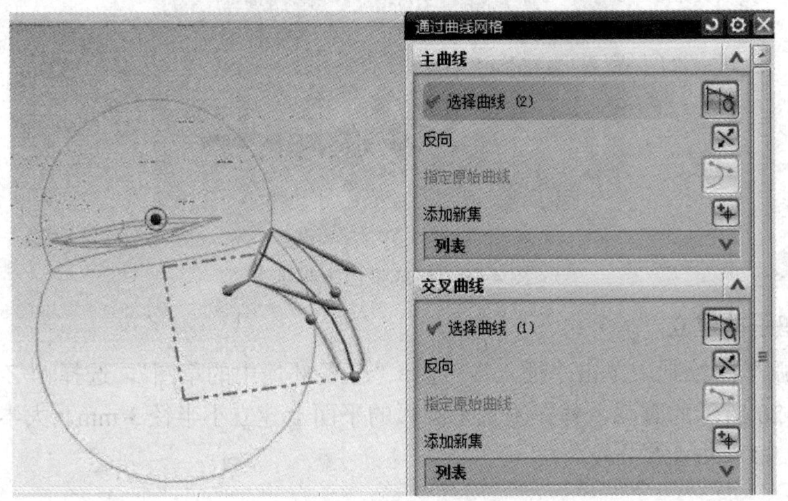

图 4-22　企鹅手曲面的绘制

4. 企鹅脚的建立

(1) 单击“插入”，选择“任务环境中的草图”，选择 X-Z 基准平面，绘制如图 4-23 所示的草图。

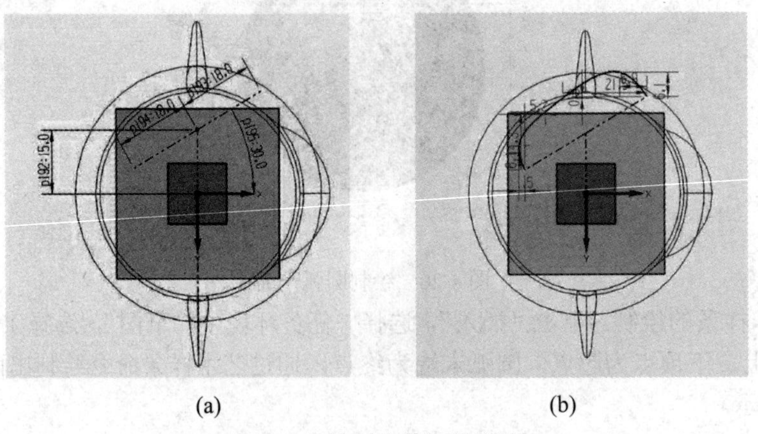

(a)　　(b)

图 4-23　绘制企鹅脚的草图

(2) 单击“插入”，选择“设计特征—回转”，生成实体。通过基准平面，修剪形成如图 4-24 所示企鹅脚。

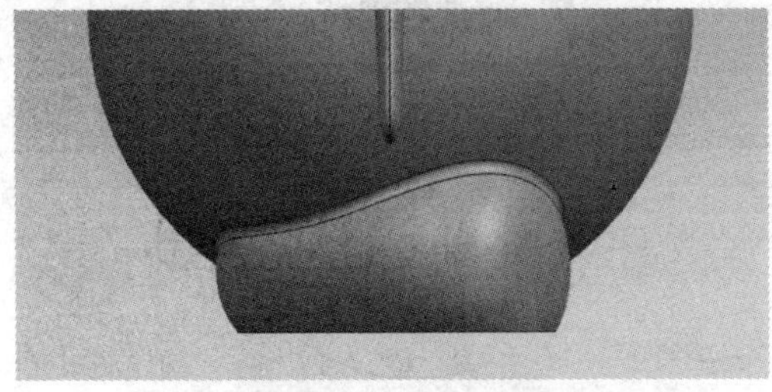

图 4-24　修剪成型

5. 企鹅围巾的建立

(1) 单击“插入”，选择“基准平面”，在距离 X–Y 基准平面 3 mm 及 10 mm 处建立新的基准平面，并绘制如图 4-25 所示的半圆。

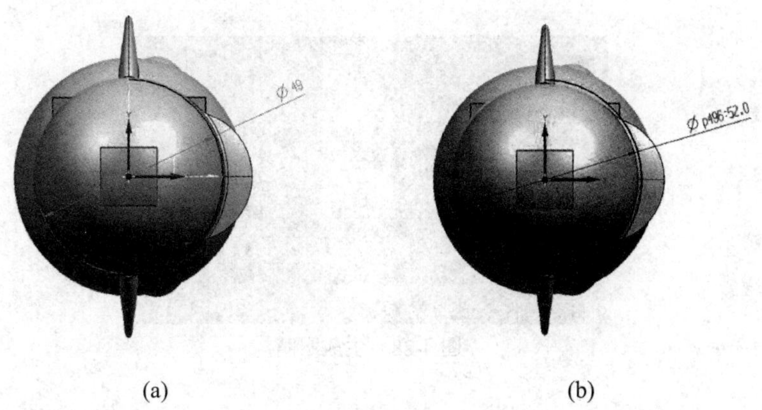

(a) (b)

图 4-25 绘制半圆

(2) 绘制如图 4-26 所示封闭样条曲线。

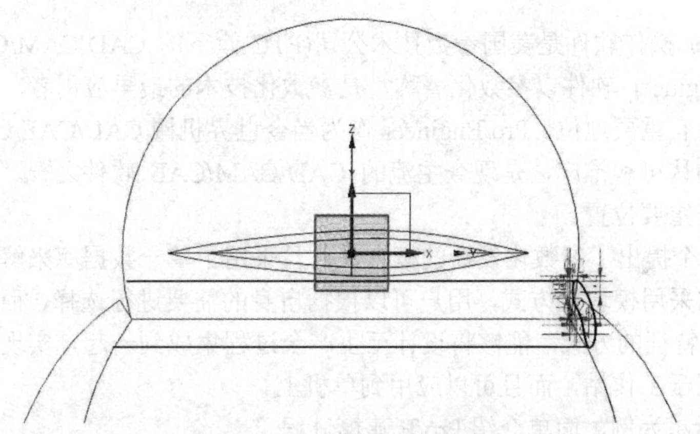

图 4-26 绘制封闭样条曲线

(3) 选择封闭艺术样条曲线为截面曲线，两条半圆为引导线，扫描生成企鹅部分围巾实体。通过“镜像”命令完成围巾部分创建，如图 4-27 所示。

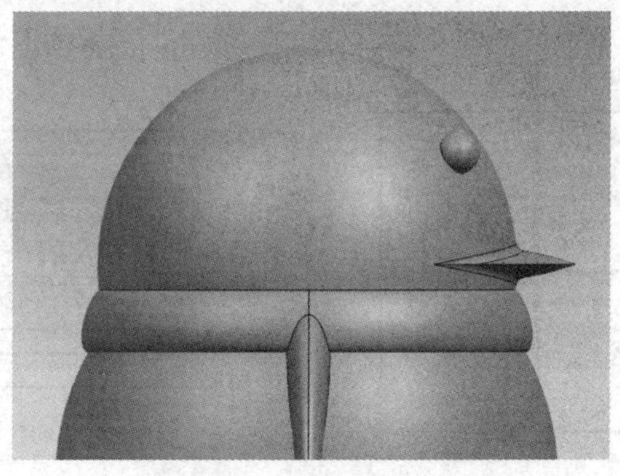

图 4-27 围巾效果图

6. 企鹅眼睛的建立

(1) 单击“插入”，选择“设计特征—球”，形成一个眼睛实体。

(2) 单击“编辑—变换—通过平面镜像”，选择(1)中眼睛实体，生成另一只眼睛。如图4-28 所示。

图 4-28　生成眼睛

4.5　三维软件 Pro/Engineer 建模实例

Pro/Engineer 操作软件是美国参数技术公司(PTC)旗下的 CAD/CAM/CAE 一体化的三维软件。Pro/Engineer 软件以参数化著称，是参数化技术的最早应用者，在目前的三维造型软件领域中占有重要地位。Pro/Engineer 作为当今世界机械 CAD/CAE/CAM 领域的新标准而得到业界的认可和推广，是现今主流的 CAD/CAM/CAE 软件之一，特别是在国内产品设计领域占据重要位置。

Pro/E 第一个提出了参数化设计的概念，并且采用了单一数据库来解决特征的相关性问题。另外，它采用模块化方式，用户可以根据自身的需要进行选择，而不必安装所有模块。Pro/E 基于特征的方式，能够将设计至生产全过程集成到一起，实现并行工程设计。它不但可以应用于工作站，而且可以应用到单机上。

本节以幸运星为例，简单介绍 Pro/E 建模过程。

1. 绘制样条曲线

(1) 创建关于 TOP 面偏移 5 mm 的平面 DTM1，并在 DTM1 上创建填充平面，如图 4-29 所示。

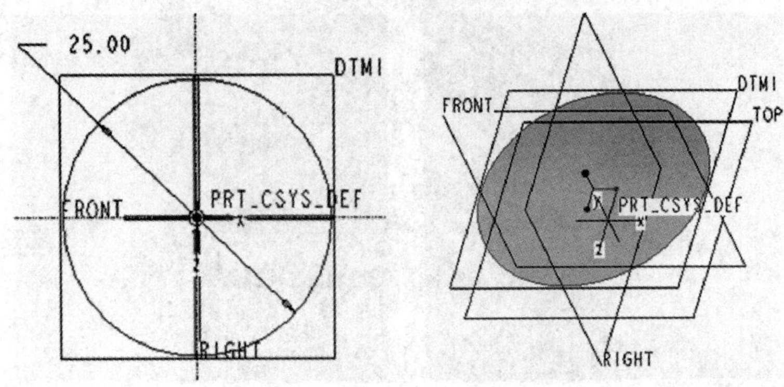

图 4-29　创建填充平面

(2) 选择填充曲面边界和 RIGHT 平面，创建交点 PNT0，如图 4-30 所示。

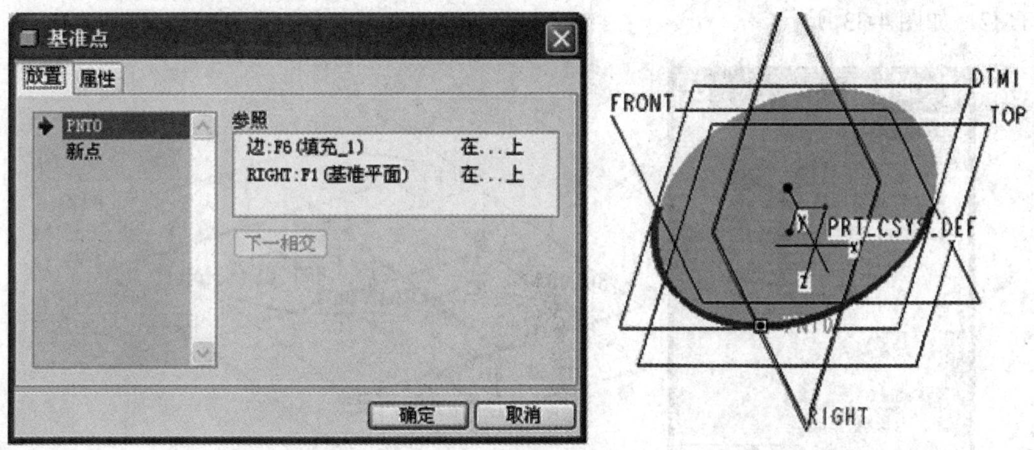

图 4-30　创建交点 PNT0

(3) 在 RIGHT 平面上绘制样条曲线，曲线起点通过基准点 PNT0，如图 4-31 所示。

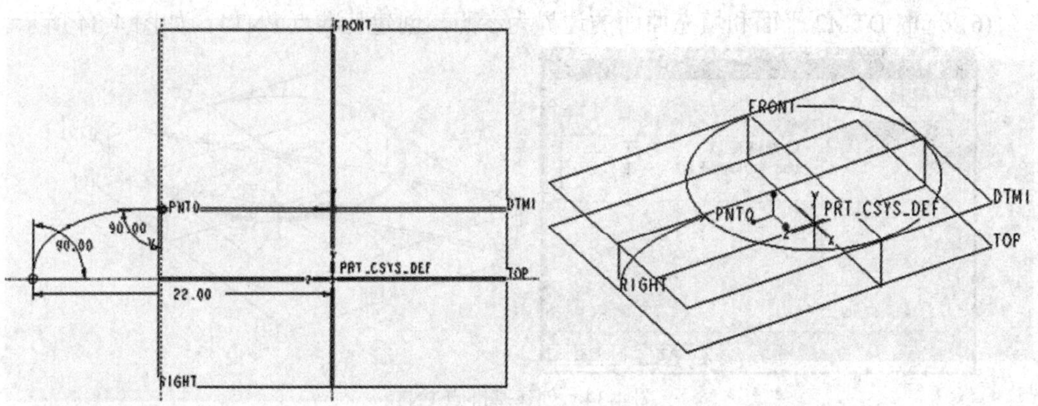

图 4-31　绘制样条曲线

(4) 选取 RIGHT 平面和 FRONT 平面为参照平面，创建基准轴 A_1，如图 4-32 所示。

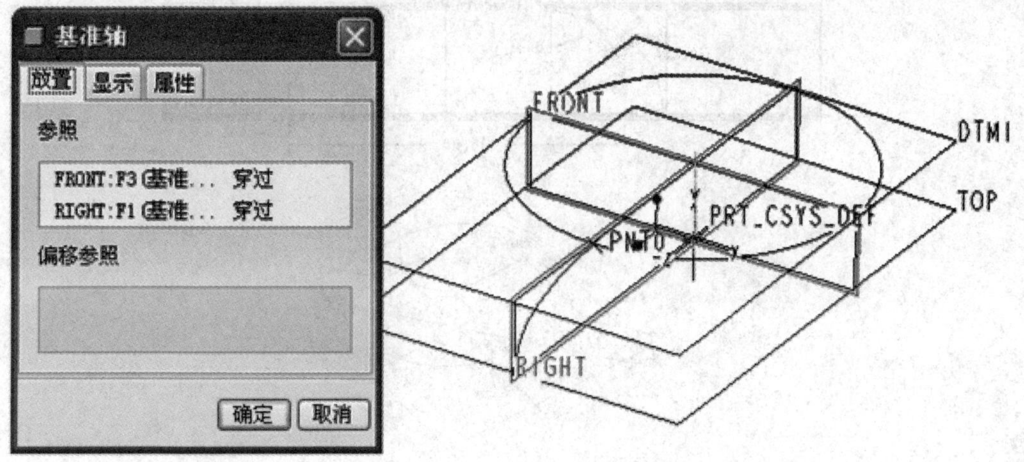

图 4-32　创建基准轴 A_1

(5) 选取 RIGHT 平面和轴 A_1 为参照，相对 RIGHT 平面偏移 36°，创建基准平面 DTM2，如图 4-33 所示。

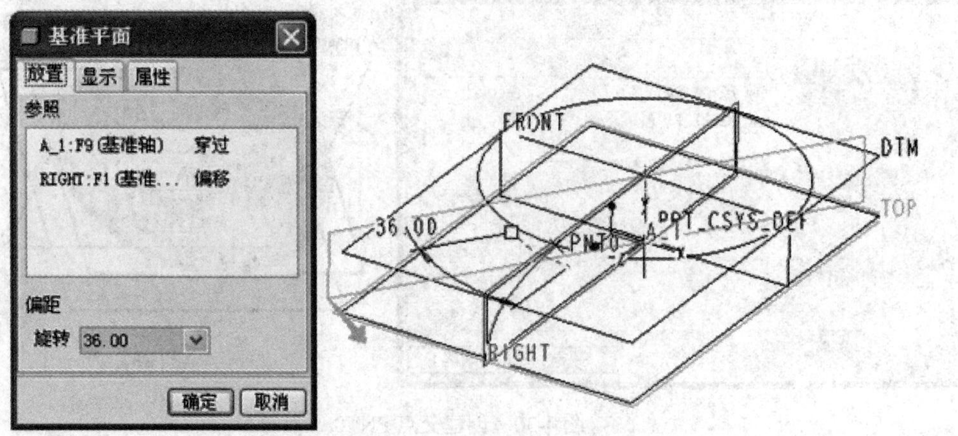

图 4-33　创建基准平面 DTM2

(6) 选取 DTM2 平面和填充曲面的边界为参照，创建基准点 PNT1，如图 4-34 所示。

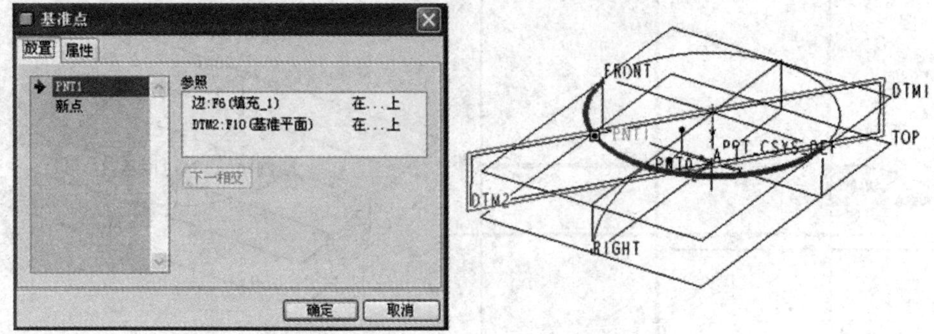

图 4-34　创建基准点 PNT1

(7) 在 DTM2 上绘制样条曲线，曲线起点通过基准点 PNT1，如图 4-35 所示。

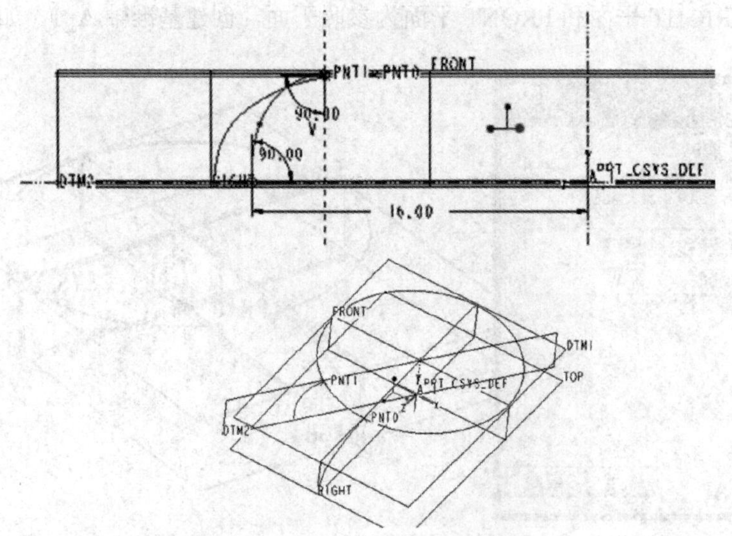

图 4-35　在 DTM2 上绘制样条曲线

(8) 选取 TOP 平面为绘图平面，绘制样条曲线，如图 4-36 所示。

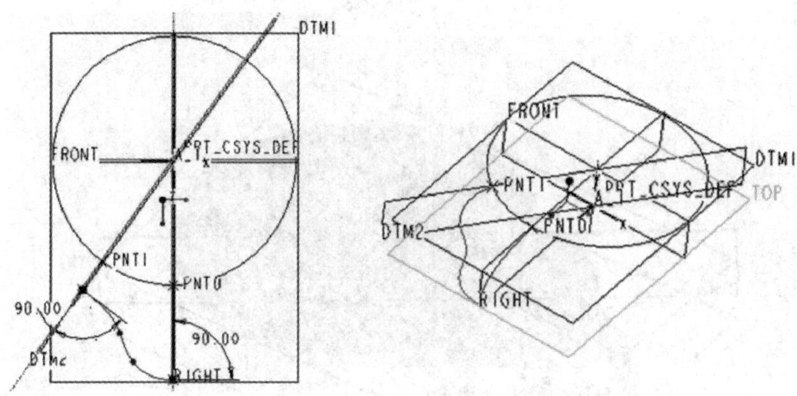

图 4-36　TOP 平面绘制样条曲线

2. 生成幸运星模型

(1) 创建边界混合曲面，如图 4-37 所示。

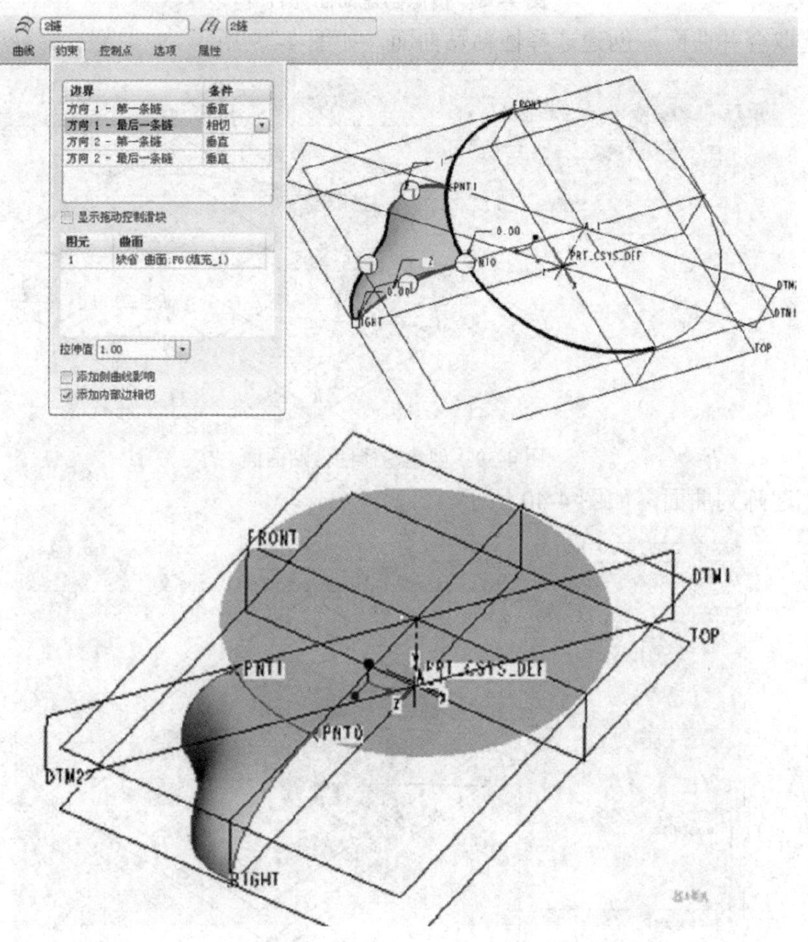

图 4-37　创建边界混合曲面

(2) 以 RIGHT 平面为镜像平面创建曲面，单击工具栏“合并”按钮，将两个曲面合并，如图 4-38 所示。

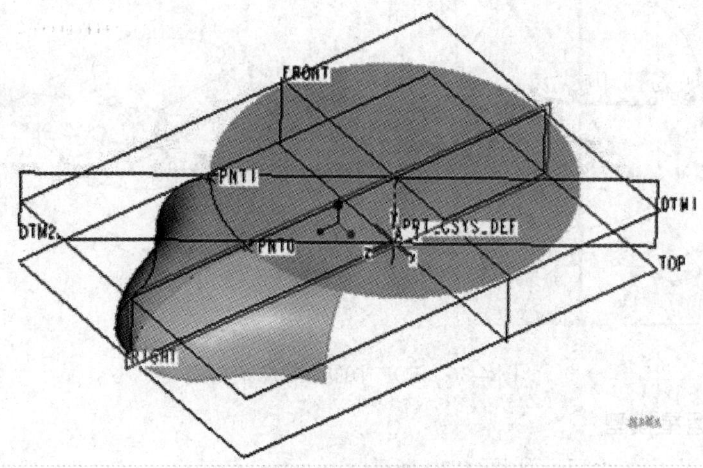

图 4-38　镜像创建曲面并合并

(3) 选取合并曲面，创建选择性粘贴曲面，如图 4-39 所示。

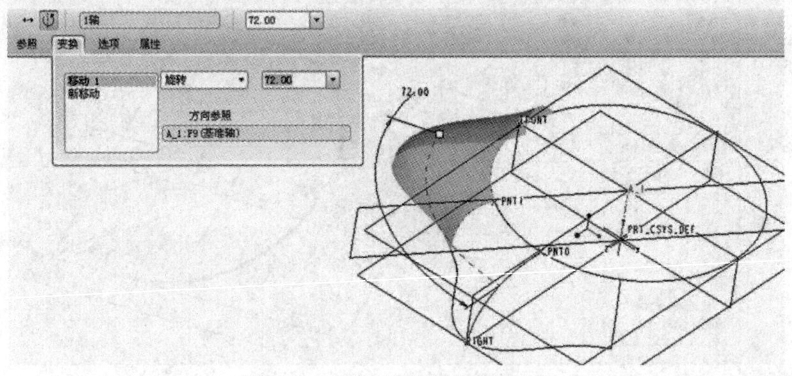

图 4-39　创建选择性粘贴曲面

(4) 创建阵列曲面，如图 4-40 所示。

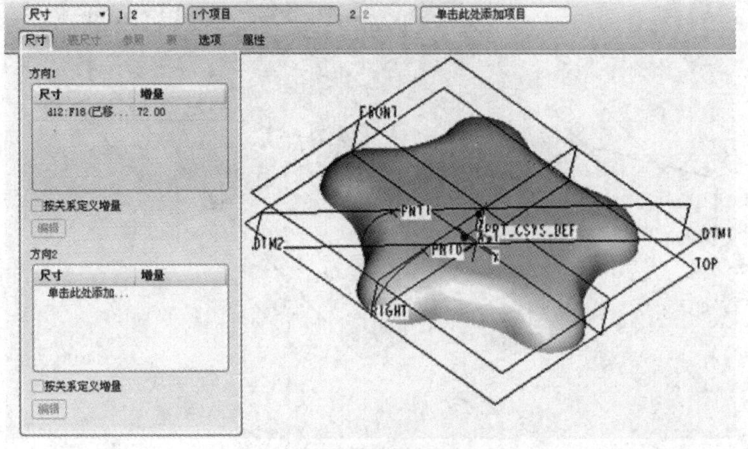

图 4-40　创建阵列曲面

(5) 合并曲面，并镜像，如图 4-41 所示。

三维建模软件的最终生成的格式一般默认为 PRT 文件格式，但是设计软件和打印机之间的协作标准文件格式为 STL 文件格式，因此完成三维建模后，需将三维模型转换为打印机可以识别的 STL 格式。

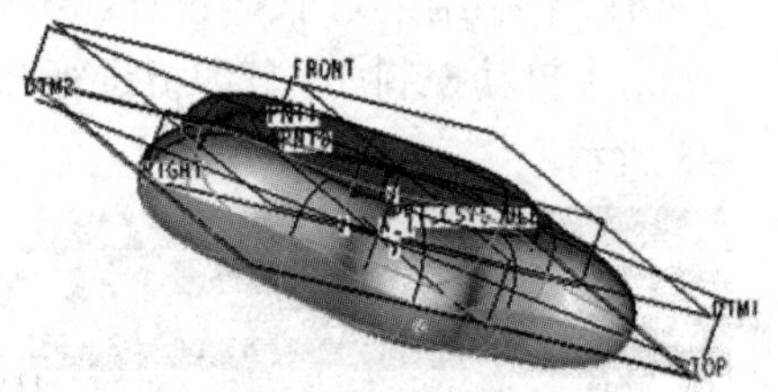

图 4-41　合并曲面并镜像

4.6　CURA 软件切片处理实例

根据 3D 打印逐层累加的成型原理，需要将构建完成的三维模型进行切片处理，即将一体化的三维数字模型按照一定高度进行分层离散化处理，生成能够驱动 3D 打印机运动的程序。在切片处理过程中，需要对切片数据进行参数设置，如：设置层高、确定填充形状及填充率、设置支撑等。

本节以齿轮零件为例，应用 CURA 软件说明其切片处理的具体过程。

1. 软件参数设置

(1) 安装 CURA 开源软件。

(2) 机型设置。

根据实际情况，填写机型名称，设置机器结构尺寸、打印尺寸和喷嘴直径等必要参数。

(3) 参数设置。

打开 CURA 软件，进行软件内部数据设置，主要包括基本设置和高级设置两部分。

基本设置主要完成打印质量、填充物、打印速度和温度、支撑和打印材料的具体设置，高级设置主要完成退回、打印质量、速度和冷却等参数的设置，具体参数设置如图 4-42 所示。

Cura - 15.04.6
File　Tools　Machine　Expert　Help
Basic　Advanced　Plugins　Start/End-GCode
Quality
Layer height (mm)　0.1
Shell thickness (mm)　0.5
Enable retraction　☑
Fill
Bottom/Top thickness (mm)　0.6
Fill Density (%)　20
Speed and Temperature
Print speed (mm/s)　50
Printing temperature (C)　195
Support
Support type　Touching buildplate
Platform adhesion type　Brim
Filament
Diameter (mm)　1.75
Flow (%)　100.0
Machine
Nozzle size (mm)　0.4

(a) 基本参数设置图

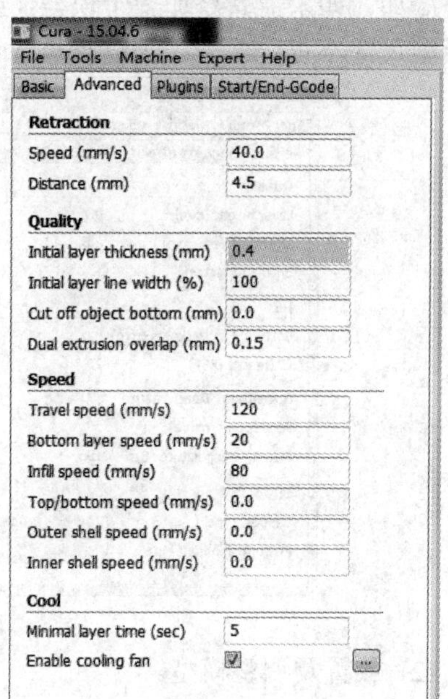

(b) 高级参数设置图

图 4-42　参数设置

(4) 开始/结束 G 代码设置。

为了自动控制 3D 打印机进行开始和结束命令，需进行开始/结束 G 代码的设置，如图 4-43 所示。

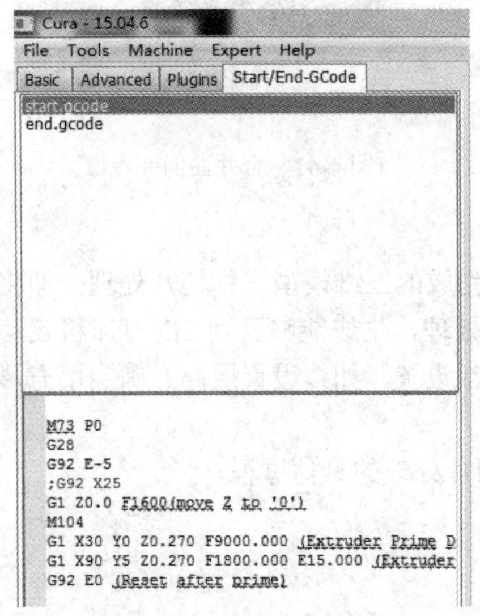

(a) 开始 G 代码设置图

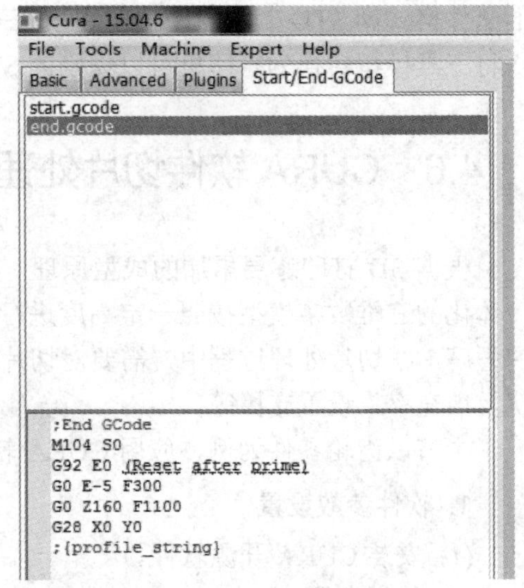

(b) 结束 G 代码设置图

图 4-43　参数设置

2. 文件切片处理

(1) 添加文件。

如图 4-44 所示，通过 CURA 软件界面，导入并打开三维模型的 STL 格式文件，完成文件添加。如果需要添加多个模型，则需要填写复制的个数。若导入的模型为灰色，可能是模型尺寸不符合要求，需进行尺寸调整直至模型为黄色，则添加文件成功。

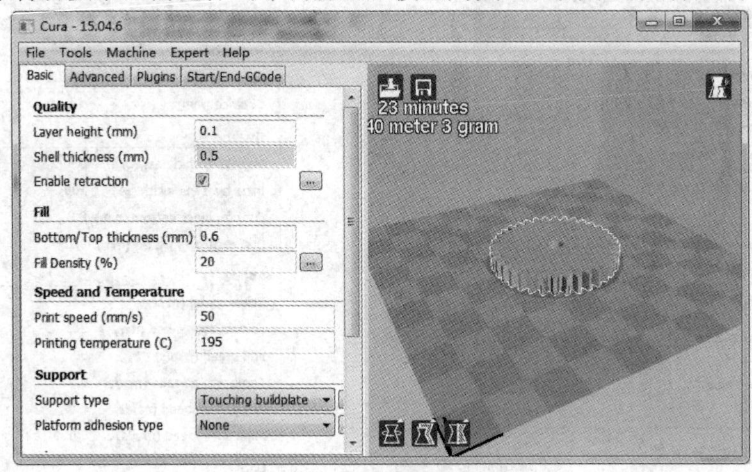

图 4-44　添加文件

(2) 放置及调整模型。

单击所添加模型，出现“Rotate”“Scale”“Mirror”三个图标。单击“Rotate”图标进行轨迹的移动，至合适位置和角度，避免悬空。单击“Scale”图标可调整模型比例。单击

"Mirror"图标可按照 X、Y、Z 三个方向镜像该模型，如图 4-45 所示。

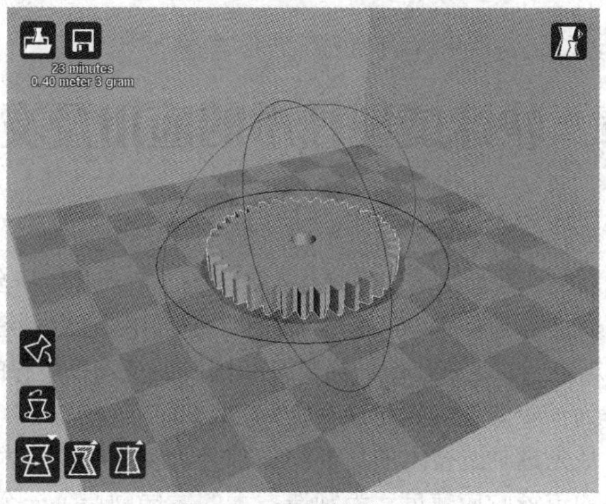

图 4-45　调整模型界面

(3) 保存文件。

完成上述步骤后，将切片好的文件进行文件命名(勿用中文命名)，保存为 GCode 格式文件，导入 U 盘中，为后续 3D 打印做准备。

思 考 与 练 习

1. 常见 3D 建模的软件有哪些？各有什么特点？
2. 简述 3D 建模软件的选用原则。
3. 快速成型系统能够接受的数据格式有哪些？
4. STL 数据文件的优点是什么？
5. STL 文件纠错处理的基本规则是什么?
6. 常见的 STL 文件错误有哪些？
7. 简述快速成型系统中切片处理的主要作用。
8. 切片处理时要设置哪些常见参数?

第 5 章　快速成型技术的应用及发展趋势

随着科学技术的发展和社会需求的多样化，全球统一市场和经济全球化逐步形成，产品的竞争更加激烈。在工业化国家中，60%～80%的财富是由制造业创造的。制造业是衡量国家实力水平的重要标志之一，也是创造社会财富和国民经济赖以生存的重要支柱产业。

快速成型技术作为一个专业名词出现在 20 世纪 80 年代初，90 年代在全球得到了快速发展。快速成型技术是先进制造技术的重要组成部分，也是制造技术的一次飞跃，具有很高的加工柔性和很快的市场响应速度，为制造技术的发展创造了一个新的机遇。它以其特点和长处，成为加速新产品开发及实现并行工程的有效技术，具有广泛的应用领域和较高的应用价值。随着经济的迅猛发展与市场竞争的日趋激烈，各国制造业不仅致力于扩大生产规模，降低生产成本，提高产品质量，还将注意力逐渐放在快速开发新品种，以及加快市场的响应速度上，因此快速成型技术发展十分迅猛。该技术通过与数控加工、铸造、金属冷喷涂、硅胶模等制造手段相结合，已成为现代模型、模具和零件制造的强有力手段，在工业造型、机械制造、航空航天、军事、建筑、影视、家电、轻工、医学、考古、文化艺术、雕刻、首饰等领域得到了广泛的应用。

根据 2001 年 Wohlers Associates Inc. 对 14 家 RP(快速成型)系统制造商和 43 家 RP 服务机构的统计，对 RP 模型需求的行业如图 5-1 所示，对 RP 模型需求的目的如图 5-2 所示。从图 5-1 中可以看出，日用消费品和汽车两大行业对 RP 的需求占整体需求的 50%以上，而医疗行业的需求增长迅速，其他的学术机构、宇航和军事领域对 RP 的需求也占有一定的比例。从图 5-2 中可以看出，功能模型、装配检验与工程设计可视化仍然是 RP 模型的主要需求，合计将近 60%，而另一主要应用领域是快速模具母模的需求。

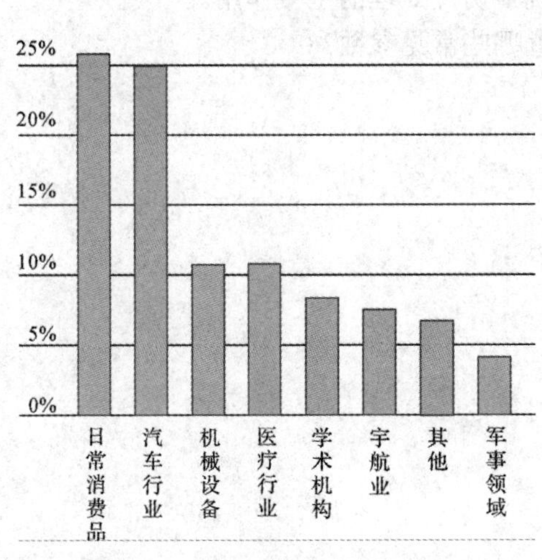

图 5-1　对 RP 模型需求的行业

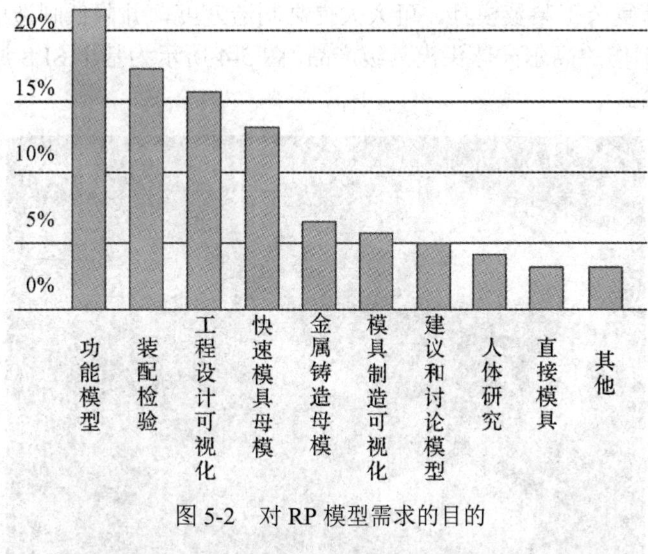

图 5-2　对 RP 模型需求的目的

5.1　快速成型技术的主要应用

快速成型技术的核心竞争力是其制造成本低，市场响应速度快，涉及的产业面广，能极大地拓展其应用领域。此外，利用逐层叠加技术制造具有功能梯度、综合性能优良、特殊结构的零件，也是一个新的发展方向。其应用领域几乎包含了所有制造行业。

5.1.1　快速模具制造

快速成型技术可用于制作注塑模、陶瓷模、硬质合金模、锻模和冲压模等，其各种工艺方法都可直接或间接地用于快速模具制造。而传统的模具制造方法周期长、成本高，一套简单的塑料注塑模具价值也在 10 万元以上，并且设计上的任何失误反映到模具上都会造成不可挽回的损失。快速成型可以按照下列两种方式制作模具。

1. 软模

软模通常指的是硅橡胶模具，是用液态光固化成型(SLA)、丝状材料熔融沉积成型(FDM)、薄型材料切割成型(LOM)或粉末材料烧结成型(SLS)等技术制作的原型，在翻成硅橡胶模具后，再往模具里浇注不同性能的树脂，便可快速得到不同强度的塑料件。这种工艺是一种典型的间接制模方法，其特点是批量小、工艺简单。另外，硅橡胶有很好的弹性和复印性能，用它来复制模具时，可以不考虑拔模斜度，基本不会影响尺寸精度。

2. 硬模

硬模是指用 SLA、SLS、FDM 或 LOM 技术加工熔模铸造中的蜡模，对原型表面进行特殊处理后代替木模，直接制造石膏型或陶瓷型，或是由 RP 原型经硅橡胶模过渡转化得到石膏型或陶瓷型，再由石膏型或陶瓷型浇注出金属模具，这是目前生产金属模具最主要的途径。

SLS 特别适宜整体制造具有复杂形状的金属功能零件。在新产品试制和零件的单件小批量生产中，不需复杂工装及模具，可大大提高制造速度，并降低制造成本。图 5-3 所示为采用 SLS 工艺制作的高尔夫球头模具级产品。图 5-4 所示为基于 SLS 原型快速无模具铸造方法制作的产品。

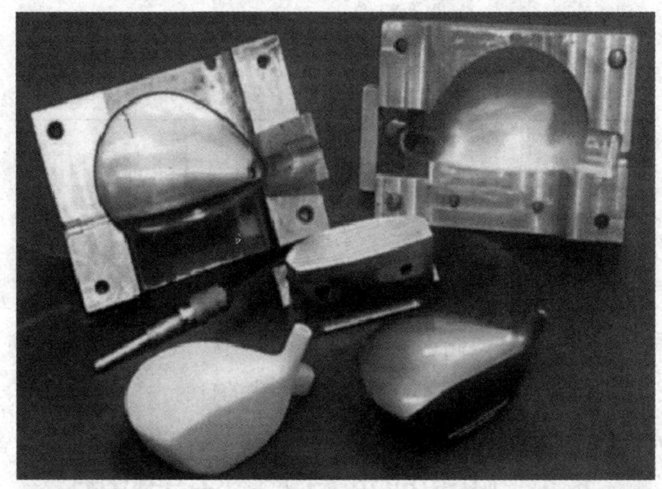

图 5-3　基于 SLS 工艺制作的高尔夫球头模具级产品

图 5-4　基于 SLS 原型快速无模具铸造方法制作的产品

LOM 原型用作功能构件或代替木模，能满足一定的性能要求。若采用 LOM 原型作为消失模，进行精密熔模铸造，则要求 LOM 原型在高温灼烧时发气速度要小，发气量及残留灰分等也要求较低。此外，采用 LOM 原型直接制作模具时，还要求其片层材料和黏结剂具有一定的导热和导电性能。在铸造行业中，传统制造木模的方法不仅周期长、精度低，而且对于有些形状复杂的铸件，例如叶片、发动机缸体、缸盖等的制造难度大，数控机床加工设备价格高昂，模具加工周期长。用 LOM 制作的原型件硬度高，表面平整光滑，防水耐潮，完全可以满足铸造要求。与传统的制模方法相比较，此方法制模速度快、成本低，可进行复杂模具的整体制造。采用人工方式制作砂型铸造用的木模十分费时、困难，而且精度得不到保证。随着 CAD/CAM 技术的发展和普及，具有复杂曲面形状的手柄设计直接在 CAD/CAM 软件平台上完成，借助快速成型技术尤其是叠层实体制造技术，可以直接由 CAD 模型高精度地快速制作砂型铸造用的木模，克服了人工制作的局限和困难，极大地缩短了产品生产的周期，并提高了产品的精度和质量。图 5-5 所示为某机床操作手柄的铸铁件。

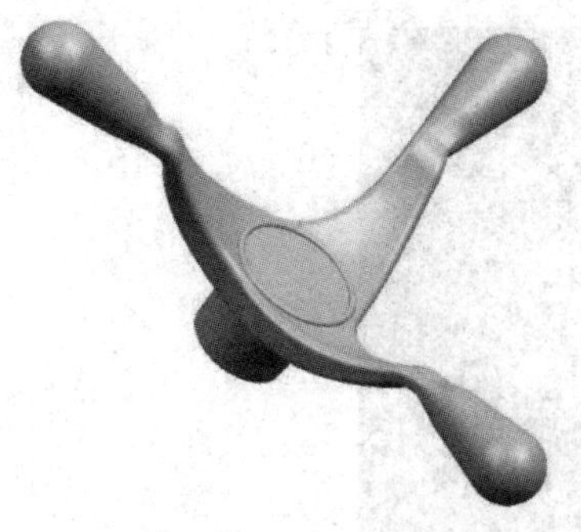

(a) 铸铁手柄 CAD 模型

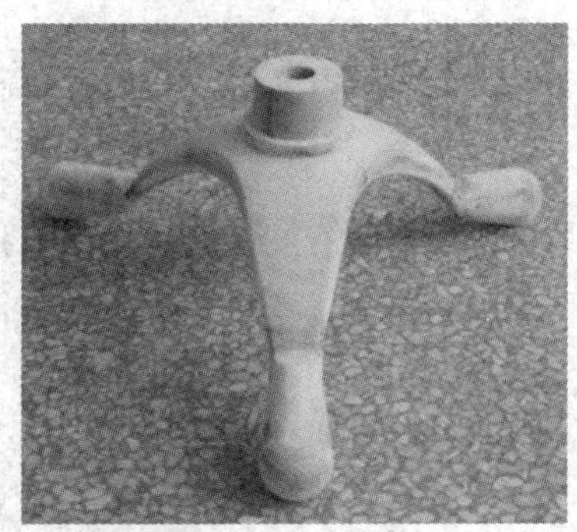

(b) 铸铁手柄 LOM 原型

图 5-5　某机床操作手柄的铸铁件

5.1.2　设计和功能验证

在现代产品设计中，设计手段日趋先进，计算机辅助设计使得产品设计更加快速、直观，但由于软件和硬件的局限性，设计人员在新产品的研发阶段中无法直观地评价所设计产品的效果、结构的合理性，以及生产工艺的可行性。通过快速成型技术可以快速制作产品的物理模型，以验证设计人员的构思，发现产品设计过程中存在的问题。使用传统的方法制作原型，意味着从绘图到工装模具设计和制造，一般至少要经历数月才能初步完成；采用快速成型技术则可节省大量的时间和费用；同时，使用快速成型技术制作的原型可直接进行装配检验、干涉检查和模拟产品真实工作情况的一些功能试验，如运动分析、应力分析、流体和空气动力学分析等，从而迅速完成产品的结构和性能、相应的工艺及所需模具的设计。

图 5-6 所示为某发动机气缸部件中经改进设计后用于装配检验的缸盖的 LOM 模型。

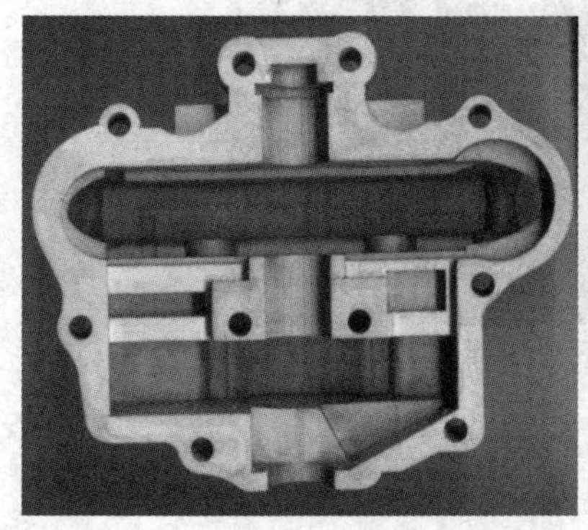

图 5-6　用于装配检验的缸盖的 LOM 模型

图 5-7 所示是为了检验凸轮设计能否实现某机构的机械传动而制作的用于传动功能检测的 RP 模型。通过装机运转检测，根据反馈的信息进行了数次改进设计，多次 RP 成型，最终获得了能够完全满足运动要求的凸轮结构。图 5-8 所示为采用 SLS 工艺快速制作的内燃机进气管模型。该模型可以直接与相关零部件装配，进行功能验证，快速检测内燃机的运行效果以评价设计的优劣，然后进行针对性的改进，以达到内燃机进气管产品设计要求。图 5-9 所示为采用光固化成型的座椅扶手，可用于装配性和功能性测试。

图 5-7　用于传动功能检测的凸轮模型

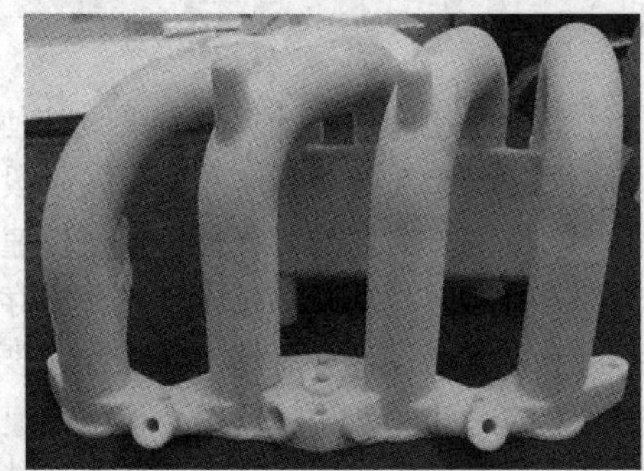

图 5-8　采用 SLS 工艺制作的内燃机进气管模型

图 5-9　采用光固化成型的座椅扶手

5.1.3　在快速铸造中的应用

铸造是制造业常用的方法。在传统的铸造生产中，模板、芯盒、蜡模等一般都是机加工或者手工完成的，不仅周期长，生产成本高，且其制件不能重复使用，难以实现高效率规模生产。快速成型技术为实现铸造的短周期、多品种、低成本、高精度等提供了一条捷径。由于快速成型过程无需开模具，因此大大节省了制造周期和费用，可以铸造出结构复杂、精度较高的铸件。快速铸造技术的基本原理是：利用快速成型技术直接或间接制造铸造用的蜡模、模板、型芯、型壳等，然后结合传统的铸造工艺，快速地制造精密铸件，为铸模生产提供速度更快、精度更高、结构更复杂的保障。图 5-10(a)所示为采用 SLA 技术制作的用来生产氧化铝基陶瓷芯的模具。该氧化铝基陶瓷芯是在铸造生产燃气涡轮叶片时用作熔模的，其结构十分复杂，包含制作涡轮叶片内部冷却通道的结构，且精度要求高，对表面质量的要求也非常高。制作时，当浇注到模具内的液体凝固后，经过加热分解便可去除 SLA 模具，得到氧化铝基陶瓷芯。图 5-10(b)所示为采用 SLA 技术制作的用来生产消失模的模具嵌件，该消失模是用来生产汽车发动机变速箱的拨叉的。

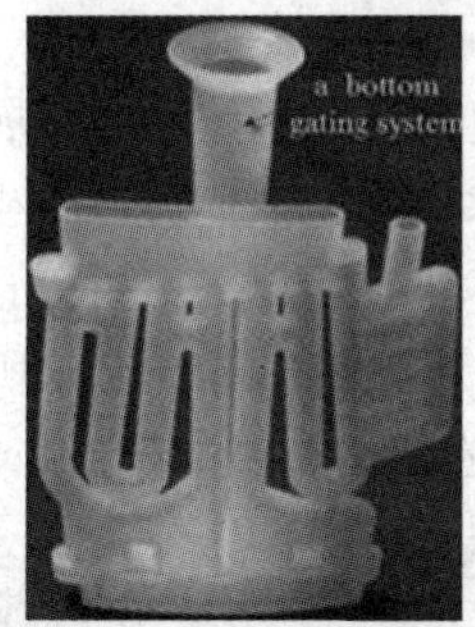

(a) 用于制作氧化铝基陶瓷芯的 SLA 原型

(b) 用于制作变速箱拨叉熔模的 SLA 原型

图 5-10　SLA 技术在铸造领域中的应用

5.1.4　在医学上的应用

医学上一些面容严重畸形的特殊形态(如先天性唇裂、面容的多发性骨折等)，其周围解剖关系复杂，往往通过二维平面的观察很难确定病变范围，这给医生制订手术方案带来很大的困难。因此，如果在手术前，利用逆向工程应用螺旋 CT 或 MRI 获得缺损骨连续性缺损三维数据模型，在计算机上模拟重建三维图像，可以直观地对骨性疾病做出正确的诊断；然后将三维数据模型通过快速成型技术转化为二维仿真生物模型，为医生提供手术平台，术前能够对个体化实体模型直观地进行分析、测量，并预演整个手术过程，明确截骨范围，熟悉手术过程，缩短手术时间，简化手术，从而减少手术并发症的发生。目前可用于医学模型构建的 3D 打印技术有 FDM、SLA、SLS、3DP 等，可用于神经外科、脊柱外科、整形外科、耳鼻喉科等外科手术进行术前的规划和手术模拟。图 5-11 所示为 3D 打印构建的医学模型。

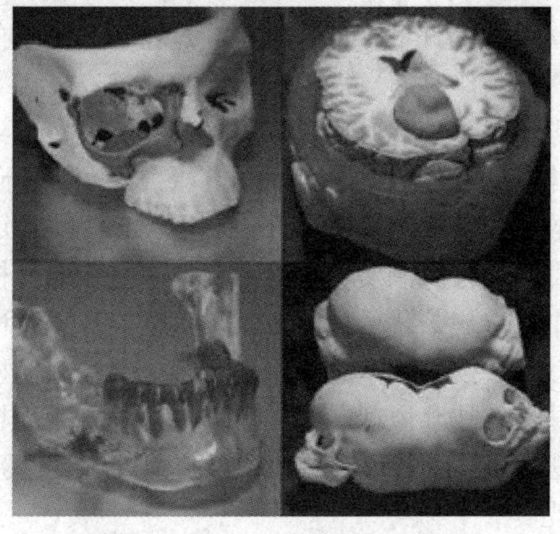

图 5-11　3D 打印构建的医学模型

5.1.5　在艺术领域的应用

工艺品的制造和古文物的仿制，是研究、继承和发扬我国文化遗产的重要手段。快速成型技术为艺术家以三维形式，更加细腻、形象、准确、生动、迅速地表达自己的思想情感提供了一种新的手段，同时也为珍稀艺术品的复制以及艺术品形式的多样化提供了有力的工具。

艺术品是根据设计者的灵感，构思设计加工出来的。随着计算机技术的发展，新一代的艺术家及设计师不需要整天埋头于工作间去亲手制造艺术作品。他们可以安坐于家中，用 CAD 软件创造出心目中的艺术品，然后再以 3D 打印技术把艺术品一次性打印出来，可以极大地简化艺术创作和制造过程，降低成本，更快地推出新作品。图 5-12(a)所示为应用 FDM 工艺制作的透明灯饰，图 5-12(b)所示为利用 FDM 工艺制作的雕塑。

(a) 透明灯饰

(b) 雕塑

图 5-12　利用 FDM 制作的工艺品

5.1.6　在航空航天领域的应用

1. SLA 在航空航天领域的应用

航空航天领域中发动机上的许多零部件都是经过铸造来制造的，对于高精度的木模制作，传统工艺成本极高，且制作时间也很长。采用 SLA 工艺，可以直接由 CAD 数字模型制作熔模铸造的母模，数小时之内，就可以由 CAD 数字模型得到成本较低、结构又十分复杂的 SLA 快速原型母模，显著降低时间和成本。图 5-13(a)所示为基于 SLA 技术，采用精密熔模铸造方法制造的某发动机的关键零件。利用 SLA 技术还可以制造出多种弹体外壳，装上传感器后便可直接进行风洞实验，可减少制作复杂曲面模型的成本和时间，从而更快地从多种设计方案中筛选出最优的整流方案，在整个开发过程中大大缩短试验周期和开发成本。此外，利用 SLA 技术制作的导弹全尺寸模型，在模型表面进行相应喷涂后，可清晰展示导弹外观、结构和战斗原理，其展示和讲解效果远远超出了单纯的计算机图样模拟方式，可在未正式量产之前对其可制造性和可装配性进行检验。图 5-13(b)所示为采用 SLA 技术制造的导弹模型。

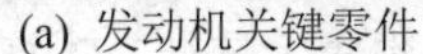

(a) 发动机关键零件

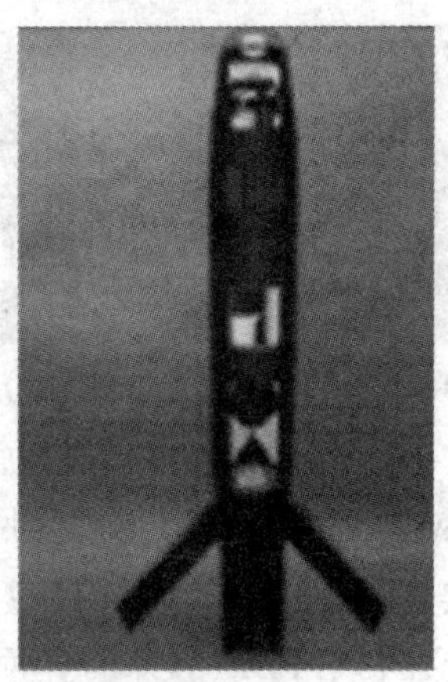

(b) 导弹模型

图 5-13　SLA 在航空航天领域的应用

2. SLM 在航空航天领域的应用

空客公司在 A300/A310 飞机上厨房、盥洗室和走廊等的连接铰链上应用了增材制造结构件，并在最新的 A350XWB 型飞机上应用了 Ti6Al4V 增材制造结构件，且已通过 EASA 及 FAA 的适航认证，如图 5-14 所示。图 5-15 所示为 GE 公司采用增材制造技术制造的 LEAP 喷气发动机金属燃料喷嘴，喷嘴将原本 20 个不同的零部件变成了一个零件。

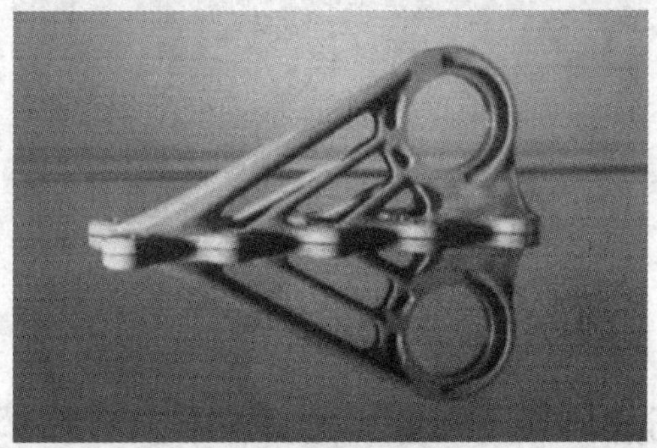

图 5-14　采用 SLM 技术制造的 Ti6Al4V 结构件

图 5-15　GE Aviation 的 LEAP 喷气发动机

NASA 马歇尔航天飞行中心(NASA’s Marshall Space Flight Center)的研究人员于 2012 年将选区激光熔化成型技术应用于多个型号航天发动机复杂金属零件样件的制造。图 5-16 所示为 NASA 采用 SLM 技术制备的发动机零部件。

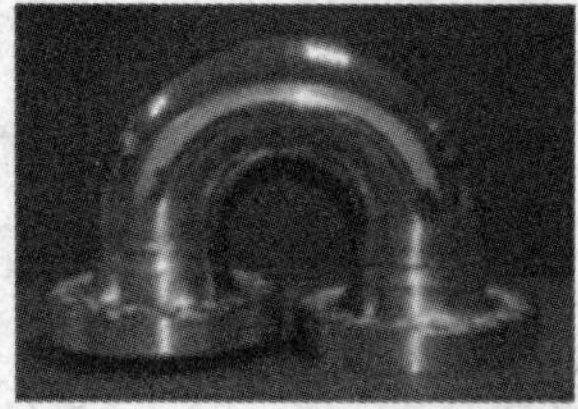

(a) 多通构建　　(b) J-2X 燃气发生器导管　　(c) RS-25 缓冲器

图 5-16　NASA 采用 SLM 技术制备的发动机零部件

3. FDM 在航空航天领域的应用

美国弗吉尼亚大学工程师大卫•舍弗尔和工程系学生史蒂芬•伊丝特与乔纳森•图曼共同研制出一架利用 FDM 技术打印而成的无人飞机。这个飞机使用的原料是 ABSp1us 塑料，它的机翼宽 6.5 英尺(约 1.98 米)，由打印零件装配构成。该架 3D 打印的飞机模型可用于教学和测试。舍弗尔声称，多年前为了设计建造一个塑料涡轮风扇发动机需要两年时间，而且成本很高；但是使用 3D 技术，设计和建造这架 3D 飞机仅需 4 个月时间，成本大大降低。图 5-17 所示为 FDM 打印的无人机。

图 5-17　FDM 打印的无人机

5.2　快速成型技术的发展趋势

快速成型技术是近年来全球最热门的先进技术。其经过 30 多年的发展，已经从实验室走进大众视野，开始逐渐走入我们的日常生活。但是快速成型技术仍处于幼年时期，多数快速成型制造系统所制造的实体模型还不能用于实际工作零件，虽然它具有非常好的发展潜力，但其发展速度能否达到人们期望的程度还无法得知，因此，我们需要考虑快速成型技术应该如何发展，才能更好地顺应市场的需求。

5.2.1　快速成型技术的新进展

随着快速成型技术的飞速发展，其应用领域也在不断拓展。目前，其新进展主要集中在以下几方面。

1. 功能梯度材料的研发

日本科学家平井敏雄于 1984 年提出了梯度功能材料的新概念。这种新型材料的基本内涵是：根据使用要求选择两种或者两种以上不同性能的材料，通过改变两种材料的内部组成以及内部结构，造成其内部界面的模糊化，以得到在功能上逐渐变化的非均质材料。研制此类功能梯度材料的目的是减小和消除材料结合部位的性能不匹配性。例如，目前使用在航天飞机推进系统中的超音速燃烧冲压式发动机，这种冲压式发动机内气体燃烧的温度一般情况下约为 2000℃，这种燃烧必将会对燃烧室内壁产生巨大的热冲击；而燃烧室的另一侧还需经受燃料液氢的冷却作用，冷却温度一般情况下约为 -200℃。因此，在燃烧室内壁一侧需要承受燃烧气体极高的温度，另一侧又要承受很低的温度，这是目前一般材料无法满足的。因此，必须要研发出一种功能梯度材料，这种材料能将金属的耐低温性与陶瓷的耐高温性很好地有机结合，使得产品能在极限条件下充分发挥其性能。

制造功能梯度材料的工艺也在不断进步与改善。传统的功能梯度材料工艺是含金属相的、基于传输的制备方法，其制备过程如图 5-18 所示。而现代功能梯度材料的制备工艺是借助快速成型工艺与技术进行的。美国麻省理工学院的三维打印技术也是制造功能梯度材料最有效的快速成型技术之一，图 5-19 所示为三维打印成型工艺原理图。

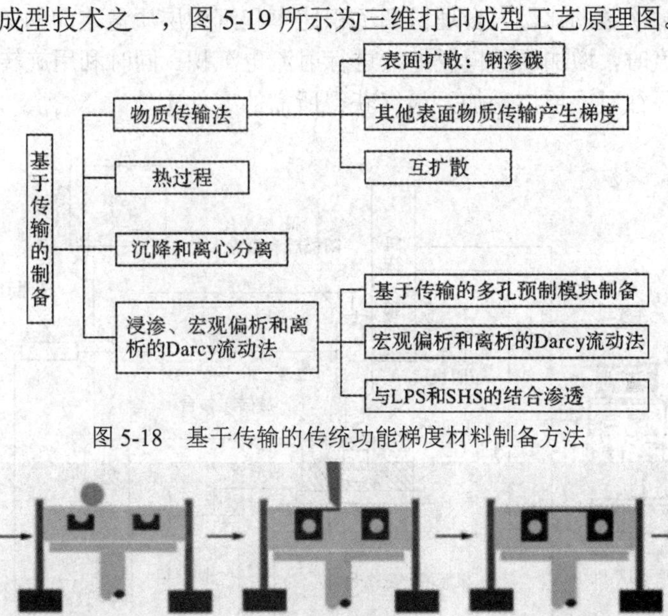

图 5-18　基于传输的传统功能梯度材料制备方法

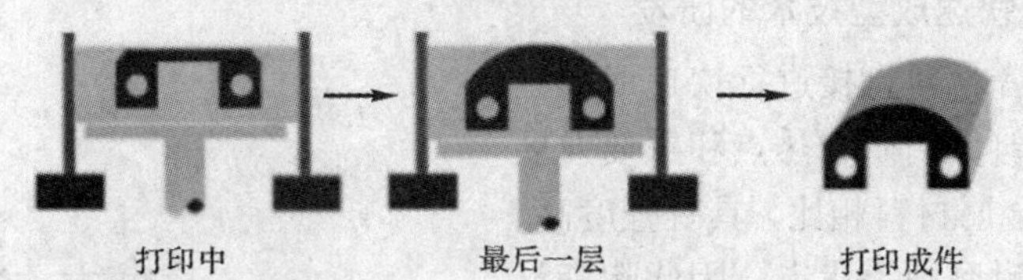

图 5-19　三维打印成型工艺原理图

2. 射流电沉积快速成型技术的研发

当前，金属原型制件的 RP 制造是 RP 技术领域的重要研究内容之一。近期研发出许多 RP 金属原型制件的成型工艺，如热化学反应、多相组织沉积、形状沉积制造、射流电沉积快速成型、激光近形制造、液态金属微滴沉积制造等。其中，采用射流电沉积快速成型技术制作出来的原型样件具有表面质量良好、材料组织致密及尺寸精度较高等优点，因而其发展较为迅速。

图 5-20 所示为摩擦射流电沉积快速成型的实验装置。首先利用计算机对工件进行三维造型，然后通过专用分层切片软件将实体造型按照一定的厚度进行分层切片，生成的切片文件将零件的三维信息转换成一系列的二维轮廓信息；紧接着数控雕刻机读入相应的切片文件信息，切制出反映二维轮廓信息的模板；最后将模板按照切片的顺序黏附在阴极极体上，计算机根据数控加工文件的信息，控制喷嘴沿 X 和 Y 方向进行扫描射流电沉积，并适时调节喷嘴的高度。在射流电沉积时，阴极上的裸露区域会沉积金属离子，而被模板覆盖的区域则不发生沉积。另外，在喷嘴扫描一定次数后，利用旋转工作台的转动，将阴极带入到下部硬质粒子中，硬质粒子不停地摩擦、冲击阴极表面，可以迅速、有效、彻底地去除吸附的杂质和沉积表面的毛刺和积瘤等缺陷。此外，还可以通过计算机编程设定扫描沉积次数和旋转摩擦次数的比例，合理协调沉积速率和沉积层质量之间的关系。当金属沉积至一层模板的厚度时，增加次层模板继续进行射流电沉积，同时利用旋转摩擦在线修整沉积表面，如此循环往复、层层叠加，最终获得所需的零件实体。

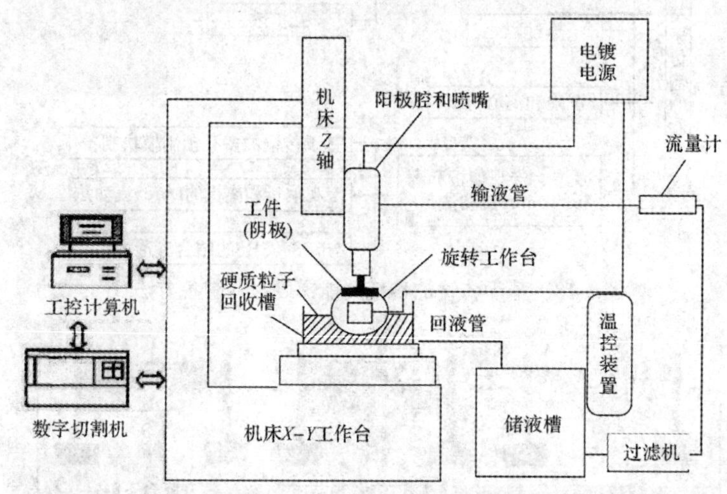

图 5-20　摩擦射流电沉积快速成型的实验装置

3. 纳米晶陶瓷快速成型技术的研发

目前，金属陶瓷材料直接进行快速成型工艺已经成为世界材料界的研究热点和重要发展方向。陶瓷材料与金属材料相比，具有强度高、硬度大、耐高温、耐腐蚀等优点，因此陶瓷材料的直接快速成型是目前人们研发的热点之一。图 5-21 所示为利用纳米晶陶瓷快速成型技术制作的浴缸，该产品已投入市场。

图 5-21　纳米晶陶瓷快速成型工艺制作的浴缸

5.2.2　快速成型技术的创新需求分析

1. 生产成本过高

针对于大规模零件的生产，快速成型制造所用的材料价格都过于昂贵，这显著地提高了零部件制造的整体成本。过高的原材料成本导致快速成型制造的零部件的生产成本过高，也使得原材料费用成为决定最终制品生产成本的主要因素。

而且，目前快速成型制造的批量生产速度比较缓慢，导致机器和厂房的折旧率较高。这样的生产速度只可满足小型产品的个性化生产，对于大多数应用领域来说，还需要提高现有的生产效率以满足商业化需求。

其次，快速成型的生产能力受到机器尺寸的限制，特别是对于粉末床熔融工艺，还不能实现更加经济的批量化制造。因此，为了推进快速成型在大型构件方面，例如航空航天领域的应用，还需要大幅度提升设备的加工尺寸及批次处理能力。

另一方面，快速成型技术的设备投资成本较高。虽然近年快速成型设备的价格有了大幅度下降，但对于商业化生产来说，投资依然较高。机器的产出能力和产品的售价相比，仍然不具备吸引力。除了某些使用昂贵材料生产的产品外，设备的价格还需要进一步下降以满足大规模生产的需要。

最后，对于航空航天及医疗器械等一些高度监管的领域来说，新的工艺技术及产品往往需要进行非常严格的考核，以达到工业标准的要求。这势必导致更漫长的研发周期、更高的产品开发成本及更长的检测、认证时间，延缓了快速成型制造向这些领域的渗透速度，影响了中小企业特别是一些新兴创新企业向市场推广产品的能力。

2. 可选用的材料十分有限

目前，快速成型技术可选用的材料十分有限，具体表现在以下方面：

(1) 可打印材料偏少，难以满足需求。与传统的制造技术相比，快速成型制造目前可选用的材料还相对较少。可打印的高分子材料主要为 ABS(丙烯腈、丁二烯和苯乙烯的三元共聚物)、聚乳酸、丙烯酸树脂、环氧树脂、尼龙和聚醚醚酮等；金属材料主要为不锈钢、铝合金、铬镍铁合金及金银等，加上其他可打印的材料，预计总数不超过 30 种。

(2) 现用材料缺乏优化。快速成型制造对材料的性能和适用性的要求较高，材料需要熔化、打印后成型，并在加工前后保持稳定，以满足连续生产的需求。目前所用材料大多数是根据传统制造工艺或设备厂商针对各自设备特点定制的，没有专门针对快速成型制造进行材料设计，导致现用材料的通用性较差，工艺对材料依赖性明显，产品成型后的精度和强度不能满足要求。

(3) 材料的性能、色彩种类需要提升。对高分子快速成型制造产品来说，现有材料的强度和刚度不足，这是由于材料的抗吸湿性和抗紫外线能力不足导致的。而对于金属材料来说，要想实现快速成型制造产品对现有铸造、锻造金属产品的替代，需要提高材料的力学性能，达到铸造、锻造金属产品的标准。同时，快速成型制造可使用的色彩也是非常有限的，这对创意行业来说是巨大的缺陷。Stratasys 公司于 2014 年推出了首款全彩多材料 3D 打印机，可在一件原型件上实现多达 46 种色彩。但未来彩色 3D 打印还有漫长的道路要走。图 5-22 所示为 Stratasys 公司推出的 Objet500 Connex3 彩色多材料 3D 打印机打印出的产品。

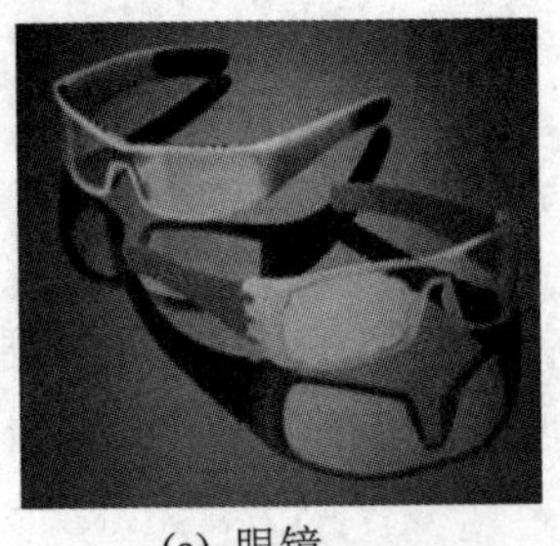

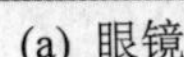

(a) 眼镜　　(b) 鞋子　　(c) 头盔

图 5-22　Objet500 Connex3 彩色多材料 3D 打印机打印出的产品

3. 工艺及装备尚不成熟

目前快速成型技术的工艺及装备尚不成熟，具体表现在以下方面：

(1) 工艺技术不够稳定。对于同一型号的机器来说，不同批次产品的稳定性、重复性和统一性均尚待提高。同样的问题也存在于不同型号机器生产的产品当中。导致这些结果的主要因素包括不受控制的工艺变量、原材料供应的变化以及不同机器核心部件的差异等。

(2) 缺乏在线控制方法和在线监测方法。目前，快速成型制造的成品率大约为 70%，其余的 20%是制造过程中产生的废件，10%则存在内部物理缺陷。而在航空航天及国防等领域，产品的可靠性至关重要。目前提供给制造商可用的在线控制方法和在线监测方法非常少，特别是在有关热能控制的缺陷检测方面尤其如此。

(3) 设计工具和软件限制了设计的自由度。虽然快速成型制造技术可以实现完全的自有创意，但依靠现有的设计工具如 CAD，并不能真正实现创意的自由发挥。这些软件很大程度上无法处理复杂的晶体结构、蜂窝结构、拓扑优化结构和其他一些复杂的几何形状，如图 5-23 所示。

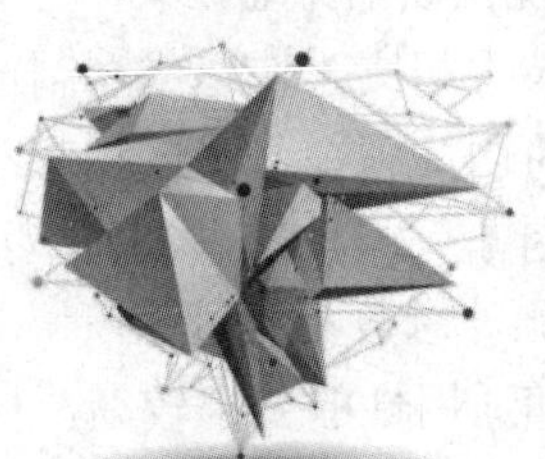

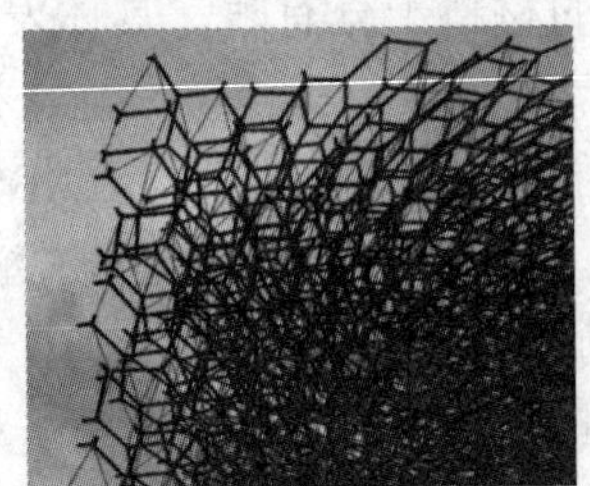

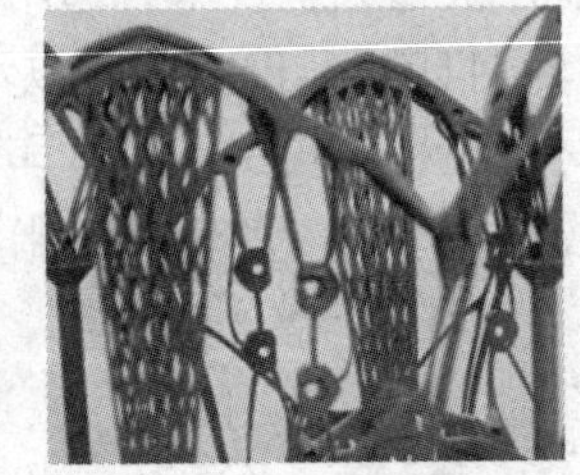

(a) 复杂晶体结构　　(b) 复杂蜂窝结构　　(c) 复杂拓扑优化结构

图 5-23　复杂几何形状

4. 数据库、标准、认证体系缺乏

目前，快速成型制造的关联数据还比较缺乏，主要是材料—工艺—性能相关的基础数据缺乏。从材料的角度来说，无法知道这些材料的局限性和优点，使得材料的选用成为难题；从工艺的角度来说，有限的数据不足以支撑精确数学模型的建立，这大大降低了对产品性能的预期能力，增加了失败概率；从成品的角度来说，几乎没有什么公开的产品性能数据库。

对比传统制造技术，快速成型制造技术的标准还很少，使得最终零部件的定量检测、对比十分困难。美国测试和材料协会(ASTM)已和国际标准化组织(ISO)签署了协议，共同推进 3D 打印技术的国际标准化工作。目前，ASTM 已颁布了六项相关标准，包括设计和术语标准各一项，测试方法、材料及工艺标准各两项，但这远远不足以支撑快速成型制造应用快速发展的需求。此外，快速成型制造的认证标准也十分缺乏。目前，还没有形成标准化的材料性能数据库，无法对设备或工艺水平进行认证，以帮助实现机器到机器、部件到部件的复杂性，减少实验时间和精力耗费。

5.2.3　快速成型技术的发展原则和发展目标

1. 发展原则

(1) 需求牵引与创新驱动相结合。

面向重点领域产品开发设计和复杂结构件生产需求，以技术创新为动力，着力解决关键材料和装备自主研发等方面的基础问题，不断提高产品和服务质量，满足用户需求。

(2) 政府引导与市场拉动相结合。

发挥政策激励作用，聚焦科技和产品资源，根据技术、市场成熟度，实施分类引导；同时发挥市场对产业发展的拉动作用，营造良好的市场环境，不断拓展应用领域，促进快速成型制造的大规模推广应用。

(3) 重点突破和统筹推进相结合。

结合重大工程需求，在航空航天等涉及国防安全及市场潜力大、应用范围广的关键领域和重要产业链环节实现率先突破；兼顾个性化消费、创意产品等领域，形成产品设计、材料、关键器件、装备及工业应用等完整的产业链条。

(4) 快速成型制造和传统制造相结合。

加快培育和发展快速成型制造产业，不断壮大产业规模；加强与传统制造工艺的结合，扩大在传统制造业中的应用推广，促进工业设计、材料与装备等相关产业的发展与提升。

2. 发展目标

(1) 建立较为完善的快速成型制造产业体系。整体技术水平与国际保持同步，在航空航天等制造领域达到国际先进水平，在国际市场上占有较大的市场份额。

(2) 产业化取得重大进展。快速成型制造产业销售收入实现快速增长，年均增长速度达 30%以上。进一步保证技术基础，形成一定数量具有较强国际竞争力的快速成型制造企业。

(3) 技术水平明显提高。快速成型制造工艺装备达到国际先进水平，掌握快速成型制造专用材料、工艺软件及关键零部件等关键环节的核心技术，研发一批自主装备、核心器件及成型材料。

(4) 行业应用显著深化。快速成型制造成为航空航天等高端装备制造及修复领域的重要技术手段，亦成为产品研发设计、创新创意及个性化产品的实现手段，以及新药研发、临床诊断与治疗的工具。在全国形成一批应用示范中心或基地。

(5) 研究建立支撑体系。成立快速成型制造行业协会，加强对快速成型制造技术未来发展中可能出现的一些问题的研究，例如安全、伦理等方面。形成一定数量的快速成型制造技术创新中心，完善扶持政策，形成较为完善的产业标准体系。

5.2.4 快速成型技术的发展趋势

1. 快速成型工艺技术的改进

要推广快速成型工艺与技术，就得在原来多种快速成型工艺的基础上研究出新的快速成型工艺与方法。积极搭建快速成型制造工艺的研发平台，建立以企业为主体，产、学、研、用相结合的协同创新机制，加快提升一批有重大应用需求、广泛应用前景的快速成型制造工艺水平。目前，快速成型零件的精度及表面质量大多不能满足工程直接使用的要求，必须改进成型工艺和快速成型软件。表 5-1 所示为应加快提升的快速成型制造工艺技术。开发相应的数字模型、专用工艺软件及控制软件；支持企业研发快速成型技术所需的建模、设计、仿真等软件工具；解决金属构件成型中温度场控制、变形控制、材料组分控制等工艺难题。

表 5-1　应加快提升的快速成型制造工艺技术

类　别	工艺技术名称	应用领域
金属材料快速成型制造工艺技术	激光选区熔化(SLM)	复杂小型金属精密零件、金属牙冠、医用植入物等
	激光近净成型(LENS)	飞机等大型复杂金属构件等
	电子束选区熔化(EBSM)	航空航天领域复杂金属构件、医用植入物等
	电子束熔丝沉积(EBDM)	航空航天领域大型金属构件等
非金属材料快速成型制造工艺技术	立体光固化成型(SLA)	工业产品设计开发、创新创意产品生产、精密铸造等
	熔融沉积成型(FDM)	工业产品设计开发、创新创意产品生产等
	激光选区烧结(SLS)	航空航天领域用工程塑料零部件、汽车家电等领域铸造用砂芯、医用手术导板与骨科植入物等
	三维印刷成型(3DP)	工业产品设计开发、铸造用砂芯，医用植入物，医疗模型，创新创意产品，建筑等
	材料喷射成型	工业产品设计开发用产品、医用植入物、创新创意产品生产、铸造用蜡模等

2. 新型快速成型原型材料的研制

快速成型工艺与技术的最关键部分就是新型快速成型原型材料的研制。通常对快速成型工艺用材料的性能要求主要是能精确、快速地加工出符合用户要求的产品原型制件。目前快速成型技术中成型材料的成型性能大多不太理想，成型件的物理性能不能满足功能性、半功能性零件的要求，必须借助于后处理或二次开发才能生产出令人满意的产品。依托高校、科研机构开展快速成型技术专用的材料特性研究与设计，鼓励优势材料生产企业从事快速成型技术专用材料的研发与生产，针对航空航天、汽车、文化创意、生物医疗等领域的重大需求，突破一批快速成型技术专用的材料。表 5-2 所示为应着力突破的快速成型技术专用材料。针对金属快速成型专用材料，优化粉末大小、形状和化学性质等材料特性，开发满足快速成型发展需要的金属材料；针对非金属快速成型专用材料，提高现有材料在耐高温、高强度等方面的性能，降低材料成本。

表 5-2　应着力突破的快速成型技术专用材料

类　别	材 料 名 称	应 用 领 域
金属快速成型专用材料	细粒径球形钛合金粉末(粒度 20~30 μm)、高强度钢、高温合金等	航空航天等领域高性能、难加工零部件与模具的直接制造
非金属快速成型专用材料	光敏树脂、高性能陶瓷、碳纤维增强尼龙复合材料(200℃以上)、彩色柔性塑料以及PC、ABC 材料等耐高温、高强度工程塑料	航空航天、汽车发动机等铸造用模具开发及功能零部件制造；工业产品原型制造及创新创意产品生产
医用快速成型专用材料	胶原、壳聚糖等天然医用材料；聚乳酸、聚乙醇酸、聚醚醚酮等人工合成高分子材料；铬镍合金等医用金属材料	仿生组织修复，个性化组织、功能性组织及器官等精细医疗制造

3. 研发功能更强大的数据采集、处理和监控软件

快速成型软件系统是快速成型技术实现离散、层层堆积成型的关键，而且对快速成型制件的成型速度、成型精度、零件表面质量等具有很大的影响。图 5-24 所示为快速成型软件系统的数据流程图。目前，快速成型软件系统还存在许多问题，例如快速成型软件无标准化、二次开发困难、价格昂贵、功能单一等。如何建立适合所有快速成型工艺的、统一的数据接口文件格式，是当今快速成型软件系统急需解决的主要问题。另外，当前快速成型软件所生成的层片文件属于后缀为*.STL 等的二维文件格式，并且所切分的层厚都相同，今后能否研制出厚度不等的三维层片文件格式，或在三维数字模型上随意进行截面与分层，以便对三维模型进行更精确、更简洁的数学描述，从而进一步提高快速成型的造型精度等，都是快速成型软件研发的重点。

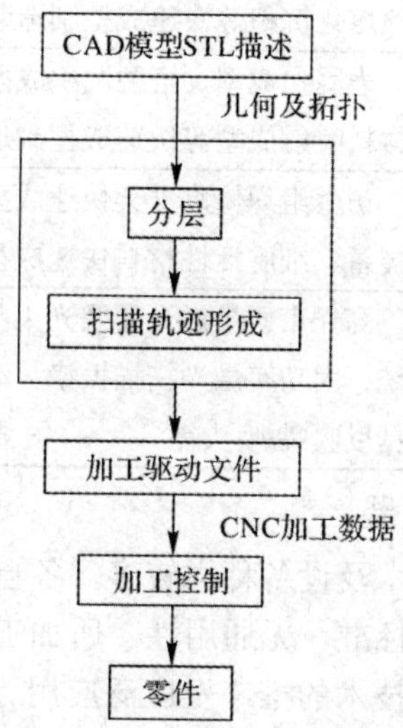

图 5-24　快速成型软件系统的数据流程图

与此同时，研发出新的快速成型专用软件以提高数据的处理速度和精度，研发出新的 CAD 数据切片方法以减少数据处理量，以及如何避免类似 STL 接口格式文件在转换过程中产生的数据缺陷和造成模型外形部分失真等缺陷，使快速成型工艺与设备成为具有更高速度、更高精度和可靠性的技术等，也都是快速成型软件研发的重点。

4. 逆向工程、快速成型与快速制模的进一步集成

逆向工程、快速成型与快速制模技术各有优缺点。逆向工程(RE)是提供产品三维 CAD 数据模型的一种快捷手段；快速成型(RP)技术具有较高的柔性，能加工出具有复杂外形的原型制件，同时可将三维 CAD 数据模型快速转换为三维实体模型；在 RE、RP 技术的基础上，借助快速制模(RT)工艺构成一个较为完整的新产品研发体系，可突破传统产品开发的模式，并可通过照片、CT 或实物模型获取三维数据后快速地对所需研发的层片进行仿制、修改与再设计，大大缩短新产品的研发周期，并降低研发成本，从而有效地提高新产品开发的质量和效率。目前，这三大技术的有效集成，是新产品研发最有力的工具之一。今后，这三大技术集成的研发重点是彻底实现 RE、CAD、CAE、CAM 和 RT 等技术的无缝连接，并向网络化制造方向发展。

5. 开发经济、实用、高效的快速成型制造设备

经济、实用、高效的快速成型制造设备是快速成型制造技术广泛应用的基础。应依托企业优势，加强快速成型制造专用材料、工艺技术与装备的结合，研制推广使用一批具有自主知识产权的快速成型制造装备。表 5-3 所示为加快发展的快速成型制造装备及核心器件。快速成型制造设备的安装和使用应该朝着结构简单、操作方便、智能化、不需要专门的操作人员全程跟踪与监控，即能像操作类似一台打印机那样使用简便与快捷的方向进行研发。

表 5-3　加快发展的快速成型制造装备及核心器件

类　别	名　称
金属材料快速成型制造装备	激光/电子束高效选区熔化、大型整体构件激光机电子束送粉/送丝熔化沉积等快速成型制造装备
非金属材料快速成型制造装备	光固化成型、熔融沉积成型、激光选区烧结成型、无模铸型以及材料喷射成型等快速成型制造装备
医用材料快速成型制造装备	仿生组织修复支架快速成型制造装备、医疗个性化快速成型制造装备、细胞活性材料快速成型制造装备等
快速成型制造装备核心器件	高光束质量激光器及光束整形系统、高品质电子枪及高速扫描系统、大功率激光扫描振镜、动态聚焦镜等精密光学器件、阵列式高精度喷嘴/喷头等

6. 向着行业标准化的方向发展

目前，各种快速成型工艺技术及设备种类较多，各自独立发展，并且大部分原材料和产品的标准都不统一，缺乏行业标准，无通用性，所加工出来的产品性能也不一样，这在一定程度上阻碍了快速成型工艺技术的推广及广泛应用。因此，在改进快速成型技术与工艺的同时，应大力推广快速成型技术与工艺的行业标准化进程，使快速成型技术与工艺系列化、标准化和行业化，这也将推动快速成型技术的迅速发展和普及。具体措施如下：

(1) 研究制定快速成型制造工艺、装备、材料、数据接口、产品质量控制与性能评价等行业及国家标准。结合用户需求，指定基于快速成型制造的产品设计标准和规范，促进快速成型制造技术的推广应用。鼓励企业及科研院所主持或参与国际标准的制定工作，提升行业话语权。

(2) 开展质量技术评价和第三方检测认证。针对目前用户对快速成型制造产品性能、质量、尺寸精度、可靠性等方面的疑虑，开展质量技术评价和第三方检测认证，确保产品的各项指标满足用户需求。

7. 向着高速度、高精度及高可靠性的方向发展

发展改进快速成型工艺、设备、结构和控制系统，选用性价比高、可靠性好、寿命长的系统元器件，研发出效率高、可靠性好、工作精度高并且价廉的快速成型制造设备，进而解决目前快速成型系统价格昂贵、精度较低、原型制件表而质量较差以及原材料价格较昂贵等诸多问题，使快速成型系统的操作更加方便和简捷。

随着快速成型技术的飞速发展，其成型用原材料、工艺、设备等都将不断得到改进与完善，快速成型工艺的产品精度、强度、表面质量等技术指标也将随之不断地改善与提高，其模型制作成本也将会下降。未来的快速成型工艺技术会有更广阔的应用前景。目前国内外快速成型技术研究、开发的重点是其基本理论、新的快速成型方法、新材料开发、模具制作技术、金属零件的直接制造以及生物技术与工程的开发与应用等，同时还要求更快的制造速度、更高的制造精度、更高的可靠性，使 RP 设备的安装使用外设化，操作智能化。

21 世纪将是以知识经济和信息社会为特征的时代，制造业面临信息社会中瞬息万变的市场对小批量多品种产品的严峻挑战。作为当今制造行业中极具潜力的工艺技术，具有快速性、高度集成化等优点的快速成型技术在推广应用后将明显缩短新产品的上市时间，节约新产品的开发费用。但是，快速成型技术仍然是一种处于发展完善过程的高新技术，其技术本身和应用领域仍在进行大量的开发研究。随着人们对快速成型技术的研究越来越深入，其将被广泛地应用到生产、生活的各个领域。在未来，作为一门多学科交叉的先进制造技术，快速成型技术将推动相关技术、产业的发展，其与其他技术的结合运用将是制造业发展的趋势。

思考与练习

1. 目前快速成型技术与传统制造业的关系是什么？
2. 快速成型技术的主要应用领域有哪些？
3. 快速成型技术的主要优点有哪些？
4. 目前生产金属模具最好的办法有哪些？
5. 简述 LOM 方法加工蜡模的优点和缺点。
6. 快速成型技术将会向着什么趋势的方向发展？有何前景？
7. 快速成型技术的发展原则及目标是什么？
8. 快速成型技术为什么对材料的开发与研制有着极大的需求？
9. 快速成型技术对成型材料性能的总体要求有哪些？

第 6 章　快速成型技术应用案例

本章重点介绍熔融沉积成型(FDM)技术和立体光固化成型(SLA)技术这两种快速成型技术所运用的 3D 打印机及 3D 打印过程。

6.1　熔融沉积成型(FDM)技术应用案例

6.1.1　教学型 3D 打印机

将 3D 打印技术应用于教学实践中，经常用到的是基于 FDM(熔融沉积成型)技术的桌面级教学型 3D 打印机，如图 6-1 所示。

图 6-1　教学型 3D 打印机

该设备采用榫卯式结构，由五大部件组成，即打印机总体框架结构、打印喷头组件、打印平台组件、控制主板和控制面板，主要包括驱动模块、控制装置、传动装置、打印平台、进料装置、打印喷头和冷却装置等功能模块。打印机的打印喷头采用 K 型热电偶式单喷头，喷嘴直径为 0.4 mm，打印模型尺寸规格为 150 mm ×150 mm × 150 mm，打印材料主要为 PLA(聚乳酸)。该 3D 打印机的工作原理是采用丝状热熔性材料作为原材料，利用进给装置挤丝并进入喷头，将材料进行熔融，通过加热喷头将材料挤出，打印喷头在驱动装置的驱动下沿 X 轴和 Y 轴运动，按照一定的轨迹进行沉积。当一层截面沉积完成后，工作台沿 Z 轴方向下降一个层的厚度。重复上述步骤，层层叠加构成一个三维实体模型。

FDM 桌面级 3D 打印机总体尺寸不大，结构简单，操作方便，经济实用，非常适合课程教学和学生的实践操作。

6.1.2　3D 打印实例

3D 打印的具体实施步骤为：首先进行前处理，包括三维模型的设计和对模型进行切片处理，然后进行模型的 3D 打印，最后进行后处理，比如对模型进行取件和清洗等。本节以“碗”的设计、制作为例，通过前处理、3D 打印、后处理三部分来讲解其 3D 打印过程。

1. 前处理

(1) 三维建模。三维建模软件主要有 UG、Pro/E、SolidWorks 和 CATIA 等。本节以 UG 软件为例，通过三维建模，建立“碗”的具体模型，如图 6-2 所示。一般而言，设计软件和打印机之间的协作标准文件为*.stl 格式，而三维软件的默认格式为*.prt，因此完成三维建模后，需将三维模型转换为切片软件可以识别的 STL 格式。

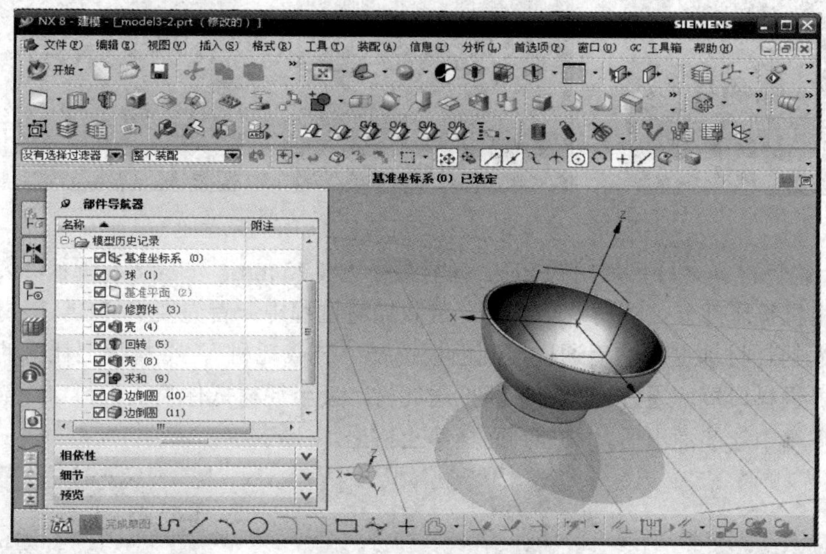

图 6-2　“碗”的三维模型图

(2) 切片处理。切片软件主要有 CURA、Slic3r 和 Repetier-Host 等，通过切片处理生成相应的*.gcode 或*.gsd 等格式文件。将前处理得到的 STL 格式文件，导入 3D 打印切片软件中，用以实现 3D 模型的参数调整。模型经切片处理后，转换成 3D 打印机可以识别的格式，并导入打印机。以 CURA 软件为例，进行“碗”的切片处理，如图 6-3 所示，处理完成后，保存其切片后的*.gcode 文件，用以下一步打印。

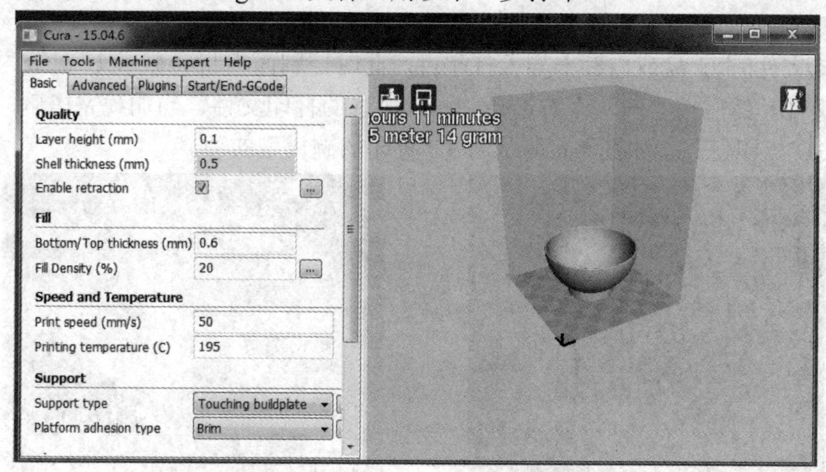

图 6-3　“碗”的切片模型图

2. 3D 打印

(1) 调平打印托盘。打印托盘的调平，可以通过在控制面板主屏幕上选择“系统设置”菜单，然后选择“平台调整”调整平台来实现。托盘上安装有调平旋钮，也可以通过旋转旋钮对平台进一步进行水平调整，确保其打印精度，如图 6-4 所示。

图 6-4　教学型 3D 打印机调平打印托盘示意图

(2) 装载耗材。本设备使用的 PLA 耗材直径为 1.75 mm。如图 6-5 所示，装载耗材装置包括挤出机按压部分、耗材及导料管。装载耗材过程中，首先要将 PLA 耗材料盘挂置于机器背面的耗材轴上，然后通过控制面板选择“装载耗材”，将料盘上耗材的活动端装载到挤出机进料口端，通过导料管不断推送耗材，直至耗材抵住喷头进料口。最后，当耗材从喷头喷嘴中连续涌出后，按控制面板停止挤出。

图 6-5　教学型 3D 打印机装载耗材示意图

(3) 3D 打印。在控制面板上设置打印温度和速度等打印参数后，将含*.gcode 或*.gsd 等类型格式文件的 U 盘或内存卡导入打印机，此时控制面板将会显示 U 盘或内存卡中存储的打印文件，然后按“确认”键选择并加载所选的打印文件，当加载完毕后，机器将会自动实现 3D 打印任务。如图 6-6 所示为 3D 打印的碗模型实体。

图 6-6　3D 打印碗模型

3. 后处理

对于熔融沉积成型的桌面级 3D 打印机，当模型打印完成后，平台自动下降至底部，此时需要对打印好的模型进行后处理，主要包括以下几个步骤：

(1) 可用专用铲刀将产品从平台底板处取下；

(2) 使用电线剪去除支撑；

(3) 利用专用笔刀进行模型制件的毛刺和毛边的细节修正；

(4) 可采用物理或化学手段(如砂纸打磨、珠光处理、蒸汽平滑或抛光机处理)对模型表面进行抛光处理；

(5) 对于单色的打印作品，可采用颜料和上色笔对打印物品进行上色，使物体色彩多样化。

如图 6-7 所示为快速成型课程和毕业设计中，学生创新设计并打印的 3D 打印作品。学生通过自选三维设计软件和设计内容，完成创新作品的设计与制作任务，体现了学生在课程实践过程中具有独立解决问题的能力和团队合作精神，且学生的创新能力和工程实践能力也有所提高。

(a) 学生毕业设计 3D 打印作品

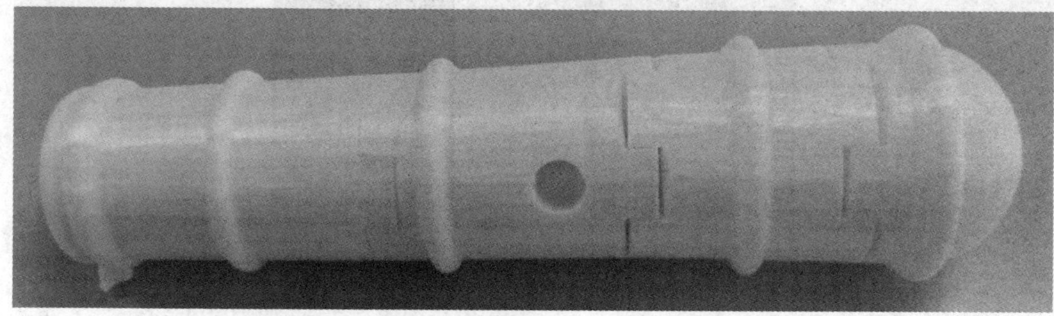

(b) 学生课程设计 3D 打印作品

(c) 学生创新设计 3D 打印作品

图 6-7　学生 3D 打印作品

6.2　立体光固化成型(SLA)技术应用案例

6.2.1　工业级 3D 打印机

在快速成型课程教学和 3D 打印技术相关课题及竞赛中，常常用立体光固化成型(SLA)工业机进行实践操作。如图 6-8 所示为某公司的 SLA300 工业机。

图 6-8　工业级 3D 打印机

该设备利用振镜扫描技术，采用高精度液位传感器闭环控制，实现扫描路径自动化。该 3D 打印机配备负压吸附式刮板和便拆式工作台，使得涂层均匀可靠，操作更加简便。SLA300 的具体技术参数如表 6-1 所示。

表 6-1　SLA300 打印机技术参数

外观尺寸	300 mm×300 mm×200 mm
分层厚度	0.05～0.25 mm
质量	1000 kg
激光器	美国进口
光斑直径	一般为 0.12～0.20 mm
扫描方式	振镜扫描
扫描速度	(6～10)m/s
材料	光敏树脂材料
成型精度	0.1 mm(100 mm 以内)或 0.1%(大于 100 mm)
定位精度	0.008 mm/层
数据格式	STL
分辨率	0.001 mm

将此工业机的液槽中盛满液态光敏树脂，通过刮板将光敏树脂浆料均匀地涂抹到工作平台上，固态激光器发出特定波长与强度的紫外激光束，按预设路线在光敏树脂表面进行逐点扫描，使被扫描区域的树脂薄层产生光聚合反应而固化，形成零件的一个薄层。一层固化完毕后，工作台再下降一个片层的高度，刮板将树脂均匀地涂抹在打印完成的薄层上，然后继续下一层的打印，新固化的一层牢固地黏结在前一层上。如此重复直至整个零件制造完毕，得到一个三维实体原型。

6.2.2　3D 打印实例

本节以徽章的设计及制作为例，通过前处理、3D 打印和后处理三部分，完成徽章的 3D 打印。

1. 前处理

(1) 三维建模。本节以 Pro/E 软件为例，建立徽章的三维模型，如图 6-9 所示。Pro/E 软件默认的模型格式为*.prt，需将该格式转换为切片软件可识别的 STL 格式。

图 6-9　徽章的三维模型图

(2) 切片处理。如图 6-10 所示，将以 Pro/E 软件生成的三维模型(*.stl 格式)导入至工业机切片软件 Materialise Magics 中，进行参数设置，完成切片处理。处理完毕后，保存其切片后的*.slc 文件，导入工业机中进行后续 3D 打印。

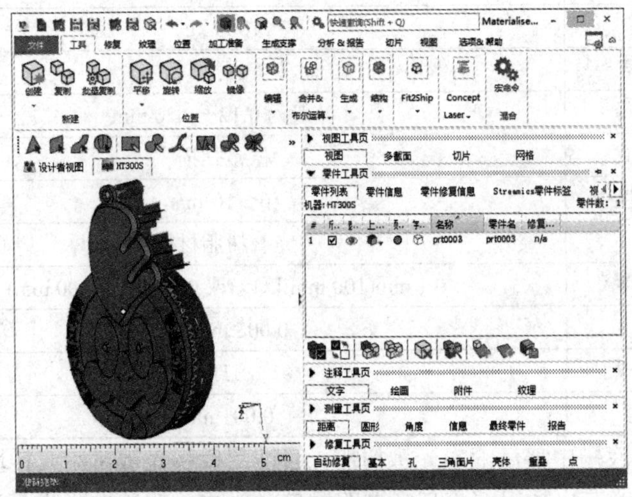

图 6-10　徽章的切片模型图

2. 3D 打印

采用工业机进行 3D 打印的具体步骤如下：

(1) 启动 3D-Rapidise 软件；

(2) 选择切片处理后的模型文件(*.slc 格式)，进行加载；

(3) 在控制菜单中打开照明灯、真空吸附；

(4) 导入零件模型；

(5) 系统自动准备打印过程：检查激光功率、检查树脂余量、刮刀及吸附检查、自动刮气泡、确认当前树脂温度和打印工艺参数是否合理；

(6) 系统自动开始打印，等待打印完成。

3. 后处理

对于立体光固化成型的工业级 3D 打印机，当完成打印后，模型置于机器内部的托盘上，此时模型材料特性与形态为：树脂材料，固化；有网状支撑结构；有残余树脂附着在模型表面。支撑材料特性与形态为：同模型材料，固化；网状结构；与模型的接触为点接触。故需要对模型进行后处理，即去除掉支撑结构和外表残余的液态树脂。如果打印精度不够，就会有很多毛边，或者出现一些多余的棱角，影响打印作品的效果，还需要进一步对模型表面进行细节修正和抛光处理。具体包括以下步骤：

(1) 从平台上取件：待平台上升，等模型上的树脂大部分流掉后，从平台上利用专用铲刀沿网板底面将产品铲下；

(2) 模型初步处理：用酒精把模型表面的残余树脂洗涤干净，并同时使支撑结构软化；

(3) 去除支撑：将软化后的支撑材料使用电线剪去除，并手动剥离，然后用毛刷刷掉残余在模型内部的残渣；

(4) 二次固化：用气枪吹干模型，保证模型的干燥性，然后放入紫外光固化箱二次固化；

(5) 模型打磨：对模型支撑部位残余的支撑结构进行打磨(注意：死角部分的支撑可能无法打磨)；

(6) 模型上色：SLA 作品大多数为白色，可根据使用情况对模型进行上色。

如图 6-11 所示为学生参加 3D 打印技术相关课题所创作的作品。学生将“互联网+”“人工智能”等思想与 3D 打印相结合，将各学科知识融会贯通，理论与实践相结合，通过创新设计，加强了创新意识，提高了工程实践能力。

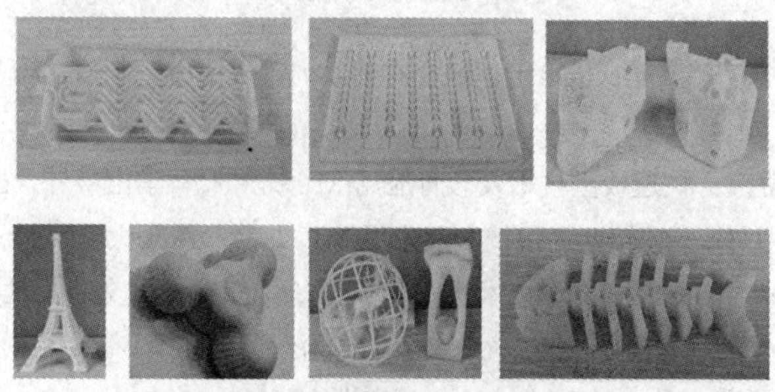

(a) 学生课程设计 3D 打印作品

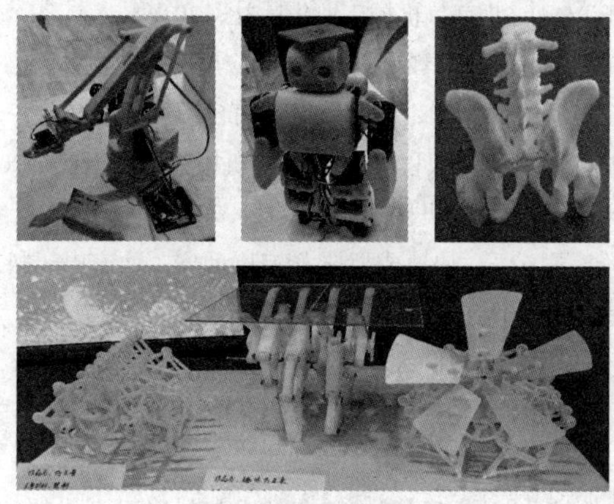

(b) 学生创新设计 3D 打印作品

图 6-11　学生 3D 打印作品

思考与练习

1. 到目前为止你所认识的打印机种类有哪些？
2. 简述 3D 打印机的具体实施步骤。
3. 简述 FDM 成型系统的基本组成。
4. 简述基于 FDM 技术的教学型 3D 打印机的工作原理。
5. FDM 成型质量的影响因素有哪些？
6. 运用 SLA 技术打印模型时，注意事项有哪些？
7. 简述基于 SLA 技术的工业级 3D 打印机的常用的后处理方法。
8. 通过实际应用案例，对比 FDM 成型技术和 SLA 成型技术，简述两种成型工艺的优缺点。

参考文献

[1] 李小笠，陆欣云，徐有峰，等. 机电工程综合实训系列：快速成型制造实训教程[M]. 南京：东南大学出版社，2016.

[2] 乔凤天，吴陶，张旭生. 快速成型技术及教育应用[M]. 北京：科学出版社，2019.

[3] 杨占尧，赵敬云. 增材制造与 3D 打印技术及应用[M]. 北京：清华大学出版社，2019.

[4] 徐巍. 快速成型技术之熔融沉积成型技术实践教程[M]. 上海：上海交通大学出版社, 2015.

[5] 韩霞. 快速成型技术与应用[M]. 北京：机械工业出版社，2016.

[6] 曹明元. 3D 打印快速成型技术[M]. 北京：机械工业出版社，2017.

[7] 曹明元. 3D 打印技术概论[M]. 北京：机械工业出版社，2016.

[8] 王广春，赵国群. 快速成型与快速模具制造技术及其应用[M]. 3 版. 北京：机械工业出版社，2016.

[9] 吴国庆. 3D 打印成型工艺及材料[M]. 北京：高等教育出版社，2010.

[10] 涂承刚，王婷婷. 3D 打印技术实训教程[M]. 北京：机械工业出版社，2019.

[11] 高帆. 3D 打印技术概论[M]. 北京：机械工业出版社，2015.

[12] 青岛英谷教育科技股份有限公司. 快速成型技术[M]. 西安：西安电子科技大学出版社，2018.

[13] 于彦东. 3D 打印技术基础教程[M]. 北京：机械工业出版社，2017.

[14] 解乃军. 3D 打印创意设计与制作[M]. 北京：中国电力出版社，2019.

[15] 吴惠英. 研究与技术：基于 3D 生物打印技术制备生物医用材料的研究进展[J]. 丝绸，2019，56(06)：38-45.

[16] 杨润怀，陈月明，马长望. 生物细胞三维打印技术与材料研究进展[J]. 生物医学工程学杂志，2017(02)：166-170.

[17] 冯培锋，陈扼西，王仲仁. 形状沉积制造及其应用[J]. 制造技术与机床，2003(07)：37-40.

[18] 刘许，宋阳. 用于 3D 打印的生物相容性[J]. 高分子材料合成树脂及塑料，2015，32（04）：96-102.

[19] 闫占功，林峰，齐海波，等. 直接金属快速成型制造技术综述[J]. 机械工程学报，2005，41(11)：1-7.

[20] 马瑞宏. 3D 打印技术在生物医学领域的应用之我见[J]. 当代化工研究，2019(01)：198-199.

[21] 杨道朋，夏旭. 3D 打印生物材料研究及其临床应用优势[J]. 中国组织工程研究，2017，21(18)：2927-2933.

[22] 左进富，孙淼，韩宁宁，等. 3D 生物打印在组织工程中的应用[J]. 组织工程与重建外科杂志，2019，15(03)：201-203.

[23] 王永强，袁茂强，王力，等. FDM 打印机精确控制系统的设计与实现[J]. 制造业自动化，2015(16)：1-4.

[24] 国思茗，杨晓杰，王书瑞. FDM 打印机精确控制系统的研究与实现[J]. 自动化技术与应用，2017(08)：162-165.

[25] 江洪，郦祥林，孙丽琴，等. Pro/Engineer5.0 基础教程[M]. 北京：机械工业出版社, 2011.